命脉

刘军平　杨　涛　夏可珍◎著

中央党校出版集团　大有书局

图书在版编目（CIP）数据

命脉 / 刘军平，杨涛，夏可珍著．— 北京：大有书局，2022.12
ISBN 978-7-80772-113-0

Ⅰ．①命… Ⅱ．①刘… ②杨… ③夏… Ⅲ．①能源—国家安全—研究—中国 Ⅳ．① TK01

中国版本图书馆 CIP 数据核字（2022）第 251687 号

书　　名　命脉
作　　者　刘军平　杨涛　夏可珍　著

责任编辑　吴春艳　王佳伟
责任校对　李盛博
责任印制　袁浩宇
出版发行　大有书局
（北京市海淀区长春桥路6号　100089）
综 合 办　（010）68929273
发 行 部　（010）68922366
经　　销　新华书店
印　　刷　中煤（北京）印务有限公司
版　　次　2022年12月北京第1版
印　　次　2022年12月北京第1次印刷
开　　本　170毫米 × 240毫米　1/16
印　　张　21.25
字　　数　256千字
定　　价　68.00元

序

能源既是一个完整的产业体系，又是其他产业的“命脉”，是国民经济、社会发展、人类文明进步的重要物质基础和引擎，攸关国计民生和国家安全。2015年9月26日，国家主席习近平在纽约联合国总部出席联合国发展峰会，发表题为《谋共同永续发展 做合作共赢伙伴》的重要讲话，宣布中国倡议探讨构建全球能源互联网，推动以清洁和绿色方式满足全球电力需求，把能源的发展及功能提到了新的历史高度。

在能源技术方面，我国能源清洁低碳转型进程加速，“互联网+”智慧能源、综合能源服务等一大批能源新技术、新业态、新模式蓬勃兴起，成为中国创新创造的新热点，彻底实现了从跟随模仿到创新引领的巨大转变。化石能源开发、储运及利用技术和装备创新均获得进展，有力支撑了我国煤炭清洁化转型发展，油气产量、储备和应急保供能力得到持续提升；可再生能源技术不断取得进步，重点行业节能减排技术得到推广应用，使我国走上了动力转换、创新发展的新道路。

新中国成立以来，在党的坚强领导下，我国能源领域发生了翻天覆地的变化，取得了举世瞩目的成就，建成了世界规模最大的现代能源体系，保障了经济持续快速发展和人民生活用能水平的不断提高。我国是世界第一大能源生产国和能源消费国，“富煤、贫油、少气”的能源资源禀赋特征，导致长期以来我国能源消费以煤为主，石油、天然气需要从国外大量进口，能源安全，特别是油气安全面临较大挑战。习近平总书记一方面作出“中国作为制造业大国，要发展实体经济，能源的饭碗必须端在自己手里”的重要指示，作出保障我国能源安全的明确要求；

另一方面将绿色低碳发展作为推动高质量发展的内在要求，从经济社会发展全局和长远谋划提出“碳达峰碳中和”发展目标，为长远安全谋篇布局。党的二十大报告确立了新时代新征程中国共产党的使命任务，明确提出“立足我国能源资源禀赋，坚持先立后破，有计划分步骤实施碳达峰行动”，“深入推进能源革命，加强煤炭清洁高效利用，加大油气资源勘探开发和增储上产力度，加快规划建设新型能源体系，统筹水电开发和生态保护，积极安全有序发展核电，加强能源产供储销体系建设，确保能源安全”等具体要求。

能源安全作为国家安全体系的重要组成部分，关乎国家经济社会发展全局。站在中华民族伟大复兴战略全局和世界百年未有之大变局的高度，统筹国内国际两个大局、发展安全两件大事，党中央提出了“四个革命、一个合作”能源安全新战略，围绕推动能源消费革命、能源供给革命、能源技术革命、能源体制革命，全方位加强国际合作，实现开放条件下能源安全，阐明能源安全新战略的本质内涵和发展目标，为新时代能源高质量发展指明了方向。

面对时代巨变，深刻认识总体国家安全观下能源安全的重大意义，深刻理解“四个革命、一个合作”能源安全新战略的精神内涵，深刻理解能源转型大势下能源强国擘画的关注重点，深刻理解“碳达峰碳中和”与新能源体系建设的重大意义，处理好绿色低碳转型发展与能源安全的关系，处理好市场在资源配置中的决定性作用与更好发挥政府作用的关系，处理好能源生产与能源消费的关系，处理好传统化石能源与新能源发展的关系，处理好国内能源资源开发与海外资源获取的关系，处理好能源技术创新与能源高质量发展的关系，对把握能源转型发展和能源安全主动权、筑牢能源安全底线、建设新能源体系、推动能源高质量发展具有重要现实意义。

《命脉》一书聚焦上述重大关系和问题，站在“两个大局”的历史维度，立足以人民为中心的发展思想，以新发展理念和高质量发展为指导，以习近平总书记谋划的“四个革命、一个合作”能源安全新战略为主线，在系统总结中国能源发展辉煌历程的基础上，将党中央提出的关于能源消费、能源供应、能源技术、能源体制和国际合作的哲理、道理与学理融入能源安全新战略之中，运用能源领域大量的国内外实例，展示了我国能源安全的深刻内涵，并从能源安全战略全局的角度，系统擘画了能源强国发展蓝图。

许正中

中共中央党校（国家行政学院）

经济学教研部教授

2022年12月于北京

目　录

第一章

迈向能源强国新征程

能源安全作为国家安全体系的重要组成部分，关乎国家经济社会发展全局。新中国成立70多年来，能源发展实现了历史巨变，新时代中国能源发展取得了伟大成就。同时，我国作为世界最大的能源消费国，国内能源生产难以满足消费需求，能源安全面临严峻挑战。党的二十大报告指出，在充分肯定党和国家事业取得举世瞩目成就的同时，确保能源可靠安全还须解决许多重大问题，需要加强重点领域安全能力建设，确保能源资源安全，增强维护国家安全能力。站在中华民族伟大复兴战略全局和世界百年未有之大变局的高度，统筹国内国际两个大局、发展安全两件大事，党中央提出了“四个革命、一个合作”能源安全新战略，围绕推动能源消费革命、能源供给革命、能源技术革命、能源体制革命，全方位加强国际合作，实现开放条件下能源安全，阐明了能源安全新战略的本质内涵和发展目标，为新时代能源高质量发展指明了方向。

第一节 能源安全发展历史成就

一、能源消费保持较快增长，民生用能条件显著改善

新中国成立70多年来，我国能源消费结构持续优化，能效水平显著提升，实现了从高度依赖煤炭到能源品种多元消费、清洁绿色的巨大转变，走上了节能降耗、集约高效的新道路。受资源禀赋特点影响，煤炭始终是我国第一大能源消费品种。新中国成立初期，我国石油工业刚刚起步，新能源技术尚未成熟，能源消费主要依靠煤炭，占比始终在

90%以上；经过改革开放后30余年的发展，我国油气及新能源产业快速崛起，能源消费品种逐渐多元化，煤炭的消费占比也降低至60%以下。特别是党的十八大以来，我国坚决落实节能优先方针，把节能贯穿经济社会发展全过程各领域，加快推动形成能源节约型社会。我国传统能源利用方式加速转变，清洁低碳转型步伐明显加快，形成了煤炭消费比重持续下降、单位GDP能耗大幅下降、非化石能源消费占比快速提升、清洁能源消费明显提升的良好态势。此外，节能优先理念日益受到重视，全民节约意识初步树立。

（一）能源消费总量持续增长

2001年11月，我国加入世界贸易组织。其后，国家经济开始快速发展，一次能源消费总量也急剧上升，此阶段中国建设取得重要成就，GDP总量超越日本，成为世界第二大经济体，经济增长是能源消费量增长的主要引擎。2001年以来，能源消费量持续增长，消费品种逐渐多元化，除了传统化石能源，核能也实现了快速增长，同时以风能、太阳能、地热能、生物质能等为代表的可再生能源消费量及消费占比都明显提升。

化石能源消费占比稳中有降，能源消费结构持续优化。根据国家统计局数据，2012年以来，化石能源总体消费占比下降6.9个百分点，其中煤炭消费占比出现明显下降，下降12.5个百分点；石油消费占比基本稳定，维持在17%～18.5%；天然气消费保持缓慢增长，增长4.1个百分点。我国以水电、核电、风电、光伏发电等为主体的非化石能源消费占比明显提升，从2012年的9.7%提升为2021年的16.6%，与世界平均水平相当。10年来，我国能源消费结构持续向清洁低碳方向转变，每年非化石能源替代煤炭的碳减排量近7亿吨，累计超过60亿吨。

（二）能源利用效率稳步提升

2012年以来，我国单位GDP能耗累计降低30%，相当于减少能源消费约13亿吨标准煤[①]，2021年我国以5.2%的能源消费总量增速，推动了GDP 8.1%的增长，单位国内生产总值能耗比2020年下降2.7%[②]。重点高耗能行业节能提效不断改进。在煤电领域，“十三五”期间，我国6000千瓦以上火电机组平均供电标准煤耗降低8.6克/千瓦时，年均下降2.15克/千瓦时[③]，煤电机组效率始终保持世界先进水平。在工业领域，主要高耗能产品的能效已接近国际先进水平，重点行业和重点领域能源回收利用水平进一步提高，余热、余压及放散气等能量回收利用取得一定成效。在交通领域，推广新能源汽车保有量近500万辆，实施“国五”“国六”机动车排放标准，基本实现与欧美发达国家相同标准，传统燃油乘用车百公里油耗已经降低至6.67升，较2015年下降30%[④]。

（三）节能理念得到社会弘扬

积极倡导生活方式简约适度，着力推进绿色消费。党的十八大以来，简约适度、绿色低碳的生活方式一直被强调和倡导。2021年4月，习近平总书记在主持十九届中央政治局第二十九次集体学习时的讲话强调，要增强全民节约意识、环保意识、生态意识，倡导简约适度、绿色低碳的生活方式，把建设美丽中国转化为全体人民自觉行动。2022年，党的二十大报告指出，要加快发展方式绿色转型，实施全面

① 参见章建华:《全面构建现代能源体系 推动新时代能源高质量发展》,《中国石油和化工》2022年第6期，第8—13页。

② 参见《9个数据看懂2021中国能源》，https://baijiahao.baidu.com/s?id=1722350171778100512&wfr=spider&for=pc。

③ 参见国务院发展研究中心资源与环境政策研究所编著:《中国能源革命进展报告：能源供给革命（2022）》，冶金工业出版社2022年版。

④ 参见国务院发展研究中心资源与环境政策研究所编著:《中国能源革命进展报告：能源技术革命（2021）》，冶金工业出版社2021年版。

节约战略，发展绿色低碳产业，倡导绿色消费，推动形成绿色低碳的生产方式和生活方式。

全国各地各行业节能优先、绿色生活推广工作取得积极进展。创建节约型机关，发改委、能源局以及相关部门坚持节约优先的能源发展战略，围绕节能、提高能效、减少污染物排放开展了一系列相关工作，取得了非常好的成效，节能目标责任得到进一步强化，节能法规标准体系不断健全，重点领域节能进一步深化，节能政策机制进一步完善。重点完善了节约型公共机构评价标准，制订了用水用电用油指标，建立健全定额管理制度，采取财政、税收、政府采购等措施推广节能环保和新能源机动车。推广绿色生活方式取得积极进展，各地均把大力发展城市公共交通作为重点，提高公共交通出行比例；创建绿色社区，从社区的规划模式、住宅设计、管理运维等方面入手，采用更多节能低碳新技术和利用信息化平台等工具，打造优美宜居的新型社区；培育绿色家庭，鼓励使用节能电器，合理控制夏季空调和冬季取暖的室内温度，减少无效照明，降低电气设备待机能耗等。此外，随着国家节能法规标准体系、政策机制的不断完善，全民节能行动的意识逐渐深化，节能优先的整体社会氛围初步形成。

二、能源生产实现高质量发展，基础保障作用显著增强

新中国成立70多年来，我国能源生产逐步由弱到强，实现跨越式发展，基础性保障作用持续加强。新中国成立初期，能源生产能力不足、水平不高，经过70多年的快速发展，我国能源生产能力和水平大幅提升，一跃成为世界能源生产第一大国，基本形成了煤、油、气、可再生能源多轮驱动的能源生产体系，充分发挥了坚实有力的基础性保障作用。党的十八大以来，我国积极遵循“四个革命、一个合作”能源安

全新战略，坚定不移推进能源供给革命，能源供给侧结构性改革成效显著，能源多元供应体系基本建立，能源供应安全保障能力不断增强。化石能源供应保障能力总体保持平稳，可再生能源开发利用规模快速扩大，高质量发展步伐加快，能源输送体系建设进一步完善，输送能力显著提高。

（一）化石能源供应能力持续增强

近年来，我国加强各类能源资源规模化开采和就地转换，煤炭领域陆续建设了晋北、陕北、鲁西、云贵、蒙东、新疆等14个亿吨级大型煤炭基地。油气领域重点在松辽盆地、鄂尔多斯盆地、塔里木盆地、四川盆地等建设陆上油气基地，在渤海和南海建设海上油气基地。拥有先进技术、产业链条完备的一系列能源生产基地已初步成型。

煤炭兜底保障能力进一步彰显。我国煤炭资源丰富，始终是保障国家能源安全的重要组成部分。根据国家统计局数据，2012年以来，煤炭年产量在波动中增长，2021年达到40.7亿吨，创历史新高。近年来，面对国际环境日益复杂和能源安全压力不断上升的局面，煤炭行业坚持“立足国情，控制总量、兜住底线、有序减量替代”的原则，在淘汰部分落后产能的同时，稳步释放5亿吨先进产能，有效提高了能源安全保障能力①。

国内油气供给保障能力稳中有升。我国油气行业从保安全的国家大局出发，克服“十三五”时期低油价等不利影响，积极开展“七年行动计划”，大力提升油气勘探开发力度，成功实现增储上产，国内油气保障能力总体平稳。原油产量有波动，但是整体维持在2亿吨的水平，2022年有望超过2亿吨。天然气增储上产效果明显，2021年，天然气

① 参见国务院发展研究中心资源与环境政策研究所编著:《中国能源革命进展报告：能源供给革命（2022）》，冶金工业出版社2022年版。

新增探明地质储量16284亿立方米，天然气产量为2076亿立方米，同比增长7.8%，连续五年增产超100亿立方米[①]。

（二）可再生能源实现跨越式发展

党的十八大以来，我国以水电、风电、光伏发电为代表的可再生能源实现跨越式发展，装机规模稳居全球首位，发电量占比稳步提升，能源结构调整和减碳效果逐步显现。

可再生能源发电装机规模快速扩大。截至2021年底，中国可再生能源发电总装机容量超过10亿千瓦[②]，稳居全球首位，可再生能源发电装机容量占我国总发电装机容量的44.8%，新增装机容量占全部新增装机容量近70%，发电量占比稳步提升。可再生能源供暖和直接利用规模稳步扩大。我国地热能年开发利用总量连续多年位居世界第一。2021年，地热能直接利用装机容量为0.4亿千瓦，供暖面积达14亿平方米，占全球地热能利用总量的40%[③]。随着热泵技术的成熟，地热能高效开发利用实现跨越式发展。2021年以来，在《国家能源局关于因地制宜做好可再生能源供暖工作的通知》《关于促进地热能开发利用的若干意见》等国家政策的强力支持下，地热供暖面积迅速扩大。根据国家规划，2025年供暖面积比2020年应增加50%。

可再生能源高质量发展步伐加快。“十三五”时期，我国可再生能源开发利用规模稳居世界第一，光电、风电、水电等技术装备水平大幅提高，产业竞争力持续增强，可再生能源发电的发展由扩规模转为提质量，呈现出大规模、高比例、市场化、高质量的发展新特征。

---

① 参见国家能源局石油天然气司等编:《中国天然气发展报告（2022）》，石油工业出版社2022年版。

②③ 参见刘朝全、姜学峰、吴谋远:《2021年国内外油气行业发展报告》，石油工业出版社2022年版。

（三）能源输送网络实现全局覆盖

近年来，我国加大了能源输送基础设施的建设，能源输送能力显著提高，总体有效支撑了能源从西北（晋陕蒙）及西南（川滇）往华北、华中、华东和华南地区，以及从蒙东往东北地区的流向。

有序推进煤炭运输通道建设，形成“西煤东运、北煤南调”运输网络。截至2021年底，我国建成大秦、朔黄、张唐、瓦日和浩吉五大煤炭铁路运输通道。其中前四条铁路运能合计达12亿吨，均直达东部沿海港口，并通过海运送至东南沿海的煤炭主要消费省份；浩吉铁路打通了内蒙古、陕西煤炭直接南下华中地区的输送通道，有效增强了湖南、湖北等省份煤炭保供能力。

“西油东进、北油南下、沿海内送”的原油管道布局基本成型。截至2021年底，长输原油管道里程达3.13万公里。“十三五”时期，中国原油管道主要建设了中俄原油管道二线、中缅原油管道、仪征—长岭原油管道复线、铁岭—大连原油管道复线等项目，干线管网里程增加超过3300公里；开工建设日照—濮阳—洛阳原油管道和董家口—东营原油管道；东北和海上原油进口通道进一步完善。

“西气东输、北气南下、海气登陆”的天然气“全国一张网”初步形成。截至2021年，长输天然气管道里程超过11.6万公里，中国天然气主干管道已经覆盖了除西藏以外的所有省份。西气东输管网、陕京管网、川气东送管网、涩宁兰线实现了将天然气从塔里木、霍尔果斯、柴达木、长庆、川渝等主要气源地输送至京津冀、长三角、珠三角等主要消费市场。四大天然气进口通道也进一步完善，中东部地区干线管网输气能力显著提升。中俄东线天然气管道北段工程、中段工程建成投产，实现了与现有东北管网、华北管网、陕京管道系统、大连LNG（液化天然气）接收站、唐山LNG接收站和辽河储气库等天然气基础设施互联互通，有效提升供气能力约2700万立方米/日。中俄东线南段已于2020年正式开工建设，预计于2025年建成投产。此外，我国建成投产LNG接收站22座，总接收能力达到9130万吨/年[①]，海气登陆供应保障能力增强。

电网建设规模进一步扩大，输配网络进一步完善，总体形成“西电东送”电力输送格局，主要包括“南、中、北”三条输电大通道。截至2021年，全国共建成投运33条自西向东、自北向南的特高压线路，220千伏及以上输电线路回路长度共84万公里。2021年中国特高压线路跨区域送电量占全社会用电量的7.6%，累计送电已超过2.5万亿千瓦时[②]。

（四）能源战略储备能力明显改善

目前我国初步形成政府储备、企业社会责任储备和生产经营库存有机结合、互为补充，实物储备、产能储备和其他储备方式相结合的石油储备体系。坚持政府主导、社会共建、多元互补，健全中央储备和地方储备、实物储备和产能储备、政府储备和企业储备相结合的储备机制，增强全社会安全发展韧性。

多层次油气储备体系初步形成。国家石油战略储备库建设加快推进，商业储备达到一定规模。储气设施建设步伐加快，调峰能力短板明显改善。初步形成了以地下储气库和沿海LNG接收站储罐为主、其他调峰方式为补充的综合调峰体系。截至2021年，已建成储气库30多座，库容规模达540亿立方米，调峰能力约150亿立方米[③]。

储能建设取得明显进展，支撑了我国能源转型进程。截至2021年，已投产抽水蓄能电站总规模达到4000万千瓦，约占全国水电装机规模的10%，在建抽水蓄能电站总规模超过5000万千瓦，已建和在建

①②③　参见国务院发展研究中心资源与环境政策研究所编著：《中国能源革命进展报告：能源供给革命（2022）》，冶金工业出版社2022年版。

规模均居世界首位；新型储能累计装机超过400万千瓦[①]。包括“新能源+储能”和常规火电配置储能在内的多种应用场景陆续出现，拓展了原油的商业模式。同时，国家和地方层面都在持续完善政策机制，为推动传统能源系统向新型能源系统转型提供了有利条件。

三、能源科技与装备水平明显提高，推动能源发展变革

在能源技术方面，我国实现了从跟随模仿到并行引领的巨大转变，走上了动力转换、创新发展的新道路。70多年来，经过引进吸收和自主创新，我国能源系统理论、技术、装备整体水平不断提升。“四个革命、一个合作”能源安全新战略提出以来，中国深化体制改革，加强科技创新，在建设清洁低碳、安全高效的现代能源体系方面取得较大进步。化石能源开发、储运及利用技术和装备创新均获得进展，取得了一大批重大油气勘探成果，油气产量、储备和应急保供能力得到持续提升，有力地支撑了我国煤炭清洁化转型发展，推动了我国油气增储上产；可再生能源技术不断取得进步，重点行业节能减排技术得到推广应用，推进了我国能源清洁低碳转型进程；“互联网+”智慧能源、综合能源服务等一大批能源新技术、新业态、新模式加快培育、蓬勃兴起，成为中国创新创造的热点。

（一）化石能源领域科技攻关纵深发展

我国持续推进能源科技创新，能源技术水平不断提高，技术进步成为推动能源发展动力变革的基本力量。在煤炭领域，千万吨煤炭综采、智慧矿山技术达国际领先水平，大型煤矿采煤机械化程度达98%，煤制油气产业化技术及装备实现国产化，超超临界火电技术广泛应用，建成

① 参见国务院发展研究中心资源与环境政策研究所编著：《中国能源革命进展报告：能源供给革命（2022）》，冶金工业出版社2022年版。

全球技术最先进的清洁煤电体系。在油气领域，深层油气、低渗油气、非常规油气勘探开发相关技术和装备水平大幅提升，“两宽一高”地震勘探技术、万米深井钻探技术、多级分段完井压裂技术、气驱化学驱采油技术达到世界前沿水平；长输油气管道电驱压缩机组等成套设备研制基本实现自主化，第三代大输量天然气管道工程技术和复杂地表气候条件管道设计、储气库建设技术实现突破；炼油化工领域已经掌握世界先进水平的炼油全流程技术，拥有自主知识产权的石油化工主体技术，包括重油深度催化裂解技术、百万吨级乙烯成套技术等。油气领域相关技术的创新突破，有力地推动了我国油气增储上产，提升了油气储备和应急保供能力。

（二）新技术助力可再生能源推广应用

可再生能源技术及装备取得重要进展。光伏发电电池及组件技术转换效率得到提升，中国光伏产业协会发布的《中国光伏产业发展路线图2021年版》显示，2021年，规模化生产的p型单晶电池均采用PERC技术，平均转换效率达到23.1%，较2020年提高0.3个百分点。此外，在钙钛矿太阳电池、有机太阳电池等太阳电池的实验室光电转换效率提升方面也走在世界前列。风电机组单机容量继续增大，陆上风电单机容量达5兆瓦等级，海上风电达10兆瓦等级，陆上风电综合成本较2010年下降40%，海上风电下降30%。全球最大单机容量100万千瓦水电机组研制成功并正式投产，300米级别高坝设计、超大型地下厂房设计、复杂输水系统过渡过程分析、巨型输水系统结构设计等大型水电关键技术和相关科学问题取得突破[①]，成为全球的领跑者。储能技术水平快速提升，压缩空气储能、储热储冷、铅蓄电池、锂离子电池、液流电

① 参见国务院发展研究中心资源与环境政策研究所编著：《中国能源革命进展报告：能源技术革命（2021）》，冶金工业出版社2021年版。

池和钠离子电池技术已达到或接近世界先进水平，其中100兆瓦级先进压缩空气储能示范系统的蓄热装置突破了高效超临界蓄热换热等关键技术，保温8小时蓄热效率为98.95%，达到国际领先水平；抽水蓄能、飞轮储能、超级电容器和储能新技术与世界先进水平差距缩小。

我国重点行业引入推广节能减排技术，推动能效提升与绿色发展。在工业领域，余热、余压、余气回收利用和烟气余热回收利用等高效能源利用技术在钢铁、建材、化工等领域大规模推广应用，不仅促进节能减排，还降低生产成本，提高产品毛利率；其中，我国大中型钢铁企业的可比能耗已达到日、韩的先进水平，并接近德国的水平。在建筑领域，一体化建筑和被动式节能设计技术取得进步并推广，建筑用能系统和设备的效率提高，空气源热泵、地源热泵技术逐渐发展成熟，在北方地区清洁供暖中推广。在交通领域，电动汽车技术快速发展，电池、电机和电控技术发展成熟，续航里程和电池组能量逐步提升，充电技术快速发展，充电时间从超过3小时下降到30分钟以内①。

（三）多能融合智慧系统建设快速推进

数字化技术推动能源行业智能化变革。第五代移动通信（5G）、物联网、云计算、大数据、人工智能和区块链等技术逐渐发展成熟并应用于石油、天然气、电力等领域，能源行业智能化水平得到提升。在油气领域，打造了智能油气田、智能炼化、智慧销售产业链。初步形成了以感知、互联、数据融合为基础，实现生产过程“实时监控、智能诊断、自动处置、智能优化”的油田业务新模式；构建了以高效供应链、精益化运营、安全化工控、互联化运维为特色的智能炼化新模式；推进了成品油零售业务转型升级，实现了“智慧化销售、数字化运营、一体化

① 参见国务院发展研究中心资源与环境政策研究所编著：《中国能源革命进展报告：能源技术革命（2021）》，冶金工业出版社2021年版。

管控”目标。在电力领域，数字化风电、光伏电站、智能水电站技术均快速发展。以大数据和互联网为基础，以风电的激光雷达等新型传感技术、增强气动技术、风功率预测、故障预测、寿命分析等系统技术为依托，形成了智能风电场设计、精确选址、风机选型、智能控制、风电场运行优化和调度支持系统等一系列技术体系。数字光伏电站技术方面，形成了光伏系统规划、建设、运行等各环节的数字化技术和预测、运行控制及运维技术等组成的技术体系。智能水电站技术方面，形成了具有信息化和数字仿真计算、在线建设管理、在线控制预警等特征的技术体系等。

能源与信息产业加速融合，推动多能互补智慧能源系统建设步伐。数字化能源和信息技术、多能协同管理平台技术等较快发展，促使煤炭、油气、电力、通信、汽车等不同领域主体之间的壁垒逐渐被打破，通信企业涉足能源行业，能源企业进军通信领域，能源企业加快推进数字化、智慧化进程，不同产业之间信息初步实现互联互通。产业界层面积极推动共建共商共享理念，凝聚共识，在智慧社区、多站合一、多塔合一、多杆合一、多表合一、四网融合、车网协同等领域开展创新技术和新型业态的深入探索。可再生能源发电、天然气、地热能等多种能源有效融合，信息与各能源品种的基础设施之间互联互通，能源终端需求与供给实现充分互动等新模式呈现较好推广势头。

四、能源治理机制持续完善，现代能源治理体系初具雏形

新中国成立70多年以来，我国不断深化能源体制机制改革，实现了从计划管理到市场为主的巨大转变，走上了深化改革、推进治理体系和治理能力现代化的新道路。改革开放以来，我国对能源生产经营、价格、投融资、外贸、管理体制等进行了大刀阔斧的改革，有效竞争的市

场结构和市场体系不断健全完善，能源价格改革取得了显著成果，稳步向市场化定价推进，能源法治建设稳步推进，能源“放管服”改革得以深化和完善。

（一）有序竞争的市场体系逐步建立

能源体制机制改革顶层设计及配套政策逐步完善。“十三五”期间，国家相继出台《关于深化石油天然气体制改革的若干意见》《关于取消和下放一批行政许可事项的决定》《关于统筹推进自然资源资产产权制度改革的指导意见》等重要的改革开放纲领性文件，全面统筹能源领域改革开放，推动全国及各地能源市场、管理与监管体系的建设和完善。油气体制、电力体制改革有序推进，市场化程度得到提升。在油气领域，全产业链改革整体推进，油气勘探开发市场逐步放开，针对矿权制定了具有竞争性的出让制度，提高社会资本在油气勘探开发市场的参与度并引入社会资本开展油气勘探开发；组建了专门的国家油气管网公司，推动各级各类长输管道、省级管网运输与销售分离，并且向第三方市场主体公平开放以提高市场力量在油气管网运输方面的参与度；提高成品油下游环节的开放水平，鼓励更多市场主体能够参与其中，使市场结构更趋多元化。在电力领域，电力体制改革取得重大突破，发用电计划有序放开，交易机构独立规范运行，电力市场建设深入推进。2021年，全国市场化交易电量3.8万亿千瓦时，占全社会用电量比重达45.5%[①]，增量配电业务改革试点加速推进，已经分批实施400余个增量配电改革试点项目，在电力交易机构注册的售电公司数量快速增加，形成多买多卖的市场竞争格局。

① 参见国家能源局:《能源体制机制改革稳步推进》，https://baijiahao.baidu.com/s?id=1739490938403736440&wfr=spider&for=pc。

（二）能源价格市场化改革纵深推进

能源价格市场化改革步伐加快，市场价格体系初步成型。国家陆续出台《关于推进价格机制改革的若干意见》《关于新时代加快完善社会主义市场经济体制的意见》等重要改革指导性文件。按照“管住中间、放开两头”总体思路，稳步推进石油、天然气等能源价格改革，注重考虑困难群众和特殊机构的价格承受能力，逐步减少交叉补贴，逐渐建立市场化价格形成机制，促进市场主体多元化竞争；继续完善有利于节能减排的价格政策，力图促使能源价格能够真正反映能源资源稀缺程度、环境治理和应对气候变化等外部性成本。

竞争性环节陆续放开，已初步形成由市场决定的能源价格机制。石油价格已实现与国际石油市场接轨，由供需双方参照国际市场价格协商确定；天然气门站价格初步实现由企业自主协商决定，由市场主导形成；可再生能源项目招标制度继续完善，风电和光伏发电向平价、竞价上网阶段过渡；电力领域有序推动放开发用电计划的电力市场化改革，推行大用户与发电企业直接交易，初步形成以中长期合同为主的市场交易方式。

（三）能源依法治理体系建设有序推进

能源法治建设工作取得重要进展。目前我国已经建立了包含电力、煤炭、可再生能源、核能等能源品种的单行法律，油气领域也已经颁发了《中华人民共和国石油天然气管道保护法》。“十三五”期间完成了《中华人民共和国煤炭法》《中华人民共和国电力法》等多部能源法律的修订工作，《中华人民共和国能源法（征求意见稿）》已向社会公开征求意见。此外，国务院发布了《关于促进天然气协调稳定发展的若干意见》；多部委联合发布了《关于促进非水可再生能源发电健康发展的若干意见》，对清洁能源领域健康可持续发展提供了有效指导；多部委联合发布了《油气管网设施公平开放监管办法》等相关政策，油气管网环节的监管制度和监管机制继续完善；开展了《中华人民共和国可再生能源法》的执法检查，深入开展行业普法工作，建立和完善统一监管机制、协调机制、社会参与机制，项目核准、资金使用、行政处罚等事项决策程序得到规范，畅通行政复议和行政应诉渠道，依法行政水平进一步提升。

能源领域“放管服”改革工作整体有序推进，能源监管得到加强和完善。“十三五”期间，我国能源领域行政审批事项取消并下放比例超过70%①，煤层气矿权审批及炼化、LNG接收站、加油站等投资建设项目审批权限陆续下放到省级乃至地市级行政主管部门。能源监管体系进一步完善，先后出台创新能源监督管理机制、强化后续监管、核准权限下放后加强规划建设等政策文件，明确事中事后监管的重点任务、监管标准、工作流程和监管措施；积极推进信用监管、“互联网 + 监管”建设，“双随机、一公开”监管制度得到完善，并在85% 以上的市场监管执法事项中有效实施。②

五、国际合作全方位开放，国家能源安全保障能力进一步增强

在国际合作方面，我国实现了从相对封闭到全方位开放合作的巨大转变，走上了共商共建共享、深度参与国际能源治理变革的新道路。70多年来，我们积极服务对外开放大局，全面发展同世界各国的能源交往合作，着力推进“一带一路”能源合作，合作广度和深度不断拓展。建成了五大国际油气合作区、四大油气进口战略通道，一大批先进能源技术装备走出国门、走向世界，与国际能源组织建立了密切合作，大幅提

①② 参见国务院发展研究中心资源与环境政策研究所编：《中国能源革命进展报告（2020）》，石油工业出版社2020年版。

升了中国在能源资源领域的话语权和把控力，构建了国际能源合作新格局，切实维护了全球能源市场稳定和共同安全。

党的十八大以来，我国在“四个革命、一个合作”能源安全新战略的指导下，继续深度参与全球能源治理，加强多边和双边能源国际合作，践行高水平开放，坚持“走出去”和“引进来”同步发力，充分利用好两种资源、两个市场，国际合作迈上新台阶，为实现开放条件下能源安全奠定坚实基础。

（一）积极参与全球能源治理

我国积极推动全球能源治理进程，国际能源事务话语权得到增强。我国与30多个能源领域国际组织和多边机制建立合作关系并积极推动全球能源治理，与国际能源署（IEA）、国际能源论坛（IEF）及国际能源宪章条约组织（IECT）等多边机构开展密切合作，正式成为IEA联盟国；成功主办“一带一路”能源部长会议、二十国集团能源部长会议、金砖国家能源部长会议等多场次重要国际活动，推动上海合作组织成员国元首理事会首次发表维护国际能源安全声明，为能源领域国际合作不断创造新契机。广泛开展双边合作，积极参与更加有序、更加包容的全球能源治理架构建设，建立双边合作机制50余项，搭建了中国—欧盟、中国—欧佩克（石油输出国组织，OPEC）等高级别能源对话机制，定期召开中巴经济走廊能源工作组会议、中国—瑞士能源工作组会议、中国—瑞典能源工作组会议等。双边能源合作继续深化，与沙特阿拉伯、阿联酋、巴西、伊拉克、缅甸等国的能源合作取得重要进展，进一步推动了双边能源合作平台建设。

（二）能源进口通道不断完善

我国能源进口长期坚持通道多元、海陆并举、均衡发展的思路。经过多年的战略布局和建设发展，我国目前形成了西北、东北、西南和海上四大油气进口通道，陆海内外联动、东西双向开放格局逐步形成。2019年底，中俄东线（北段）天然气管道投运，这对东北、华北甚至华东地区形成有力的天然气供应支撑，标志着中国四大进口通道布局基本实现。同时，我国并未停止进一步完善能源进口通道的步伐，2022年以来，我国相继和俄罗斯达成了中俄东线（萨哈林至中国东北）100亿立方米/年天然气进口协议、中俄西线（俄罗斯经过蒙古国至我国二连浩特）500亿立方米/年天然气管道进口协议。此外，在北极航道开发、中亚天然气管道D线扩建上，我国也积极开展对外合作，并拓展LNG多元化贸易，进一步增强了我国天然气进口的多元化水平。根据金正纵横发布的《世界与中国能源转型发展研究报告》，截至2022年，我国已建成的西北、东北、西南陆地原油进口通道的设计运输量达7200万吨/年，天然气管道的设计运输量达1050亿立方米/年，这进一步提高了我国油气供应保障能力。

（三）积极推进“一带一路”沿线国家共商共建共享

坚持“走出去”“引进来”相结合，能源安全保障能力持续提升。我国广大能源企业深入践行“走出去”战略，2000年以来我国海外能源投资超过2500亿美元，海外油气合作实现跨越式发展，建成中亚—俄罗斯、中东、非洲、美洲、亚太五大油气合作区，海外权益区块产量超过2亿吨油当量，西北、东北、西南和海上四大油气通道稳步运营，陆路和海上油气进口能力和规模稳步提升。与此同时，我国积极引进、利用全球创新资源、先进技术和人才，大力推进能源合作，加强页岩油气、可再生能源、核电技术、装备与工程服务国际合作，促进重点技术消化、吸收、再创新，推进了我国能源技术的革命进程。

“一带一路”能源合作程度不断拓展，积极推进“一带一路”沿线国家共商共建共享。我国秉持共商共建共享原则，坚持开放、绿色、廉洁理念，持续推进“一带一路”能源合作，取得了丰硕的能源合作成果，建成了阿盟、东盟、非洲和中东欧国家四大区域能源合作中心，在“一带一路”沿线地区承建了一批水电站、火电站、核电站和电网工程项目，带动中国能源装备、技术、标准和服务等领域“走出去”。尤其是依托自身优势，以相对低成本的新能源和可再生能源技术、产品、装备和服务供应国际市场，有效推动了全球能源转型和“一带一路”沿线国家的绿色发展。同时，在实现我国自身发展的同时更多惠及其他国家和人民，促进了技术进步、扩大了就业规模，经济得到了增长，民生条件得到了改善，推动形成了开放透明、普惠共享、互利共赢的能源合作新格局。

第二节 能源安全发展现实挑战

一、能源消费结构尚须优化，节能减排压力巨大

（一）能源消费总量过高，消费结构失衡

自我国加入世界贸易组织以来，我国能源消费总量快速增长，目前我国是世界第一大能源消费国，《bp世界能源统计年鉴》2022版显示，2021年我国一次能源消费总量高达52.4亿吨标准煤，世界占比26.6%，比美国高出11个百分点。能源消费总量过高，给我国能源安全带来挑战，特别是在国内油气资源禀赋不足的情况下，油气消费量过高对供应造成较大压力，也直接拉升了我国油气对外依存度。

近年来，我国能源消费结构虽然不断改善，但是过度依赖煤炭等传统化石能源消费的局面并未改变。根据国家统计局数据，2021年我国煤炭消费占一次能源消费总量的比重为56.0%，石油占18.5%，天然气

占8.9%，水电、核电、风电等非化石能源占16.6%。与2012年相比，煤炭消费占能源消费的比重下降了14.2个百分点，水电、核电、风电等非化石能源的比重提高了8.2个百分点。虽然消费结构有所改善，但是整体仍然处于失衡的状态，非化石能源消费比重依然很低，仍然不能满足我国对清洁能源的消费需求。

（二）能源利用效率偏低，高耗能产业比重较高

从能源消费结构来看，因为我国的经济发展过去注重速度，此前主要采用较为粗放的经济增长方式，所以存在大量的高耗能产业及相对落后的低效能产能，造成大量能源浪费，导致我国能源消费增长速度过快，增加了能源缺口程度。

比较典型的有，在工业领域，我国电解铝平均电耗比国际先进水平高5%，水泥平均能耗比日本先进水平高19%，造纸能耗比国际先进水平高90%[①]，能耗过高，给我国控制能源消费总量目标带来较大压力。能源消费技术水平较低，导致能源浪费严重，我国西北、华北、东北等区域部分资源相对富集省份主要依靠高污染高耗能产业带动经济增长的传统发展模式没有得到根本改变。在油气领域，我国西部地区高温、高压井较多，原油处理厂余热资源丰富，但是我国西部地区能源消费需求较低，大量的余压、余热资源未得到有效利用。

（三）碳排放约束下，能源消费面临深度脱碳的压力

2020年9月，第七十五届联合国大会提出中国碳达峰碳中和的时间表，即二氧化碳排放力争于2030年前达到峰值，努力争取2060年前实现碳中和。由此，我国能源行业在“四个革命、一个合作”的基础上，进一步丰富了能源安全新战略的内涵。

---

① 参见国务院发展研究中心资源与环境政策研究所编著：《中国能源革命进展报告：能源技术革命（2021）》，冶金工业出版社2021年版。

我国碳排放总量世界占比最高。《bf世界能源统计年鉴》2022版显示，2021年全球碳排放量达到389.77亿吨，其中我国碳排放121.05亿吨，世界占比31.05%，与2020年的31.19%相比小幅度下降，但仍然是世界第一大碳排放国。我国能源消耗所产生的碳排放占比很高，2021年能源消费产生的碳排放为105.2亿吨，占我国总碳排放的87%。

我国碳排放强度高，排放增速快。《bp世界能源统计年鉴》2022版显示，2021年我国碳排放强度为6.79万吨/亿美元GDP，是全球平均水平4.06万吨/亿美元GDP的1.67倍。自2012年以来，我国碳排放平均增速为1.8%，世界平均增速为0.7%，中国碳排放增速是世界平均增速的2.6倍。

此外，我国碳达峰到碳中和的时间间隔只有30年，与美国的43年，英国、法国、德国的70年以上相比，时间更短，要实现碳中和，面临挑战更大。能源行业作为我国最主要的碳排放源，面临着深度脱碳的巨大压力。

二、能源生产结构不平衡，稳定供应面临挑战

（一）石油天然气对外依存度高，能源进口安全风险递增

我国自1993年成为石油净进口国以来，进口原油量持续上升，2012年进口石油2.71亿吨，原油消费4.78亿吨，对外依存度高达56.7%，2012年至2020年，进口量及消费量都快速上升，对外依存度在2020年达到73.5%，2021年由于国际油价大幅上涨，我国减少了石油进口，但仍然进口了5.13亿吨石油，对外依存度为72.1%。相比石油，我国天然气对外依存度稍低，但也接近50%。根据国家统计局数据，2021年我国进口天然气1699亿立方米，消费3670.6亿立方米，对外依存度高达46.29%。

石油能源建设对我们国家意义重大，中国作为制造业大国，要发展实体经济，能源的饭碗必须端在自己手里。油气对外依存度过高严重影响我国的能源供给安全，只有降低油气的对外依存度，才能实现将油气的饭碗端在自己手里。2022年，俄乌冲突爆发以来，俄罗斯与欧洲其他国家在天然气进口上博弈，以德国为首的严重依赖天然气进口的欧洲国家经济受到了削弱，由于天然气供应不足，德国制造业企业面临破产，大量资本外流。欧洲的经验教训给我国能源安全提出警示，必须致力于供应的多元化，降低油气的对外依存度。

（二）可再生能源发展仍存在不少障碍，分布式能源面临可持续发展难题

目前，国内的天然气和石油等传统能源的对外依存度较高，已超出了国际警戒线，能源安全已成为亟须解决的重大问题。由于当前经济社会发展面临较为突出的资源环境瓶颈制约，所以迫切需要推进能源转型，特别是推动可再生能源的发展，这样才能为能源安全提供重要保障。当前，可再生能源发展总体比较顺利，但也存在一些阻碍，“弃水、弃风、弃光”问题虽有改善但仍不足。2016年，我国弃风限电现象非常严重，弃风电量高达497亿千瓦时，超过三峡水电站发电量的50%。2016年7月，国家能源局下发了《关于建立监测预警机制促进风电产业持续健康发展的通知》，至2019年我国弃风率有明显改善，但是仍然存在不足。金正纵横发布的《世界与中国能源转型发展研究报告》显示，2021年，我国青海、新疆、蒙西地区弃风率仍然较高，分别达到10.7%、8.9%、7.3%。

随着财政补贴退坡，风电、光伏发电产业整体进入平价时代，分布式能源实现高比例并网的成本不断增加，倒逼加速突破关键技术、进一步降低成本，在完善投融资渠道、理顺电价机制、多渠道解决并网消纳

等方面的压力日益增大；加上调峰机制极不完善、灵活性电源建设不足及布局不合理，分布式能源发展已跟不上能源高质量发展要求的弊端日益凸显。

（三）能源产供储销体系尚须进一步完善，应急调峰及储备能力仍显不足

近年来，虽然我国能源输送体系建设进一步完善，输送能力显著提高，但是区域能源供给与经济发展不平衡的矛盾依然突出，能源产供储销体系还有进一步完善的空间，应急调峰及储备能力与世界平均水平还有一定差距。

我国能源资源空间布局不均衡，能源供需逆向分布的资源禀赋与全国经济高质量发展的要求有待协调。传统化石能源富集区域的能源利用仍较粗放，西北、华北、东北等区域部分资源相对富集省份的节能减排和技术创新能力仍然较低；西南地区虽有丰富的水电、天然气等资源，但并未形成绿色能源上中下游产业集群发展优势；东中部经济较为发达省份能源供应主要依靠外部输入，特别是天然气、非化石能源供需平衡还存在部分时段紧张现象，与经济发展水平不协调的长期矛盾尚待化解。

能源产供储销体系尚需进一步完善。煤炭生产进一步向晋、陕、内蒙古、新集中，“西煤东运、北煤南调”需求规模继续增加，加上多地出台“汽运煤”限令，现有跨区铁路运输压力将在局部时段明显增大。“十三五”期间，我国原油、成品油及天然气管道建设规模均未达到规划目标，虽然原油管道布局基本完成，但成品油输配的区域性支线管道依然不足；天然气管道整体密度较低，重点区域互联互通难题有待化解。随着长三角等区域电力资源统一配置规模不断扩大、可再生能源大规模快速发展，区域内集中式电源与分布式能源发展不协调的矛盾开始

显现，给电网整体安全带来压力。

我国油气应急调峰及储备能力仍显不足，距离国际水平仍有较大差距。在天然气方面，国际天然气联盟（IGU）分析认为，当天然气对外依存度超过50%时，地下储气库工作气量须占天然气消费量的20%。金正纵横发布的《世界与中国能源转型发展研究报告》显示，当前，我国天然气对外依存度接近50%，但是目前储气库调峰能力约150亿立方米，约占消费量的4%，与国际天然气联盟的要求相差甚远，也远低于美国、欧洲、日本的水平。“十三五”期间，我国北方地区出现“气荒”，凸显出我国天然气应急调峰能力不足的短板。在石油储备方面，勉强达到IEA建议的90天基准线。我国石油储备主要由政府战略储备和企业义务储备两部分构成。根据国家能源局2019年9月发布的信息，我国商业和战略石油储备共计1.2亿吨，其中商业储备占65%，约7800万吨，合计则勉强达到90天净进口量水平，但相比美国战略储备和商业储备总计150天以上的净进口量，同样存在差距。我国石油对外依存度高、储备不足会给国家安全带来较大隐患。

三、能源科技整体水平与国际前沿仍有差距，创新发展面临核心技术制约

（一）化石能源开发利用技术仍存在较大提升发展空间

在煤炭领域，我国煤矿安全、高效、绿色开采技术已经成熟，煤炭加工、利用、转化和污染控制的洁净煤技术体系取得了创新发展，但在碳排放约束下，节能减排、清洁高效利用技术仍不成熟，在清洁发电端节能节水、提效降本、灵活燃烧发电等关键技术问题有待突破，煤炭地下气化技术体系不完善，低阶煤大型分质分级转化理论、技术及装备均有待进一步提升，煤炭液化及高端化工品制备技术还须进一步研究示

范。在油气领域，深层页岩油气、深海油气勘探开发、定向钻井、耐高温井下工具等领域关键技术、装备长期以引进消化吸收为主，这些技术我国虽已攻关多年，但受限于基础理论、材料生产、精密仪器、高端设备制造等方面的不足，短期内依靠自主创新取得全面突破难度很大，未来还有很大的研究提升空间。此外，我国深海、冻土等复杂条件下的管道敷设技术、油气管道防护、安全监测、智能预警技术及设备距离国际前沿还有较大差距；我国炼油技术整体处于中等水平，成品油率在60%左右，距离国际前沿的80%还有一定的提升空间。

（二）可再生能源开发利用技术还须发展，关键材料领域仍存在“卡脖子”技术难题

目前，我国太阳能、风能等可再生能源开发利用技术发展迅速，进入世界前沿行列，但是仍然有提升空间。我国深远海风电、钙钛矿等新一代高效低成本光伏电池制备及产业化生产技术还不成熟；中深层地热供暖技术、高温地热发电系统还未形成成熟体系；生物天然气原料预处理、消化、利用等全产业链关键技术，以及大容量、高密度、高安全、低成本新型储能装置都还有待进一步研究突破。

我国可再生能源开发利用领域仍然面临“卡脖子”难点，特别是涉及关键材料领域。在我国最具规模优势的光伏领域，光伏胶膜的核心原材料之一聚烯烃弹性体主要依赖进口、光伏组件封装用乙烯－醋酸乙烯酯共聚物树脂国产化率也不高。此外，燃料电池质子交换膜等关键材料、高性能硅碳负极、锂电池隔膜及重要设备密封等技术都存在严重的瓶颈。目前，我国可再生能源发展迅速，但这些关键材料被“卡脖子”，国产化能力不足，影响了我国能源转型的进程。

（三）多能互补融合面临核心技术思维突破难题

能源产业发展的传统技术思维突破困难，有效打破不同能源行业间

的壁垒仍有难度。在传统发展模式下，我国的能源领域系统相对分散，形成了以煤炭、石油、天然气、可再生能源等部门为核心的相对独立的子系统和技术体系。但是，由于全球能源产业的持续变革，能源转型和多能融合发展是发展的大势所趋，传统的能源子系统模式无法适应多能互补系统的需求，影响了技术转让和交流合作，很难打破现阶段存在的技术壁垒与传统发展思维。

此外，由于技术壁垒高与成本较高的特点，多数煤炭、油气田企业仅依靠自身的力量很难完成新能源项目的建设经营。因此，与新能源企业合作，优势互补、互惠互利日益成为新能源产业发展的一种新趋势，但是目前新商业模式尚不成熟，要通过合资合作、技术支持等方式支持油气、煤炭企业进入新能源领域，还存在很大的难度。

四、能源体制改革仍面临阻碍，综合利用与市场管理水平有待提高

（一）能源行业完全市场化尚有差距

经过多年的体制机制改革，我国能源行业市场化程度得到提升，但距离完全市场化尚有差距。煤炭行业和成品油销售环节，基本实现了多元服务主体有序竞争的局面，但是在油气中上游、天然气下游以及电力行业，市场集中度很高，局面并未明显改善。

在油气领域，虽然我国2019年发布了《关于统筹推进自然资源资产产权制度改革的指导意见》，鼓励有技术和资本的民企、外资企业等进入中国上游油气产业，打破了上游市场格局，但是目前上游市场化改革仍处于起步阶段。油气储运方面，目前由国家管网一家负责，控制性集中，其配套的储气设施目前主要由中石油和中石化负责建设，港华燃气是唯一参与储气库建设的民营企业。在天然气零售环节，地方国企占

绝对主导地位，消费者没有太多的选择余地。

在电力领域，我国增量配网改革阻力较大，竞争性售电政策难以有效落地。自2016年11月以来，我国增量配电业务改革试点项目国家分六批次批复，共计500多个，但已建设并真正开始运行的不超过10%。在建和在运营项目中，由电网企业控股或参股的占比达80%以上[①]，社会资本参与程度较低。在竞争性售电环节，因电网企业同时具有输、配电业务和售电业务，电网公司与社会资本售电公司不对称竞争矛盾普遍存在，售电侧市场未能实现市场化公平竞争。

（二）市场监管机制尚须完善

近年来，我国大力推进能源领域“放管服”改革，能源监管得到加强和完善，但是面对市场化程度逐渐加深，市场竞争越发激烈的新形势，我国能源市场的监管机制亟须顺应新时代的要求进一步优化和完善。

在电力领域，随着2021年《关于进一步深化燃煤发电上网电价市场化改革的通知》的发布，电力市场化程度又上升一个高度，交易活动也更加丰富。我国电力市场上目前仍存在一些交易不规范、竞争不公正等现象，新电改背景下的输配电价监管、市场监管都存在一些问题，部分省市还存在电力市场监管成效不显著、各部门间的合作协调难度高、监管组织体系与改革要求出现偏差等问题，我国电力市场监管机制须进一步完善。

在油气领域，全产业链监管体系迫切需要进一步完善和发展。随着上游市场的全面放开，更多的企业进入勘探开发领域，需要建立新的监管体系。中游管网环节是自然垄断环节，国家管网公司成立，将之前从

① 参见国务院发展研究中心资源与环境政策研究所编：《中国能源革命进展报告（2020）》，石油工业出版社2020年版。

属于多家企业的垄断环节业务集中于一家公司，垄断性更加集中，管网公司可以独立决策管网的投资建设、气源调配、扩张收购等业务，可能成为天然气产业链中话语权最重的一方。如何对管网公司进行准确定位，并加强对其的经济性、社会性和安全性监管，是需要解决的关键问题。此外，我国省内管网运销一体化、输配中间环节过多的矛盾依然存在，管输费定价及监管机制亟待健全。在下游环节，城镇燃气管输业务与销售等业务分离改革逐渐深化，下游市场竞争越发激烈，城市燃气行业对外资企业彻底开放，部分城市燃气企业业务向上游延伸，并开展LNG贸易，面对复杂多变的新形势，下游监管体系还须进一步优化和完善。

（三）能源法律体系仍有缺项

目前我国能源立法工作取得重要进展，建立了包含电力、煤炭、可再生能源、核能等能源品种的单行法律，但《中华人民共和国石油天然气法》还在立法研究中，距离颁布实施尚需时日。此外，我国能源基础法的立法工作经历了10余年，至今仍然没有颁布，能源基础法的统领和指导功能仍然缺位。目前行业专家学者对于能源法的定位，能源法应该包括的内容，以及与我国能源单行法之间的协调关系仍然存在分歧，这也是能源法立法多次迟滞的重要原因。在能源监管方面,《能源监管条例》目前也处于研究和起草阶段。监管法律的缺失，对推进我国能源体系的运营造成了一定的阻碍。

五、国际局势发生重大变革，深化国际能源合作风险与困难并存

（一）全球能源供应格局深度调整带来新的安全风险

美国能源独立战略基本实现，跻身全球最大的油气生产国行列。随

着美国页岩油气革命的发展，美国能源独立战略已基本实现，成为世界能源供需失衡的重要新增变量，全球石油供给侧显现出OPEC组织国、俄罗斯和美国的“三足鼎立”格局。美国在国际石油市场上的主导权显著增强，对能源供给和价格影响力增强。全球领先的数据分析公司Global Data称，预计到2025年，全球LNG新增产能中，美国预计占46%，LNG液化能力达到1.26亿吨/年。我国是世界上第一大LNG进口国，与美国在LNG领域也有广泛的合作。在中美博弈、经贸摩擦不断的背景下，我国能源安全将受到更大的挑战。

生产技术的控制权成为能源安全的重要因素，影响全球能源供应格局。与传统能源生产技术相对成熟不同，页岩油气、深水油气和新能源都依托新的技术和设备，所以技术的掌握程度会对能源开发建设产生重要影响。例如，自2014年乌克兰危机爆发以来，美国联合其盟友加大对俄罗斯的制裁，在油气技术及装备领域加大对俄罗斯的出口限制，俄罗斯萨哈林岛的油气资源开发受到深水技术装备的制约而被迫暂停，能源项目开发延迟，这也进一步影响了我国从远东地区的油气资源进口。

（二）贸易保护主义增强给国际合作增加了新的困难

2008年国际金融危机之后，由于经济增长速度明显放缓，国际社会贸易保护主义开始抬头，特朗普成为美国总统之后，贸易保护主义更加突出，此类现象在很大程度上影响了国内的能源安全。一是贸易保护的范围进一步扩大，不仅限制了能源贸易，也影响了对外能源投资与能源技术引进，不利于我国能源安全问题的应对。二是当前很多发达国家开始实施贸易保护，这些国家具有较强的国际影响力，会推动逆全球化问题，对全球投资与贸易产生影响，这也给中国解决能源安全问题增加了困难。

以我国新能源发展所需的关键矿物（锂、镍、钴、铂）为例，近年来，部分资源国矿业政策收紧，2020年印度尼西亚等国家调整政策限制镍矿原矿出口；秘鲁、智利等锂资源国，通过修改矿法将资源国有化，缩短矿权使用年限；刚果（金）将钴、钽和锗矿的权益金比率上调至10%。这些政策的调整对我国青山控股、比亚迪、天齐锂业等企业产生了重大影响，不仅境外资源获取更为困难，矿产项目的经济效益也受到冲击。此外，近年来，美欧将中国视为战略性矿产竞争对手，通过构建新能源发展关键原材料“国际联盟”，强化对中国的战略性遏制。美国及其盟友通过能源资源治理倡议（ERGI）、关键矿产测绘倡议（CMMI）、关键矿产联合行动计划，联合刚果（金）、赞比亚、澳大利亚、加拿大等矿产资源丰富的国家，打造“关键矿产共同体”，全面布局全球矿物供应链，弱化中国在全球矿物供应链中的领导地位，遏制中国新能源产业的发展。

（三）地缘政治冲突下，能源资产和进口通道安全风险递增

虽然我国能源进口通道逐步完善，但依然有很多风险因素。目前，我国已经布局完成四大油气能源通道，包括东北中俄油气管道、西北中亚油气管道、西南中缅油气管道和海上油气进口通道。其中，海上通道是目前石油进口的主要通道。2021年，50.04%的油气运输需要经过霍尔木兹海峡，73.48%的石油运输航线经过马六甲海峡[①]，见表1-1。一旦中东地区发生战乱，我国最主要的油气来源航线（中东—中国航线）将受到严重影响。此外，马六甲海峡一直是我国石油进口的重要关口，一旦地缘政治冲突爆发，海峡被封锁，我国70%以上的石油进口将受到制约。陆上管道通道相对安全，但其中也存在不可忽视的政治风险。2022年1月，哈萨克斯坦发生暴乱，地区不稳定因素凸显，给管道运

① 根据联合国贸易网数据整理。

输安全带来挑战。2014年以来，乌克兰和俄罗斯关系急剧恶化，切断油气管道成为双方斗争的砝码，这是对中国能源通道安全的重要提醒。

表1-1　2021年我国原油进口航线、进口量及占比[①]

航线	进口量（万吨）	进口占比（%）	制约因素
中东—中国	25667.37	50.04	霍尔木兹海峡、马六甲海峡
北非—红海—中国	143.34	0.28	亚丁湾、马六甲海峡
北非、欧洲—地中海—中国	2733.43	5.33	马六甲海峡
西非—中国	6061.76	11.82	马六甲海峡
北美—中国	1537.14	3.00	—
中南美西海岸—中国	1413.08	2.75	—
中南美东海岸—中国	3085.32	6.01	马六甲海峡
大洋洲—中国	48.72	0.09	—
东南亚—中国	2098.10	4.09	—
陆地管道及俄罗斯远东海运进口通道	8508.23	16.59	—
总进口量（万吨）	51296.49	100.00	—

此外，在大国博弈背景下，金融资产、海外能源资产面临较大安全风险。2020年，美国出台《外国公司问责法案》，主要针对在美上市的中国概念股，法案规定在美上市公司3年不能满足PCAOB（美国公众公司会计监督委员会）对审计底稿检查要求的，公司股票会被禁止在美国所有交易所交易。2020年12月，经美国国会通过和总统特朗普签署的《外国公司问责法案》正式生效，在法案实施规则颁布当日，在美上市的239只中国概念股的价格出现了集体下跌，累积跌幅超过50%的甚至多达38%。我国石油公司均在美国上市，其中2021年，中海油因被美国政府列入涉军企业名单，在纽交所摘牌，并于10月退市。2022

① 根据联合国贸易网及中华人民共和国海关总署数据整理。

年，中国石油、中国石化相继宣布在美国退市。在中美大国博弈的背景下，我国能源企业在海外上市面临非常大的金融风险。此外，俄乌冲突爆发以来，美欧国家相继没收了俄罗斯大量海外资产，这给中国海外能源资产安全发出了警示。截至2020年底，我国四大国有石油公司在51个国家有油气勘探开发项目320个，其中部分项目位于加拿大、澳大利亚、英国、美国，一旦中美博弈走向极端，海外能源项目将面临巨大安全风险。

第三节　能源安全发展未来构想

一、能源安全新战略发展目标

（一）能源安全新战略发展愿景

中国能源消费持续升级，新型能源消费模式逐渐形成；能源供给结构与布局更趋合理，应急调峰储备能力大为改善，智慧能源生产系统有序建设；能源技术领域涌现更多自主性创新，带动能源产业转型升级；能源体制革命持续深化，力争还原能源商品属性，构建公平开放、竞争有序的市场体系；能源国际合作围绕共商共建共享结出更多硕果，合作程度进一步加深，全球能源治理体系更加合理，中国在开放条件下国家能源安全得到保障。

（二）能源安全新战略规划目标

我们国家对能源发展已有系统规划，《“十四五”现代能源体系规划》中指出了“十四五”时期现代能源体系建设的主要目标。

能源保障更加安全有力。到2025年，国内能源年综合生产能力达到46亿吨标准煤以上，原油年产量回升并稳定在2亿吨水平，天然气年产量达到2300亿立方米以上，发电装机总容量达到约30亿千瓦，能源储备体系更加完善，能源自主供给能力进一步增强。重点城市、核心区域、重要用户电力应急安全保障能力明显提升。

能源低碳转型成效显著。单位GDP二氧化碳排放5年累计下降18%。到2025年，非化石能源消费比重提高到20%左右，非化石能源发电量比重达到39%左右，电气化水平持续提升，电能占终端用能比重达到30%左右。

能源系统效率大幅提高。节能降耗成效显著，单位GDP能耗5年累计下降13.5%。能源资源配置更加合理，就近高效开发利用规模进一步扩大，输配效率明显提升。电力协调运行能力不断加强，到2025年，灵活调节电源占比达到24%左右，电力需求侧响应能力达到最大用电负荷的3%～5%。

创新发展能力显著增强。新能源技术水平持续提升，新型电力系统建设取得阶段性进展，安全高效储能、氢能技术创新能力显著提高，减污降碳技术加快推广应用。能源产业数字化初具成效，智慧能源系统建设取得重要进展。"十四五"期间能源研发经费投入年均增长7%以上，新增关键技术突破领域达到50个左右。

普遍服务水平持续提升。人民生产生活用能便利度和保障能力进一步增强，电、气、冷、热等多样化清洁能源可获得率显著提升，人均年生活用电量达到1000千瓦时左右，天然气管网覆盖范围进一步扩大。城乡供能基础设施均衡发展，乡村清洁能源供应能力不断增强，城乡供电质量差距明显缩小。

展望2035年，能源高质量发展取得决定性进展，基本建成现代能源体系。能源安全保障能力大幅提升，绿色生产和消费模式广泛形成，非化石能源消费比重在2030年达到25%的基础上进一步大幅提高，可再生能源发电成为主体电源，新型电力系统建设取得实质性成效，碳排放总量达峰后稳中有降。

二、能源安全新战略本质内涵

（一）能源安全新战略是实现我国能源安全的根本遵循

作为全球规模最大的能源消费国以及能源生产国，我国能源事业稳健发展必须面对的关键问题，是如何确保国家能源安全为经济社会发展提供重要保障，“四个革命、一个合作”能源安全新战略为新时代能源发展指明了方向，对新时代能源事业高质量发展具有极为重要的指导意义。现阶段国内能源行业正处于提升质量以及优化结构的关键时期，一方面存在很多过去发展中积累的结构性矛盾，另一方面出现了一些转型过程中的新问题和新情况。在出现新冠疫情之后，国际社会在能源方面的需求短期明显降低，导致能源供应相对过剩，进而影响能源价格，同时也暴露出供应链柔性不足和产业链韧性不足等一系列问题。因此，我们需要把握国际能源的发展大势，深入理解和践行党中央关于能源安全战略的论述，筑牢社会可持续发展的能源安全根基。

（二）能源安全新战略是引领能源高质量发展的坚强保障

党的二十大报告明确强调，要深入推进能源革命，加强煤炭清洁高效利用，加大油气资源勘探开发和增储上产力度，加快规划建设新型能源体系。21世纪以来，国际能源格局有了深度调整，并且出现了新一轮的能源革命，能源转型的速度加快，能源消费以及能源生产的发展趋势是低碳化、清洁化、高效化和智能化。整体而言，我国能源发展取得了巨大成就，然而在能源消费、能源供给等方面还存在很多制约因素，一些“卡脖子”技术难题仍未解决，能源体制机制也有待完善。对于突发新冠疫情造成的冲击，我们需要始终坚持结果导向和目标导向，不断推进能源发展变革，着力推进产业链提升工程，促进能源产业升级，探索中国特色能源工业高质量发展道路。

（三）能源安全新战略是满足人民群众对美好生活向往的重要路径

党的二十大明确了坚持以人民为中心的发展思想，在能源发展方面，也要始终将人民群众的利益作为出发点和落脚点。社会主义进入新时代，我国社会主要矛盾是人民日益增长的美好生活需要和不平衡不充分的发展之间的矛盾。在持续推进城镇化与工业化的过程中，人民对能源的依赖性逐步增强，同时对高质量用能提出了更高的要求。根据我国现阶段的能源资源和环境状况，不可能再重复西方发达国家工业化过程中高消耗和高污染的粗放发展模式，需要探索一条低能耗高质量的绿色能源发展道路，以能源安全新战略为指导，积极推进能源惠民利民工程，持续提升绿色发展水平，增强广大人民群众的幸福感与获得感，支撑人民群众对美好生活的向往。为了实现“两个一百年”奋斗目标，我们要坚持以人民为中心的发展理念，紧紧围绕能源安全新战略，把实现好、维护好、发展好广大人民群众的根本利益作为能源发展的根本目的，大力提升能源惠民利民工程，不断提高绿色发展水平，着力解决好能源普遍服务不平衡不充分问题，让广大人民群众不断提升获得感，共享能源高质量发展的成果。

（四）能源安全新战略是我国深度参与全球能源治理的重大实践

当今世界逆全球化思潮正在涌动，影响了全球的能源供应链体系。以发达国家为主导的全球能源治理体系，无法平衡新老能源消费国以及生产国之间的利益诉求和关系，亟须构建自主可控的全球能源供应链和全新的全球能源治理机制。党中央针对能源安全新战略作出的一系列的部署，有力推动绿色发展和共建全球能源治理格局的相关进展，为统筹利用好国内与国际两个市场两种资源，推进构建国内国际双循环的新发展格局指明了方向，是我国能源事业发展的行动指南。我们一方面需要把满足国内群众的能源需求作为立足点，切实保障能源供应链和产业链安全；另一方面需要积极参与国际能源合作，不断提高合作的层次，扩大合作的范围，积极推进经济全球化向着开放包容和普惠共赢的方向发展。

三、能源安全新战略核心要义

党的十八大以来，中国发展进入新时代，中国的能源发展也进入新时代。“四个革命、一个合作”能源安全新战略，为新时代中国能源发展指明了方向，开辟了中国特色能源发展新道路。要推动能源消费革命，抑制不合理能源消费；要推动能源供给革命，建立多元供应体系；要推动能源技术革命，带动产业升级；要推动能源体制革命，打通能源发展快车道；要全方位加强国际合作，实现开放条件下能源安全。

“四个革命、一个合作”能源安全新战略是具有内在联系的集合体。消费是生产的动力，同时还会影响供给方式变革以及供给结构调整。技术革命是发展的动力引擎，不管是清洁高效开发利用化石能源，还是规模化推广可再生能源，都需要通过技术创新来驱动。体制革命发挥保障作用，能源发展变革必须以适合的体制机制为环境，稳步推进能源供给侧结构性改革，建立与能源生产力发展水平相适应的生产关系。此外，需要不断加强高水平开放，深化国际能源合作，大幅提升中国在能源资源领域的话语权和把控力，这是中国式现代化的需要，也是推动构建更加公平、更加包容的全球能源治理体系的需要。“四个革命”和“一个合作”相互贯通、相互促进，要统一贯彻，不能顾此失彼，也不能相互替代。哪一个贯彻不到位，中国能源革命进程都会受到影响。

（一）推动能源消费革命，抑制不合理消费

坚持节能优先方针，完善能源消费总量管理，强化能耗强度控制，把节能贯穿经济社会发展全过程和各领域。坚定调整产业结构，高度重视城镇化节能，推动形成绿色低碳交通运输体系。在全社会倡导勤俭节约的消费观，培育节约能源和使用绿色能源的生产生活方式，加快形成能源节约型社会。

一是要坚决控制能源消费总量。我国能源利用方式粗放，能源效率偏低，能源消费总量过多。针对如何处理控制能源消费总量与经济发展的关系，我们需要继续发展经济，但也要根据能源资源禀赋，通过能源产业结构和贸易结构改善来带动经济增长。控制能源消费总量，是形成提高能效、集约高效利用能源的倒逼机制。单位产出用能下降了，原来的能源消耗总量可以支撑更大经济规模，经济发展质量和效益也可以提高。所以，必须把能源消费总量控制住，这是首要任务。

二是要坚定调整产业结构。我国产业结构具有高能耗、高碳排放特征，高能耗工业特别是重化工业比重偏高。工业用能占全社会用能的70%，其中钢铁、建材、石化、有色、化工等五大耗能产业就占近50%。[①]调整产业结构，一手要坚定不移抓化解产能过剩，一手要大力发展低能耗的先进制造业、高新技术产业、服务业。两手都要坚定不移、持之以恒。

三是要树立勤俭节约的消费观。推动能源消费革命，不仅要成为政府、产业部门的自觉行动，而且要成为全社会的自觉行动。改革开放以来，人民生活水平大幅度提高，同时奢侈浪费之风也开始出现。必须要在全社会牢固树立勤俭节约的消费观，树立节能就是增加资源、减少污

① 参见中共中央党史和文献研究院编：《论坚持人与自然和谐共生》，中央文献出版社2022年版。

染、造福人类的理念，努力形成勤俭节约的良好风尚。

（二）推动能源供给革命，建立多元供应体系

坚持绿色发展导向，大力推进化石能源清洁高效利用，优先发展可再生能源，安全有序发展核电，加快提升非化石能源在能源供应中的比重。大力提升油气勘探开发力度，推动油气增储上产。推进煤电油气产供储销体系建设，完善能源输送网络和储存设施，健全能源储运和调峰应急体系，不断提升能源供应的质量和安全保障能力。

一是仍要重视传统能源安全保障。立足国情，加大煤炭资源精细勘查，大力推进煤矿智能化开采和煤炭清洁高效利用，推动煤电向基础性保障和系统调节性电源转变，切实发挥煤炭兜底保障作用，特别是仍要高度重视油气供应安全保障，有效应对国际油气资源与石化产品市场变化。

二是要进一步扩大非化石能源替代化石能源的规模。加速推进分布式与集中式能源的融合发展，需要持续投资建设适用于新型电力系统的智能电网，全力推动建设智慧互联大型油气管网，加快发展储能产业链，着力应对能源系统运行安全和新能源矿产全球供应安全保障的新压力。把握好能源绿色低碳转型节奏，统筹碳减排与能源安全保障是重中之重。

三是要全方位加强能源战略储备和国际合作。有效管控战略能源资源的开发，加强战略能源资源储备，完善能源资源运输战略通道建设和安全保护措施，加强国际能源资源合作，建立全球能源供应链，全面提升应急保障能力，保障经济社会发展所需的能源资源持续、可靠和有效供给。

（三）推动能源技术革命，带动产业升级

深入实施创新驱动发展战略，构建绿色能源技术创新体系，全面提

升能源科技和装备水平。加强能源领域基础研究以及共性技术、颠覆性技术创新，强化原始创新和集成创新。着力推动数字化、大数据、人工智能技术与能源清洁高效开发利用技术的融合创新，大力发展智慧能源技术，把能源技术及其关联产业培育成带动产业升级的新增长点。

新一轮能源技术革命改变世界能源格局，带动产业转型升级。实践证明，能源技术革命能够加快调整高消耗、高污染、低效益的传统产业结构，形成有利于能源节约利用的绿色、循环、低碳的现代产业体系。能源行业转型升级，必须创新突破新能源技术、新材料技术。首先，选择一批较成熟的节能和清洁能源技术，重点开展系统集成、优化以及实用化的研发工作，以便尽快推广应用；其次，通过重大工程实施，示范试验一批已有一定积累的先进能源技术；最后，设置科技重大专项，集中攻关一批核心技术。

数字化、低碳化引领能源技术革命新方向。应对气候变化、极端天气、新冠疫情等非传统安全风险需求的提升，正在成为引导全球科技创新的重要方向。创新突破新能源技术、新材料和新一代信息技术，既是新一轮全球科技革命和产业变革的主战场，也是应对非传统安全风险的必然选择。聚焦中国能源技术革命，在国家能源安全新战略和“3060”战略目标的指引下，需要坚定不移地贯彻节约资源和保护环境的基本国策，需要坚定不移地构建清洁低碳、安全高效的能源体系，需要坚定不移地建设以新能源为主体的新型电力系统。充分发挥中国数字技术优势和新能源产业优势，加快能源领域低碳化与数字化技术深度融合，持续深度优化能源结构、提升能源综合效率。

（四）推动能源体制革命，打通能源发展快车道

坚定不移推进能源领域市场化改革，还原能源商品属性，形成统一开放、竞争有序的能源市场。推进能源价格改革，形成主要由市场决定

能源价格的机制。健全能源法治体系，创新能源科学管理模式，推进“放管服”改革，加强规划和政策引导，健全行业监管体系。

一是完善能源市场体系，进一步优化能源市场结构。推动建立健全煤炭、油气以及电力市场交易机制，促进能源商品市场化交易水平的提升。大力建设功能完善且公开透明的能源交易平台，充分发挥市场在资源配置中的决定性作用。

二是完善能源价格形成机制，进一步放开竞争性环节价格。有序放开天然气、成品油、发售电等竞争性环节价格管制，发挥能源交易平台在价格发现方面的积极作用，最终形成可以反映生产成本与供需情况的价格机制，优化天然气与电力的输配环节定价机制，加强探索激励型定价机制。

三是完善能源规划体制机制，进一步深化“放管服”改革。推进能源综合规划，针对不同品种能源的全产业链过程，发挥规划对能源结构优化的引领作用，持续推动能源管理的简政放权，根据市场化方向以及行业特性探索合适的简政放权形式，减少政府在资源方面的直接配置。

四是持续推动能源立法，始终坚持依法行政。优化和完善能源立法机制和立法程序，提高立法效率，保证立法内容与能源发展规律相契合。持续推进能源监管机构的职能权限法定化，健全能源依法科学决策机制。

（五）全方位加强国际合作，实现开放条件下能源安全

坚持互利共赢、平等互惠原则，全面扩大开放，积极融入世界。推动共建“一带一路”能源绿色可持续发展，促进能源基础设施互联互通。积极参与全球能源治理，加强能源领域国际交流合作，畅通能源国际贸易、促进能源投资便利化，共同构建能源国际合作新格局，维护全球能源市场稳定和共同安全。

需要统筹利用国内国际两个市场两种资源。依托我国超大规模市场优势，以国内大循环吸引全球资源要素，增强国内国际两个市场两种资源联动效应，提升贸易投资合作质量和水平。追求本国利益同时兼顾他国合理关切，谋求自身发展同时推动各国共同发展，拓展各国家的共同利益汇合点。需要与周边邻国建立良好关系，加强建设五大重点能源合作区域，推进国际能源方面的多边和双边合作、区域性能源交易市场的建设。

需要积极支持能源技术装备“走出去”。充分发挥能源合作对技术装备与工程建设，以及上下游产业发展的带动作用，将重大工程项目作为依托，积极推动自主创新，大力建设能源装备制造创新平台，让更多先进的能源装备和能源技术能够走出国门，从而逐步建立在国际市场中具有较强竞争力的能源装备工业体系。

需要建设重点能源合作区域和战略通道，增强海外能源供应能力。强化统筹协调与战略谋划，积极开展多方主体的互惠合作，始终坚持陆海通道以及贸易和投资并举，不断拓展进口通道，大力建设丝绸之路经济带和21世纪海上丝绸之路，同时积极推进中巴和孟中印缅经济走廊建设，扎实开展经贸合作，推进重点项目建设，推动共建“一带一路”高质量发展，逐步完善全球战略布局。

需要积极参与全球能源治理。平衡能源合作和国家利益的关系，确定中国国家利益和现有国际能源机制的交汇点，通过妥善运用全球能源治理机制来实现有利于中国能源利益的国际环境。

第二章

节约型能源消费体系

21世纪以来，我国能源消费总量的快速增长和能源结构长期失衡带来了一系列资源浪费和环境污染的问题，制约了经济、社会的可持续发展。从国家战略角度审视，迫切需要扭转能源使用效率和效益不高、能源浪费严重、能耗持续大量增长的局面。党的十八大以来，历次党代会上都会强调，要求建立全民节约体系。党的二十大报告指出："实施全面节约战略，推进各类资源节约集约利用，加快构建废弃物循环利用体系。"建立节约型能源消费体系，是实施全民节约战略的重要支撑。为探索我国新时代能源消费体系建设道路，我国全面推行节能优先，深入拓展电能替代，大力推动煤电节能降碳改造、灵活性改造、供热改造"三改联动"。本章旨在总结国内外提升终端用能低碳化、电气化、清洁化改革的一些先进做法，进而为我国能源消费体系建设提供一些启示和参考，对国家制定能源政策和企业战略转型具有现实意义。

第一节　节能优先

一、节能是比开发更为优先的能源来源

（一）中国发展面临的能源约束依然突出

改革开放以来，中国经济高速增长，人民生活水平迅速提高，与此同时，社会发展对能源的必要需求急剧增加。能源消费量的不断增加，使得我国越来越重视能源问题。近年来，我国以能源安全新战略为指引，围绕建立多元化能源供应体系、坚持节能优先方针、加大能源科技投入等方面持续探索，在能源生产上取得巨大成就。目前，我国已经基

本形成煤、油、气、电、核、新能源和可再生能源多轮驱动的能源生产体系，能源供应保障能力不断增强。

在看到我国现有能源体系为保障国家安全作出重大贡献的同时，我们也要看到目前我国发展面临的能源约束依然十分突出。从资源禀赋上看，我国能源富煤、贫油、少气的结构特点，决定了能源结构基础“先天不足”。

我国主要能源矿产储量中，煤炭资源储量丰富，其产量在能源生产总量中仍占据绝对优势。国家统计局数据显示，2021年我国一次能源生产总量为43.3亿吨标准煤，其中煤炭产量为40.7亿吨（标准煤产量=原煤产量×0.7143，换算成标准煤为29亿吨），在能源生产结构中占67%。煤炭在能源消费中长期占主体地位，导致我国能源结构的不尽合理。在“双碳”目标下，只有真正实现高效清洁利用，才能真正发挥煤炭“压舱石”的作用。自然资源部发布的《中国矿产资源报告2022》显示，2021年我国煤炭消费42.3亿吨，基本实现自给自足。相较于煤炭，我国石油资源储量较低，且面临资源劣质化加剧难题，储量前景不容乐观。2021年，我国石油产量同比增长2.4%，石油消费量7.2亿吨，对外依存度达72.1%，新增石油探明储量超16亿吨，多属于低渗、深层、超深层、深水等领域。此外，我国石油资源分布呈现地域集中特点，分布不均加大了能源物流的成本。

在天然气方面，近年来，我国天然气产业发展迅速，储量较为可观。但是，目前我国天然气产量与消费量之间的缺口较大，天然气对外依存度仍较高。

中国是可再生能源大国，近年来在国家政策的有力支持下，国家能源局数据显示，2020年可再生能源快速发展，开发利用规模居全球第一。然而我国可再生能源存在分布不均、稳定性不足、成本较高等难题，仍有待进一步突破。总体来看，我国能源资源总量较大，但人均拥有量远低于世界平均水平。自然资源部发布的《中国矿产资源报告2022》显示，我国能源自给率高达82.6%，但能源结构失衡，过度依赖煤炭，石油、天然气支柱作用不足，可再生能源保障作用有待增强。

（二）中国能源供需矛盾短时难以解决

能源事关经济发展全局，改革开放以来，中国经济保持长期高速增长，能源消费随之攀升，使能源供需矛盾成为制约经济发展的突出瓶颈。国家统计局数据显示，2000年至2010年，我国GDP平均增速达10.4%，在此期间，能源消费总量由14.7亿吨标准煤上升至36.1亿吨标准煤，年平均增长率为9.4%，经济增长对能源消费的依赖性越来越强①。2010年，中国超过美国成为世界第一大能源消费国。在此阶段，我国经济增长以大量消耗能源为依托，高耗能、粗放式的发展方式，导致严重的生态环境恶化和能源浪费。化石能源占据能源消费总量的绝对主导地位，国家统计局数据显示，2000年至2010年，煤炭消费量从10.1亿吨标准煤增至25亿吨标准煤，消费量增长了148%。石油消费量从3.2亿吨标准煤增至6.3亿吨标准煤，增幅为97%。天然气消费量从0.3亿吨标准煤增加至1.4亿吨标准煤，增幅为367%，年均增长率最高。此外，水电、核电、风电消费量从1.1亿吨标准煤增至3.4亿吨标准煤，增幅达209%。

随着中国经济发展步入新常态的中高速阶段，产业结构的优化调整助推了能源结构的改变，能源结构向着清洁、高效发展。国家新的发展格局需要经济发展从粗放型的量变向高质量的质变演进，我国高耗能的发展方式同样也需要向高质量发展转变，能源消费效率得到提升。国家

① 参见谢和平、吴立新、郑德志：《2025年中国能源消费及煤炭需求预测》，《煤炭学报》2019年第7期。

统计局数据表明，与前一阶段相比，化石能源占比从90%下降至85%左右，能源消费增速放缓。其中煤炭的年均增长率显著下降，从2011年的25.1亿吨标准煤增长至2019年的26.8亿吨标准煤，年均增长率较前一阶段降低了42%。石油增速降至4.5%，天然气增速降至12.4%，水电、核电、风电增速降至8.8%。

从经济发展与能源消费之间的关系看，近20年来，我国经济发展对能源依赖程度高，尽管产业结构和能源结构在逐渐调整和完善，但能源效率有待进一步提高。国家能源局数据显示，我国单位GDP能耗约为OECD（经济合作与发展组织）国家的3倍、世界平均水平的1.5倍，能源消费效率仍有较大的提升空间。同时，由于资源禀赋，我国能源结构长期以来不尽合理，造成的环境问题、能源安全问题相对突出。因此，我国能源供需矛盾短时难以得到解决，构建全民节约体系，是一种较为现实的解决方案。

（三）节能是解决中国能源问题的优选项

节能是我国绿色发展的主旋律，是总体国家安全观的需要，是未来推进碳达峰碳中和的重要支撑，也是推动我国社会经济高质量发展、加快生态文明建设的重要内容。我国高度重视节能工作，把节约资源的要求贯穿经济社会发展全过程、各领域，抑制不合理能源消费，加快形成全民能源节约型社会。2021年，《中共中央　国务院关于完整准确全面贯彻新发展理念做好碳达峰碳中和工作的意见》明确指出，把节约能源资源放在首位，实行全面节约战略，持续降低单位产出能源资源消耗和碳排放。

党的十八大以来，我国节能工作取得了显著成效。国家发改委数据显示，从能源利用效率上看，我国以年均3%的能源消费增速支撑了年均6.5%的经济增长，能源利用效率大幅提升。截至2021年，我国

GDP能耗比2012年累计降低了26.4%，年均下降3.3%，相当于减少了约14亿吨标准煤的使用。从重点能源领域节能效果上看，我国通过持续推进技术节能、管理节能、结构节能，规模以上工业单位增加值能耗累计降低36.2%，能源加工转换效率提高1.8%，重点耗能工业企业39项单位产品生产综合能耗中，近90%较2012年有所下降。其中，燃煤发电、电解铝、水泥能效水平进入世界先进行列。从节能制度体系构建上看，近年来，我国陆续颁布了能效强制性标准、能耗限额强制性标准、节能基础国家标准等百余项制度，形成了法律法规为引领，以价格、财税、金融等配套政策为支撑的节能制度体系。从节能理念普及上看，我国连续32年举办全国节能宣传周，广泛开展节能降碳宣传教育，倡导绿色生活方式，通过创新宣传形式、丰富宣传内容等手段，在全社会营造了浓厚的节能氛围。节约优先、绿色发展的生活方式已经成为当下的新风尚。

2020年9月，国家领导人在联合国大会上提出二氧化碳排放力争于2030年前达到峰值，努力争取2060年前实现碳中和的“双碳”目标。此后，再次强调，推进“双碳”工作，必须坚持全国统筹、节约优先、双轮驱动、内外畅通、防范风险的原则，更好发挥我国制度优势、资源条件、技术潜力、市场活力，加快形成节约资源和保护环境的产业结构、生产方式、生活方式、空间格局。“双碳”目标的确立意味着中国生态文明建设进入了关键时期，而节能正是如今全球公认的能源系统降低二氧化碳排放的主要途径，也是助力实现碳达峰碳中和的重要抓手。党的二十大上，习近平总书记在工作报告中进一步提升了节约资源在国家新发展格局中的地位，为建立全民节约型社会指明了方向。

二、节能优先是助力中国高质量发展的重要引擎

（一）中国节能40年的辉煌巨变

中国节能事业发展伴随着改革开放全过程，并与改革同步前行。改革开放40多年来，我国节能行业经历了从节能降本、节能增效到节能减排，再到促进生态文明建设的发展历程，取得了举世瞩目的成就，节约能源和提高效率已经成为我国中长期能源发展战略的重要组成部分。

改革开放初期，我国的能源极其短缺。在这一阶段，节能主要是为了降低能源消耗、减少企业成本。在该阶段，节能更多以国家政策控制为主要手段，通过实施强制性措施对高耗能企业进行限制。随着经济的快速发展，到20世纪90年代，以电力为代表的能源供应能力已经远远无法满足生产用能的快速增长需求，能源紧缺成为制约经济发展的瓶颈。在这一阶段，节能的概念发生了转变，从解决能源短缺转为用更少的能源创造更多的效益。节能增效不仅成为提升企业经济效益、缓解能源供需矛盾的重要手段，还作为一项专门工作被纳入了国家宏观管理范畴，确立了节能在能源发展中的战略地位。1997年，《中华人民共和国节约能源法》颁布，构建了我国依法节能的基础；1999年，我国颁布了《重点用能单位节能管理办法》，对重点用能单位进行标准化管理，对节能工作发展起到了重要的推动作用。受国家政策推动及节能增效方向的引领，社会上掀起了第一波大规模的节能技术开发热潮，有效促进了我国能源的合理开发及利用。进入21世纪后，随着工业化、城镇化的发展，曾经粗放的能源利用方式带来的问题日益凸显。在追求经济效益的同时，我国对环保和气候变化的重视程度越来越高，节能事业进入了节能减排的新阶段。在该阶段，减少环境污染、降低二氧化碳等温室气体排放成为节能减排的主要内容。随着能效标识制度的建立、节能减

排监管考核体系逐渐完善，节能成为国家和企业协同推进的重要环节。进入新时代，我国节能工作迈入新阶段开启新征程，节能成为加快推进生态文明建设、满足人民日益增长的美好生活需要的重要途径，节能的外延被扩大，一方面通过提高能源使用效率、优化能源结构促进经济的高质量发展，另一方面在保证能源高质量供给的前提下，满足人民群众对美好生活的追求。在这一阶段，节能成为一项系统工程，吸纳全社会各要素共同参与。在节能市场化机制以及节能宣传活动的引领下，全社会正在加快构建能源节约型社会，以适应国家新发展格局的需要。

回望中国改革开放以来40多年，在政策、技术、理念的引领下，节能事业取得了巨大的历史成就。工业结构得到优化、单位产品能耗显著降低、节能目标基本实现。作为全球节能低碳的主要倡导者和实践者，中国仍然在节能的道路上砥砺前行，不断推动节能先进理念、技术、产品、服务等“引进来”“走出去”，让节能成为中国发展的“新名片”。

（二）中国节能发展的三大密码

纵观我国节能工作，经历了从节能降本、节能增效到节能减排，再到促进生态文明建设的发展历程。我国节能事业发展主要通过以下三大途径。

第一，完善顶层设计，引导行业规范。近年来，我国充分发挥政府在节能发展中的主导作用，通过顶层政策、法律法规、财税引导等手段构建节能标准体系，贯彻落实节约资源的基本方针，促进节能工作的开展。在顶层政策制定上，国家与时俱进推出节能目标，针对重点用能行业制定详细的节能规划和考核评价体系，为节能工作有序开展奠定基础。在节能法律法规及相关标准上，国家先后出台了数百项政策，推动节能事业有法可依，有规可循。此外，积极鼓励企业研发节能新技术、新产品，强制淘汰高耗能、高污染的产品，制定了有利于调动企业节能高效的财税政策，充分调动企业产业的积极性。

第二，调整产业结构，加速能效提升。我国不断推动产业升级换代，推动新增产能的能效指标达到国际先进水平。我国针对重点用能行业、用能领域、用能设备，分业施策、分类推进，系统提升工业能效水平。得益于此，根据工业和信息化部数据，近年来，我国工业能效水平得到显著提升，规模以上工业单位增加值能耗在“十三五”期间下降16%的基础上，于2021年下降了5.6%。此外，我国坚决淘汰落后产能、落后工艺、落后产品，工作进展卓有成效。

2022年国家发改委发布了《高耗能行业重点领域节能降碳改造升级实施指南（2022年版）》，严格执行节能、环保、质量、安全技术等相关法律法规和《产业结构调整指导目录》等政策，依法依规淘汰不符合绿色低碳转型发展要求的落后工艺技术和生产装置。对能效在基准水平以下且难以在规定时限通过改造升级达到基准水平以上的产能，通过市场化方式、法治化手段推动其加快退出。此外，我国还运用大数据、云计算等新兴技术手段为节能赋能，加快产业结构调整，推动节能水平进一步提高。

第三，加强技术创新，实现技术节能。科学进步是节能发展的根基，是顶层设计和结构调整的核心，以清洁高效可持续为目标的能源技术将引发全球能源变革。近年来，我国高度重视能源科技发展工作，组织实施科技重大专项，把节能作为政府科技投入，支持开发高效节能技术。以燃煤发电技术为例，目前我国超临界、超超临界、二次再热、循环流化床等高效清洁燃煤发电技术均已达到世界领先水平。与此同时，我国推动构建完善的绿色技术创新平台，促进节能技术提供方与需求方、创造平台与使用平台之间的无缝对接，为节能技术创新构建一条

"绿色通道"。

（三）节能战略引领中国高质量发展

我国正处于工业化、城镇化深化发展的关键阶段，能源需求持续增长的同时，面临着严峻的生态环境保护任务。因此，进一步强化节能优先战略，提高能源利用效率，对于引领我国高质量发展具有重要意义。

节能是缓解中国当下能源供需矛盾的必然选择。近年来，随着技术进步与新能源的异军突起，我国能源供应保障能力不断增强，但不可否认的是，能源粗放利用现象依然存在，能源安全保障仍承受很大压力。此外，受先天资源禀赋等因素影响，我国能源的结构性矛盾相对突出。未来，随着现代化进程加快推进和人民生活水平的提升，我国能源需求仍将保持刚性增长。面对能源供需现状，亟须把节能作为缓解能源供需矛盾、满足能源需求增长的重要途径。

节能战略是实现碳减排、碳达峰目标的关键支撑，高速发展的经济与绿色低碳的生存环境缺一不可。近年来，我国在环境治理上取得了突出成效，环境改善速度前所未有，这与节能战略的广泛实施密不可分。通过深入挖掘节能潜力，从源头治理污染，能源利用效率得到大幅提升。随着"双碳"目标的提出，节能被赋予了新的历史使命，如期实现"双碳"目标，必须要将节能放在突出位置，以系统思维统筹经济增长与生态文明的和谐统一。

节能是培育高质量发展新动能的有效途径。我国经济从高速增长向高质量发展阶段转变，要求节能工作与时俱进。近年来，我国大力推进能源领域科技创新、管理节能、结构节能，促进产业结构变革，为迈向高质量发展积蓄能量。

节能战略有助于提高人民的幸福生活指数。节能带来了绿色、低碳的生活方式，带来了清洁、高效的能源获取渠道，绿色建筑、清洁取暖、新能源汽车等已成为消费升级的重要内容，优美环境、生态环境已经成为人民群众的共同追求。

党的十九大开启了全面建设社会主义现代化国家的新征程，将坚持人与自然和谐共生视为新时代中国特色社会主义基本方略之一。通过持续推进节能提高能效，我国能源供需紧张得以有效缓解，为全面建成小康社会提供了坚实基础。

党的二十大把全面节约战略提升到新的高度，这将促进全面建成社会主义现代化强国宏伟目标的实现。现实要求我们进一步贯彻习近平生态文明思想，落实新发展理念，将节能提高能效放在推进能源革命的优先位置，作为推动高质量发展的重要抓手，加快能源利用效率赶超升级，推动节能事业迈上新台阶，用节能战略推动高质量发展。

三、资源约束下日本向低能耗社会转型的启示

（一）资源约束下的日本能源危机

能源是国民经济的命脉，维护国家能源安全是世界各国面临的重大课题。但由于自身资源禀赋不同，一些国家在能源资源上不具备先天优势。作为世界第三大经济体和世界能源消费大国，日本能源几乎全部来自进口，能源问题是制约日本经济发展的瓶颈。

从历史上看，战后初期资源耗尽的日本，煤炭、石油与电力供应严重不足，经济发展受到严重制约。能源供应不足带来的约束，是日本经济复兴亟待解决的问题。在经济复兴期，日本的能源消费结构以煤炭为主体，制定了一系列煤炭紧急增产措施。到了20世纪50年代中后期，日本国内煤炭资源初显匮乏，在价低质优的进口煤炭的冲击下，本土煤炭的市场竞争力低下。随着经济迅速增长，石油消费需求激增，原本以煤炭为主体的能源消费结构难以存续，能源结构从“煤主油辅”向

“油主煤辅”转变。1952年至1960年，日本对石油制品的需求激增，约99.7%的石油依赖进口，其中绝大部分依赖中东地区。在该阶段，如何保障源源不断的海外石油流入国内，是当时日本面临的重要课题。20世纪70年代，第一次石油危机的爆发，暴露了日本能源供需结构的脆弱性，日本的炼油、石化、钢铁、电力等产业受到冲击，进而引发了严重的经济衰退。为此，日本政府高度重视能源安全问题，开始实施石油进口多元化，推行石油战略性储备，产业结构向低耗能方向发展。在第二次石油危机中，日本吸取教训，较为平稳地渡过危机，经济增长未受明显影响。此外，从20世纪60年代末开始，日本着手进口天然气，建设相关基础设施，在石油危机发生后，天然气成为代替石油的一种选择。到20世纪80年代，与时俱进的日本开始开发替代石油的新能源，用于摆脱对石油的高度依赖，通过加速开发以核电为主的新能源产业，提升能源的稳定供应能力。到2011年日本大地震之前，核电已经占日本一次能源供应的14%左右，占电力供应的30%左右[①]，核能对保障国内能源供给起到了重要作用。日本大地震和福岛核电站事故的发生，使日本不得不再度调整能源战略，替代燃料LNG、原油和煤炭进口大量增加。同时，化石燃料的大量使用也使日本面临着较为严峻的环境问题。为了弥补核电短板，日本计划再度提高可再生能源比例，发展多元化能源战略，并更加注重节能降耗。

目前，日本深藏的能源危机问题依然存在。首先，日本的能源消费结构严重依赖化石能源，日本自然资源和能源局公布的2021年能源白皮书显示，2019至2020财年日本能源构成中，化石燃料仍占日本电力行业的四分之三左右，其中煤炭占比31.8%，LNG占比37.1%，石油占

① 参见张季风编：《日本能源文献选编：战略、计划、法律》，社会科学文献出版社2014年版。

比6.8%，核能、水电及其他形式的可再生能源占比分别为6.2%、7.8%及10.3%。其次，从能源自给率上看，在日本大力发展核电后，能源自给率得到提升，2010年能源自给率为19.9%，其中水利和新能源等合计为4%，核电为15%。核电站陆续停机后，日本能源自给率下降至2012年的6%[①]。日本自然资源和能源局公布的数据显示，到2021年，日本能源自给率仅为11.2%，其中石油、煤炭消耗量基本全部来自进口，而OECD国家的平均能源自给率可以达到70%。

（二）日本的低耗能经济发展探索

日本能源问题专家吉田人志曾说过，在日本，节能不仅是一种技术，而且是一种完整的思维模式。在50余年对低能耗经济的探索过程中，日本取得了令人瞩目的低耗能、高产出的发展成就，关键在于其对节能事业的无尽探索。

日本的资源禀赋决定了它高度依赖对外能源，但同时，日本在节能领域的探索又使其成为世界低耗能经济发展的典范。自1973年第一次石油危机以来，日本高度重视能源安全，通过发展低耗能经济把控能源消耗，改善人民生活和产业活动。日本的低耗能战略从20世纪70年代开始起步，受经济快速发展及两次石油危机影响，能源已经成为遏制经济增长的瓶颈。对此，日本提出各个产业要推行“减量经营”的方针。减量经营包括“减”“节”“转”三个基本内容，“减”就是减成本，包括减少对人、财、物等的过多占用；“节”就是提倡节能；“转”就是调整产业结构和产品结构。这是日本推行低耗能经济的代表性事件，是日本企业从传统的粗放型经济增长方式向高附加值型经济增长方式转变的转折点。50多年来，低耗能经济发展战略从政府到企业再到民众，日

① 参见张季风:《日本能源形势的基本特征与能源战略新调整》,《能源研究》2015年第5期。

本全方位开展了全国性节能运动，通过立法、财税激励、节能教育以及技术开发等多种手段开展低耗能经济探索。20世纪70年代初期，日本主要通过从政府层面制定法律法规来约束和引导节能行为。1979年，日本制定了《节能法》，明确了全国开展节能的方向和国家支持节能的政策精神。此外，日本还通过了《石油供求合理化法》《国民生活安定紧急措施法》等，以应对紧急事态。政府还根据实际情况提出了一些具体的节能要求，比如降低高速路路灯亮度，晚上10时后关闭大功率、高耗能的霓虹灯等。得益于这些节能措施，1973年至1979年，日本的国内生产总值约增加27%，但石油的消耗量几乎没有增加。除了制定法律法规，日本政府还开始尝试利用财税补贴对企业的低耗能行为予以激励，加大对低耗能事业的财政支持力度。

从1978年起，日本开始执行大规模的节能技术开发计划，即“月光计划”。该计划包括大型节能技术的研究开发、基础节能技术研究、协助民间节能技术的开发、节能技术的综合效果调研、节能标准化以及国际合作研究六个部分。该计划的实施，对日本节能体系的建设起到了至关重要的作用。与此同时，日本政府对节能事业的财税补贴力度逐渐加大，通过财税、金融手段支持企业进行节能技术改造，成为20世纪80年代日本的经济发展特色之一。例如，日本政府对节能企业给予税收优惠，1981年的日本政府财政预算中明确规定，对以节能为目的的新投资，可按照投资额的10%实行减税。得益于这一政策，日本在80年代掀起了一股节能投资热潮，仅1980年的投资就比上一年增加了170%。高耗能行业的变化尤其明显，水泥产业增长310%，钢铁产业增长97%，造纸产业增长76%。此外，日本政府对节能企业还给予了特别的金融扶持，节能贷款在1989年达到1000多亿日元。正是由于有效的节能政策，日本的GDP单位能耗在1979年至1989年下降了36%，而

GDP则增长了72.1%[①]。

到了20世纪90年代，日本的节能政策已经见到成效，日本政府在原有基础上继续修改并完善节能战略，将原来的“月光计划”和其他节能计划合并建立了“新阳光计划”，加强政府税收方面的扶持力度和金融优惠政策，并建立了节能辅助金制度，设立了针对系统性节能和可再生能源循环利用项目的专项扶助金等。在政策的支持下，日本的节能技术开发卓有成效。

进入新世纪后，日本政府开始加强新的节能政策体系建设，节约能源进入了一个崭新的发展阶段，以能源需求的中长期预测为基础来确定节能事业的发展方向。2006年，日本经济产业省编制了《新国家能源战略》，进一步提出2030年单位GDP能耗要比2003年降低30%的目标，并提出要在先进节能技术方面成为世界领先国家。此外，日本还根据社会发展的不同阶段修订了新节能法，加强了对民用设备的节能管理，对居民住宅实施节能标识制，并对住宅建设的节能标准进行检查，达标的可获得政府给予的补贴。除了政策引导，日本十分重视对国民的节能宣传教育，节约能源“从我做起”的观念深入人心。日本主流媒体通过发起环保方面的议题、活动，来宣传节能环保观念，学校定期组织中小学生参观用于改善环境的公共设施等，以增强国民的环保意识。在政府及媒体的号召下，节能已经成为日本全民共识，成为一种公民义务。

（三）新时代中国低碳能源发展大有可为

日本的低耗能经济发展探索，不仅满足了日本社会对于能源的需求，促进了经济的运行与发展，更给全球低碳能源发展提供了典范，这

① 参见雷鸣:《日本节能与新能源发展战略研究》，吉林大学出版社2010年版。

对于一个极度依赖对外进口的能源消费大国而言非常难得。尽管中国与日本在资源禀赋与人文社会中存在一定的差异，但并不妨碍我们总结学习日本在低耗能经济探索过程中的经验，这将对我国新时代低碳能源发展有一定的借鉴意义。

发展低碳能源首先需要牢固树立节约资源的全民意识，倡导杜绝一切资源浪费的人与自然和谐共生的生活方式，也只有居安思危，发动全方位的节约资源革命，才能推进节能的进一步实施。其次，完善政策框架体系，从法律和制度层面对全民节能进行保障。目前，我国正逐步为低碳能源发展创造稳定的政策环境，节能法规标准体系不断健全。近年来，我国先后修订节约能源法，制定、修订能效标识、节能审查、节能监察等管理办法，构建起相对完备的节能标准体系。再次，日本对节能、低碳企业等领域的财税、金融支持，是其企业积极发展低耗能经济的重要保障。近年来，我国通过加大财税政策扶持力度、构建特色节能低碳园区、推动节能低碳技术创新和成果转化激励等手段，充分调动企业参与的积极性。最后，科学技术的突破决定着能源发展的方向。日本致力于成为节能技术的世界领导者，大力引导企业探索新兴技术。我国近年来也在持续加大节能技术、低碳能源研究的投入力度，投入资金支持，培养科研队伍，为低碳能源提供有效的技术支撑。日本的全民节能意识培养是其建立节约型社会的基础。我国近年来通过广泛开展全民节能行动，营造有利于节能的整体社会氛围，通过开展全国节能宣传周、全国低碳日等活动，倡导绿色节能低碳，培育民众的低碳节能意识。

近年来，我国新时代低碳能源建设取得了巨大成就，水电、光伏、风电等多项指标居世界首位，煤、油、气、电、核、新能源和可再生能源多轮驱动的能源生产体系基本形成，能源结构从“以煤为主”逐步向清洁化、多元化发展。尤其是党的十八大以来，在习近平生态文明思想指引下，绿色低碳转型发展取得了历史性巨大成就；党的二十大再次重申节能在国家新发展格局中的定位，为未来节能事业的发展指明方向。在能源绿色低碳利用上，国务院2020年发布的《新时代的中国能源发展》白皮书显示，截至2019年底，水电、风电、光伏发电、生物质发电装机容量分别达3.56亿千瓦、2.1亿千瓦、2.04亿千瓦、2369万千瓦，均位居世界首位。在绿色低碳观念上，“绿水青山就是金山银山”的理念深入人心。绿色低碳、文明健康的生活方式已经成为人们的自觉选择。我国低碳能源发展前景广阔、潜力十足。国家发改委和国家能源局发布的《能源生产和消费革命战略（2016—2030）》中明确表示，到2030年，我国新增能源需求将主要依靠清洁能源满足，从根本上改变我国能源结构。

第二节　电能替代

一、电能替代是历史的选择

（一）电能替代，节能增效又低碳

党的二十大报告中指出，要加快发展方式绿色转型，实施全面节约战略，发展绿色低碳产业，倡导绿色消费，推动形成绿色低碳的生产方式和生活方式。我们必须牢固树立并切实贯彻创新、协调、绿色、开放、共享的新发展理念，深入推进绿色低碳转型战略，坚定不移走高质量发展之路。

能源结构对我国实现碳排放目标起决定性作用，而电能将在未来的能源系统碳减排过程中发挥主力作用。根据《南方电网“十四五”电能替代发展规划》，当前，我国能源消费产生的二氧化碳排放量约占总

排放量的85%，约占全部温室气体排放的70%。在这种背景下，电能凭借其清洁、安全、便捷、经济效率高（电能的经济效率可以达到石油的3.2倍、煤炭的17.27倍）等优势，在我国碳减排过程中具有代替其他能源的重要地位。随着各行各业电气化率的提高，电能将逐步替代部分终端对煤炭、石油、天然气等化石能源的直接使用，使部分碳排放从终端用能环节转移至电力，从而大幅减少终端用能部门的直接碳排放量。因此，在终端能源消费环节推行以电代煤、以电代油等措施，推进电能替代，具有重要的现实意义。

电能替代是我国实现双碳目标、建设美丽中国的直接抓手。党的十八大提出建设“美丽中国”的任务，为我国可持续发展制定了新的目标。走向生态文明新时代，建设美丽中国，是实现中华民族伟大复兴的中国梦的重要内容。我国的能源发展方式需要进一步贯彻落实科学发展观，走绿色低碳的发展路线。中国作为全球能源消耗第一大国、全球二氧化碳排放及其他排放总量最大的发展中国家，亟须解决包括碳排放在内的一系列环境污染问题。在2020年第七十五届联合国大会一般性辩论中，我国明确提出了碳减排目标：中国将提高国家自主贡献力度，采取更加有力的政策和措施，二氧化碳排放力争于2030年前达到峰值，努力争取2060年前实现碳中和。但是，我国资源量相对不足、环境容量有限，制约了我国的绿色低碳发展。因此，我国必须转变经济发展方式和能源利用结构，实行电能替代战略，提升终端用能清洁化、低碳化水平，促进清洁能源消纳，从而加快构建一个节能低碳且可持续发展的经济体系，助力实现碳达峰碳中和的伟大目标。

电能替代是优化能源结构、保障国家能源安全的创新路径。我国具有富煤、贫油、少气的资源特征，长期以煤炭能源消费为主，能源结构相对较差。随着我国人口和经济规模不断增大，能源需求持续增长，国内能源供应能力开始出现不足。当前，能源对外依存度持续保持高位，我国的能源安全形势日益严峻。与此同时，我国能源资源与生产力具有逆向分布的特征，能源开发加速向西部和北部转移，风电、太阳能发电等大规模、集约化发展，这使得优化全国能源资源配置越发重要。由于电力传输要比石油、天然气的运输更加经济、高效和便捷，因此，可以通过充分发挥电网优势，建立以电能为中心的可持续能源供应体系。这不仅有利于用户参与电力系统灵活互动，增加新能源消纳能力，促进能源绿色转型，还可以降低我国能源的对外依存度，破解资源困境、环境难题，显著增强国家安全及能源安全保障能力。

电能替代是提高电气化水平，实现人民对美好生活向往的重要路径。随着中国特色社会主义进入新时代，不断提升我国电气化水平，不仅是推动经济社会高质量发展、建设社会主义现代化强国的必然要求，也是现代文明进步的重要标志。电气化与经济社会发展相互作用，电力的广泛应用可以促进工农业生产效率和社会生产力的提高，经济社会的发展又可以促进电力在终端能源消费中的占比提升。实施电能替代战略可以提高全社会电气化水平，扩大电力消费，提升居民生活水平和社会生产效率，缓解由于煤炭等能源使用而造成的环境污染，起到优化生态环境和改善城市空气质量的作用，满足人民群众对美好生活的向往。因此，实施电能替代对我国优化能源布局、保障能源安全、促进节能减排、保护生态环境、提高人民生活质量具有重要意义。

（二）电能替代，正逐步建立完善的支撑体系

为构建绿色消费模式，我国陆续出台并落实了电能替代政策，在各领域开展电能替代工程，提升电能替代技术，这为我国电能替代的发展奠定了坚实的基础。

以发展规划、环保约束、补贴价格引导“三位一体”的政策支撑体

系正逐步建立。2013年，我国输配电企业明确提出了“清洁替代、电能替代”的“两个替代”发展战略，即在能源开发方面实施清洁替代，在能源消费方面实施“以电代煤、以电代油、电从远方来、来的是清洁电”的电能替代战略，以期通过电能替代减少城市大气污染物排放，缓解雾霾困扰。2016年5月，国家8部委出台了《关于推进电能替代的指导意见》，我国开始全面推进电能替代。相关部委也先后出台了支持北方地区冬季清洁取暖试点、推进京津冀及周边地区大气污染防治等支持政策，将电能替代作为国家“十三五”电力发展规划和现代综合交通运输体系发展规划的重要内容，为电能替代发展营造了良好的政策环境。2022年3月，国家发改委等10部门联合印发了《关于进一步推进电能替代的指导意见》，电能替代进入了新的发展阶段。根据国家有关部门出台的指导意见，地方政府也结合当地实际情况陆续出台了一系列促进电能替代技术推广应用的政策。例如，2022年2月，盐城市11个政府部门和国网盐城供电公司联合出台了《关于全面提升电能替代工作的指导意见》。该优惠政策涵盖了工业、交通、建筑、农业、生活消费五个行业，有效执行期限从发文之日起至2025年底。根据该市财政局开展的补贴事前评估测算，执行期内最高补贴3.1亿元。在政策激励下，盐城以“政府指导、行业实践”为思路，力争到“十四五”末，将终端用能设备电气化率由34%提升至40%。

与此同时，电能替代技术不断得到创新提升。随着电能替代事业的发展，电能替代领域得到进一步的发展提升，从简单、集中式向大规模、多应用领域过渡，全方位、多种类的“腾笼换鸟”式电能替代系统开始逐步建立。其中，核心技术领域主要涉及汽车、港口岸电、热泵、采暖、工业电窑炉、电蓄冷空调、住宅电气化等。目前，我国的电能替代科技已由从前的5大类、18项技术，全面扩大到近21大类、50余种技术应用领域，电能替代科技结构日趋完备[①]。

伴随着政策推动和电能替代技术的不断发展，电能替代领域也在不断拓展。此前，我国电能替代主要集中在居民采暖、工业与农业生产、交通运输、电力供应与消费等领域。在2015年至2018年全国累计实现电能替代电量中，工农业生产制造领域最为集中，其次为电力供应与消费领域。国家统计局数据显示，在2015年至2018年全国累计完成的能源替换电量中，工农业生产制造领域占比60%以上，电力供应与消费领域占比19%；此外，交通运输、居民采暖、家庭电气化等领域的替代电量分别为10%、9%、2%。目前，工业、建筑、交通、农业农村等领域的电能替代已逐渐全面展开。[②]

（三）电能替代大步提速，成效初显

党的十八大以来，我国开始全面推进电能替代，并取得显著成效。全社会电气化水平达到27%，超过了OECD国家的平均水平。其中，中高端制造业、居民采暖和交通部门等领域的电气化水平显著提升。

电能的消费规模与占比都进一步得到了提高，终端消费领域的电能替代正快速发展。1978年，全社会用电量仅为0.25万亿千瓦时；到2021年，全社会用电量达到8.3万亿千瓦时，年度用电增量约为“十三五”时期五年增量的一半[③]。随着整个社会用电量的快速增长、电能使用水平的日益提升，更多的终端能源消费正不断向电力消费转化，电能替代率也在明显提升。根据国务院新闻办公室2022年7月举办的“加快建设能源强国　全力保障能源安全”新闻发布会，1980年

---

①② 参见唐伟：《电能替代实施现状及发展趋势预判》，《研究与探讨》2020年第2期，第34—47页。

③ 参见章建华：《为促进经济社会高质量发展提供坚强能源保障》，《学习时报》2022年6月3日。

到2020年，我国电能占终端能源消费的比重从6.84%提高到27%，增加了20.16%。“十三五”时期，我国电能替代总量达到了8000亿千瓦时，这将相当于8座三峡电站的年发电量。随着能源绿色政策的推进实施，我国的碳排放强度也在不断降低，2019年碳排放强度比2005年下降48.1%；北方地区的清洁取暖面积已经达到156亿平方米，洁净采暖的比例达到了73.6%，替代散煤达到了1.5亿吨以上。

电能替代来源中清洁能源占比逐步增高，使我国电气化水平得以提高。充分利用清洁能源发电是提高电力使用效率、促进电能替代的重要有效途径。党的十八大以来，水电、核能、风能、光电等非化石能源消费比例提高到了16.6%，累计增加了6.9%，非化石能源发电装机比例增加到44%，单位GDP的碳排放强度累计降低了34.4%①。同时，电能替代政策也有效减少了弃风、弃光、弃水，促进清洁能源消纳。如在“三北”风光电等清洁能源丰富区域进行了蓄能供热、风光用电集中供热，以促进清洁能源就地消纳；在西南水电资源丰富区域，通过电力交易中心平台，以清洁能源优先交易的办法，大力推行清洁电能的交易。当前，中国清洁能源消纳不断向好。2021年我国的水电、风电和光伏利用率分别达到98%、97%和98%②。同时，能源利用效率也不断提升。2021年，全国万元国内生产总值能耗比上年下降了2.7%。随着电能替代的深入推进，我国的绿色经济也正在崛起。2021年，全国万元国内生产总值二氧化碳排放下降3.8%③。当新能源发电生产成本逐渐下降，风能和光伏装机规模也会进一步扩大，分散式风能和分布式光伏

---

① 参见杨永明:《深入推进能源消费方式变革》，https://new.qq.com/rain/a/20221102A05ZHMOD。

② 参见《推动能源转型　赋能绿色发展》,《人民日报》2022年1月10日。

③ 国家统计局:《中华人民共和国2021年国民经济和社会发展统计公报》，2022年2月28日。

将更加有利于终端电能替代。随着我国电力消费增速持续高于其他能源消费增速，电气化进程在持续不断推进，对我国经济发展起了重要支撑作用。同时，终端消费领域的电能替代使我国能源与生态环境友好性得到明显改善，促进了能源节约型社会的加快形成和能源消费结构的不断优化。

二、电能替代发展机遇与挑战并存

（一）电能替代步入“深水区”，仍面临多重挑战

虽然实施电能替代意义非凡，也取得了显著的发展，但是当前电能替代事业也进入一个由注重替代量转变到注重质量和效益的时期，电能替代逐步进入了“深水区”。“十四五”时期，电能替代策略仍将在政策、科技、价格、供需平衡等诸多领域面临挑战。

第一，电能替代存在明显的经济性不足，指向性的政策扶持力度也亟待提升。一方面，电能替代在前期需要有较高的资金注入，然而目前的补贴政策主要集中在初期投资阶段，需要制度性的保障。进入经济发展新时代，除了热泵、电动汽车、冷链物流等运行经济性较好的电能替代项目，其他很多替代项目的成本都过高。如电采暖项目，因为运行成本过高，造成了用户明显的使用困扰，很多用户虽然改用了电能，但是使用频率非常低。2019年到2020年的数据显示，改而不用的比例达到近两成，基本不用的比例达到近四成。另一方面，政府前期实施的多数优惠政策主要涉及环保约束、规划指导，而政府补助类优惠政策则相对较少。在政府减税降费、地方财政支出能力减弱的主要背景下，新的专项支持政策往往无法实施，而对于支持电能替代项目的专项补助措施也大多只具备计划指导性，缺乏指向性的专项补助措施。在缺乏资金的前提下，煤改电技术在部分行业是不具有突出市场竞争力的，而且在补贴

退坡的前提下，很容易会出现“返煤”问题。

第二，特高压输电和配电网作为电能替代的支撑体系，目前来看还比较滞后，主要是特高压建设需要加快速度，同时迫切需要加强配网建设。一方面，电能替代的关键是以清洁和可再生为主的绿色电能取代传统电能。我国新能源资源丰富，存在着规模发展的潜力，但我国新能源资源与生产力需求不具有重叠特征，电源点通常距离负荷中心较远。比如，我国的西部和北部具有丰富的风能和太阳能资源，西南部具有丰富的水能，而这些地区的经济相对落后，消纳清洁电力的能力非常有限。而我国的中东部地区作为电力负荷的中心，使用清洁电力需要大规模的远距离输电网络，其中涉及的负荷预测、电源结构、电网扩容、保护整定、电压调节等问题会对分布式清洁发电并网造成一系列影响。新能源并网对传统电网的挑战越来越大，随着我国新能源开发力度加强，这些问题将更加凸显。另一方面，大规模电能替代负荷的接入，对配网支撑能力、电网配套考验较大。由于投入较大，但售电量增幅有限，在电费低于平均水平的背景下，极易导致电力价格倒挂、配网投资收益偏低、电网投资效率下降等问题。

第三，由于目前的电能替代技术在部分应用领域尚不完善，市场竞争力相对于传统技术与产业仍有不足，相关技术标准和法规的制定在该领域存在缓慢的问题。虽然电能替代技术得到了长足发展，不同厂商的产品在规格、型号、性能等方面仍具有较大差异。在电动汽车方面，电动汽车传导充电系统的国家标准在2015年就已经制定完成，但不论是充电技术还是能量转化效果，各个厂商的产品仍然存在一定的差异。以港口岸电为例，统一的岸电作业标准相对缺少，在船舶接入岸电时，船员需要办理接船、拖电缆、倒电源等事务，使用完毕后需要拆卸；若船舶的停港时间太长，就会对下一步行程造成影响，增加生产成本；来自不同厂家岸电设备的电压波动技术也有所不同，合闸产生的冲击电压可能会造成电压波动，从而具有一定的安全隐患。

第四，碳达峰碳中和的重要规划从价值层面上未能有效实现对电能替代的激励效果。目前，针对节能减排的环境措施以“软约束”为主，措施实施后，由于执法强制力不足，查处取证较难，其约束作用往往有限。这就要求碳排放量的审批、控制等工作也必须深入推动。由此可见，电能替代是一个实实在在并充满挑战的过程，推进电能替代，需要精准把握节奏和力度，不能脱离实际、急于求成。既要充分认识电能替代过程的艰巨性和复杂性，也要实事求是地从解决当前突出矛盾问题入手，聚焦用力打好攻坚战。

（二）电能替代迎来关键机遇期，大有可为

随着风能、太阳能、核能、水能等大规模转换为电能，清洁能源所占比重不断提高，我国将逐步形成多能协同、互联集成的低碳电力系统，电能替代的推进将迎来关键机遇期。“十四五”期间，国家将要逐步扩大电能替代的广度和深度，着力形成政策法规制度健全、技术标准制度成熟、市场模式完善、智能化程度提高的电能替代产业新格局。到2025年，电能占终端能源消费比重将达到30%左右。积极地抓住“十四五”这一关键时期实施电能替代，才能统筹好长远与短期，坚持“先立后破”，建设清洁低碳、安全高效的电力体系，进而推进终端用能清洁化、低碳化。

电能替代支持政策需要不断完善。一是要加强规划统筹衔接，将电能替代作为做好生态环境保护与碳达峰碳中和工作的重要举措，推动电能替代与相关规划有效衔接，合理制订电能替代发展目标，协调推进电能替代改造工程。二是要增强电力供应的服务保障。在用电的供需研究与计划实施上，应充分考虑电能替代的用电要求。不仅要加强配套电网

建设，优化电力调度；还要鼓励电能替代用户配置储能装置，增强自身电力保障能力。不断完善电能替代项目报装接电“绿色通道”服务，持续提升“获得电力”服务水平。三是要加大资金支持力度。在依法合规、风险可控的前提下，鼓励银行业金融机构加大对电能替代项目的金融支持力度，通过绿色债券、绿色信贷等拓宽电能替代项目融资渠道。可通过已有的财政补贴融资途径，对符合条件的电能替代企业予以扶持，鼓励生态保护地区与受益地区在电能替代方面开展资金、技术、项目等方面的合作。四是不断完善产品价格和市场机制。进一步实施输配电价改革，不断健全峰谷电价管理机制，支持具备条件的地区建立采暖用电的市场化竞价采购机制，切实落实电动汽车、船舶使用岸电等电价支持政策。鼓励电能替代企业参加电力市场交易，引导电能替代企业参加低碳市场交易，并支持其以市场化手段进行电能替代。五是要强化节能环保降碳刚性约束。严格生态环境监管执法，完善环境保护、节能减排约束性指标管理。在保障能源供应的前提下，加大生活和冬季取暖散煤治理力度。修订完善各类工业窑（锅）炉环保及能耗标准，依法加大不达标工业窑（锅）炉淘汰整治力度。制定更严格的机动车大气污染物排放标准，出台车辆污染排放强制性约束政策，加速淘汰排放不达标的车辆。

推进电能替代需要坚持供给侧和消费侧双向发力。在供给侧方面，立足以煤为主的基本国情，发挥煤炭煤电对新能源发展的支撑调节和兜底保障作用。大力推动煤炭清洁利用，积极推动煤电节能降碳改造、灵活性改造、供热改造“三改联动”。加快推进能源转型，大力发展风电和太阳能发电，积极稳妥发展水电、核电、生物质发电等清洁能源，努力建设适应能源转型的电力市场体系。在消费侧方面，政府积极开展对重点行业的节能转型技术改造，以促进重点企业提高绿电利用水平和电气化程度，并努力增强与电能替代企业的灵活互动能力和新能源消纳意识。大力提倡健康低碳的生活模式，提高人民生态环境保护能力。另外，要坚持创新引领，推动科技创新在推进电能替代工作中的关键支撑作用，加快能源领域关键核心技术和装备攻关。同时，还要促进制度不断创新，形成统一标准的碳排放量数据核算制度，并着力促进从能耗“双控”向碳排放总量和碳排放强度“双控”的转变。

2022年3月，国家发改委等10部门联合印发了《关于进一步推进电能替代的指导意见》，在以下领域着力推进电能替代：大力推进工业领域电气化，服务国家产业结构调整和制造业转型升级；深入推进交通领域电气化，落实国家综合立体交通规划纲要，推动公路交通、水上交通电气化发展，助力构建绿色低碳的综合立体交通网；加快推进建筑领域电气化，持续推进清洁取暖；积极推进农业农村领域电气化，落实乡村振兴战略，持续提升乡村电气化水平。

要切实强化组织实施保障。要加强组织领导，明确各行业、各领域电能替代的工作目标、责任分工和重点任务，细化工作方案。深化协同联动，健全协作机制，加强部门沟通交流，协同推进电能替代。统筹社会资源，强化政企合作，引导社会各界广泛参与，提高电能替代成效。要做好宣传引导，积极开展形式多样的电能替代宣传活动，大力宣传电能替代示范区和典型项目，凝聚社会共识，营造良好发展氛围。

三、电动汽车背后的跨代能源升级

（一）电动汽车：新能源革命战略支撑点

汽车产业是我国重要的经济支柱产业，发挥着稳增长与保就业的重要作用。由于中国汽车产业长期的高速发展，车辆保有量迅速增加，也对资源与环境造成了较大的压力，主要体现在汽车使用量快速增加带来了大量化石能源消耗，并产生了大量二氧化碳等污染物排放。作为推进绿色高质量发展的重要一环，我国提出以汽车能源动力消费结构调整为抓手，推动汽车产业转型升级发展的重要政策，以此作为保障我国能源安全、减少碳排放的重要着力点。

当前，随着新一轮科技革命和产业变革孕育兴起，新能源汽车产业正进入加速发展的新阶段，不仅为各国经济增长注入强劲新动能，也有助于减少温室气体排放，应对气候变化挑战，改善全球生态环境。与此同时，中国坚持走绿色、低碳、可持续发展道路，愿同国际社会一道，加速推进新能源汽车科技创新和相关产业发展，为建设清洁美丽世界、推动构建人类命运共同体作出更大贡献。

《新能源汽车产业发展规划（2021—2035年）》中也指出："发展新能源汽车是我国从汽车大国迈向汽车强国的必由之路，是应对气候变化、推动绿色发展的战略举措。"

近年来，电动汽车因具有节约能源、清洁环保的重要特征，逐渐受到各国政府的重视。我国新能源汽车产业从2009年起步，2010年成为国家七大战略性新兴产业之一，至今发展迅速。其中，我国2012年6月颁布的《节能与新能源汽车产业发展规划（2012—2020年）》、2013年9月颁布的《关于继续开展新能源汽车推广应用工作的通知》以及2014年5月颁布的《关于做好电动汽车充换电设施用电报装服务工作的意见》三大政策，从产业发展思路、产业发展路径和产业发展基础三方面为新能源汽车产业发展制定了发展框架，构成了新能源汽车生产建设的关键产业基石。

目前，我国新能源汽车产销连续7年蝉联世界首位，在全球电动车市场中占据重要的地位。公安部交通管理局的数据显示，截至2022年6月底，我国拥有新能源汽车1001万辆，占汽车总量的3.23%。新能源汽车中的纯电动汽车保有量达到新能源汽车总量的80.93%。2022年上半年，我国新注册登记新能源汽车220.9万辆，与2021年上半年相比增加110.6万辆，增长100.26%，新能源汽车新注册登记量占汽车新注册登记量的19.90%。同时，中国电动汽车已经走出国门，走向世界。2021年，我国新能源汽车出口31万辆，出口量居全球第一。2022年卡塔尔世界杯期间，中国新能源客车成为世界杯交通主力，承担起了该赛事的接驳服务。

在新的历史起点上，加速建设电动汽车工业是实现中国由汽车大国转型为汽车强国的重要途径，也对完善我国能源内部结构、确保能源安全有着重要意义。

一方面，电动汽车代替燃油汽车是实施“以电代油”的必由之路。我国作为全球最大的汽车市场，如果20%替换成小型电动汽车，则每年可节省汽油约2300万吨，相当于节省近1亿吨原油①。可见，规模化发展电动汽车可以有效促进电能替代工作。电动汽车占比的不断增加不仅能够起到石油消费替代作用，降低石油消费在能源需求中的比例，从而有效降低我国的石油对外依存度；而且电动汽车大量使用，可以增加电力需求，提升电能在终端能源消费的比重，这对改善以化石能源为主导的能源结构、推动清洁能源的发展具有重要的意义。

另一方面，电动汽车的发展可以促进新能源消纳、推动构建能源互联网。近年来，我国清洁能源特别是可再生能源得到了快速发展。可再生能源多数为间歇式能源，存在一定的不稳定性。电动汽车和其他零排放交通移动机械作为能源的储能单位、消费单元和信息终端，可以成为分布式能源的有力支撑。如果智能电网、分布式能源、分布式储能和零

---

① 参见张星宇:《我们究竟需要怎样的新能源车?》,《南都观察》2016年6月14日。

排放交通能够经过智能化网络的连接和优化，将使整体能源效率、能源安全性大幅提升，温室气体排放显著降低。

可见，电动汽车是我国迎接新能源革命的一个重要的战略支撑点。如果我们能有效抓住新能源革命的机会，合理推进新能源汽车的发展，那么我国的能源交通结构将会有较大改善，能源环境的矛盾就会得到逐步缓解，国家能源的安全程度也将会得到较大提升。

（二）电动汽车：节能减排的新法宝

交通运输是社会能源消耗的重点环节，也是碳排放的主要源头。2018年12月发布的《中华人民共和国气候变化第二次两年更新报告》显示，交通运输行业年排放二氧化碳81974万吨，占全国碳排放量的8.98%。其中，公路运输是交通运输的重要部分，而公路运输消费的能源主要是汽油和柴油，2019年我国汽油消费量为1.286亿吨，柴油消费量为1.117亿吨。

在现有能源结构和技术条件下，电动汽车替代传统燃油车总体上兼具碳减排、健康损害降低和能源节约三重效益，这也是我国加速电动汽车推广的重要动因。随着电动汽车保有量的增加，电动汽车将成为节能减排的新引擎。

在节能方面，电动汽车替代传统燃油车导致的是从汽油到电力的能源类型转变，这将显著降低资源获取、能源生产储运及使用等环节的社会资源消耗成本。电动汽车不同于燃油汽车，可单纯以电力为主要驱动，只需要电池和传输装置就能够驱动汽车。而燃油汽车则需要气缸、电动机、冷却装置、变速装置、排气系统等。典型电动车的内部结构得到了显著优化，可以节约整车的原材料及零部件成本。同时，纯电动汽车使用的电力能够从多种能源中获得，如风能、水能、太阳能、核能等。多样化的能源结构能够减少对有限且不可再生自然资源的使用，节约了石油、天然气等资源。研究表明，插电式混合动力汽车（PHEV）和纯电动汽车（BEV）全生命周期总能耗相对于传统汽车（GICEV）分别减少18.94%和24.27%，在车辆行驶阶段体现出明显的节能优势[①]。此外，电动汽车还可以充分利用晚间用电低谷时富余的电力充电，使发电设备能够多时段充分利用，显著提高其经济效益。

在减排方面，零排放是电动车节能减排的典型特性，以电能为主的电动汽车在行驶中不会有燃料燃烧产生废气，不会排放出对环境有害的气体。即使按所耗电量换算为发电厂的排放，除硫和微粒外，其他污染物也会显著减少。另外，大部分电厂建于远离人口密集的城市，对人类伤害也较少，加之电厂是固定不动的，集中的排放过程中降低和清除各种有害排放物也相对容易。因此，发展电动汽车对绿色经济、低碳环保的发展有着重要意义。随着现有燃煤发电技术的提高和超低排放改造，单辆纯电动汽车的年碳排放成本仅为燃油汽车的一半，用电成本为汽油成本的四分之一，意味着用一辆纯电动汽车替换一辆汽油车，可以实现正的气候效益（约324元/年）、健康效益（约343元/年）以及可观的能源节约（约4315元/年），最终在能源周期获得显著的社会净效益（约5025元/年）[②]。

传统的内燃型汽车排放的不仅有尾气，还有噪声。传统汽车在燃料燃烧爆破的过程中会产生一定的噪声，对现代人的听觉系统也会造成一定的损害。典型电动汽车使用的是电池的电能转化推动，在行驶过程中，不会产生内燃机的噪声，振动相对较小，接近了“无声驾驶”，从

① 参见施羽、张华：《电动汽车全生命周期节能减排效益分析及环境影响评价》，《资源与产业》2021年4月第2期，第100—209页。

② 参见胡煜晗、靳雅娜：《电动汽车替代燃油车的气候和健康影响及社会成本——基于单车视角的成本效益分析》，《北京大学学报》（自然科学版）2021年第5期，第916—926页。

而保证了人体的身心健康。

以北京市为例，“十三五”期间，北京交通行业坚持“慢行优先、公交优先、绿色优先”发展理念，积极推进行业节能减排，每年淘汰的老旧公交车全部更新为新能源车，新能源与清洁能源公交车占比已超过90%；推广纯电动出租车1.1万辆；实施国三排放标准柴油货车全市域禁行，对符合条件的新能源轻型物流车实施运营激励，累计淘汰营运柴油货车6.9万辆。实现交通行业能耗总量控制在314万吨标准煤以内，单位能耗和污染物排放较“十二五”末分别下降了5%和30%，完成了蓝天保卫战的减排目标要求①。

2020年，清华大学环境学院针对北京41万辆新能源汽车的减排效益进行了研究，结果显示新能源车对一氧化碳、碳氢化合物、氮氧化物和细颗粒物四个关键的大气污染物的减排效益可观，分别达到1.1万吨、0.3万吨、1.7万吨和137吨。显然，在我国汽车保有量持续增加的压力下，推广新能源汽车是推动节能低碳、降低大气污染的重要路径。

北京市“十四五”规划纲要提出：2025年新能源汽车保有量力争达到200万辆。2030年，北京600多万辆机动车可以实现超过30%的电动化率，届时全路网的空气污染物的排放总量会削减约三分之一，二氧化碳的削减总量将达到350万吨，这将对北京城区的空气质量产生非常可观的改变，电动汽车推广将进一步削减北京$PM_{2.5}$质量浓度及夏季浓度高值区臭氧浓度②。

可见，电动汽车不仅是中国新能源革命的战略支点，也是我国推进节能减排、实现碳达峰碳中和目标的绿色引擎。

---

① 参见文雯:《发展绿色交通　推动减污降碳》,《中国环境保护》2022年6月20日。

② 参见《专家：2030年，北京电动车推广预计使交通污染物减排约1/3》,《新京报》2022年9月4日。

第三节 化石能源清洁利用

一、化石能源清洁利用是能源革命的基石

（一）坚持先立后破，打好清洁高效利用这张牌

党的十八大以来，面对错综复杂的国际国内形势，党中央高瞻远瞩、审时度势，明确提出要深入推动能源革命，促进新时代中国能源高质量发展，保障国家能源安全。我国在第七十五届联合国大会一般性辩论中提出“双碳”目标。党的二十大报告，更是升级了能源清洁高效战略的内涵。

当能源革命遇见“双碳”愿景，一场广泛而深刻的经济社会系统性变革随之应运而生。从顶层设计上，能源革命与“双碳”目标紧密“捆绑”在了一起。“双碳”目标的提出成为能源革命战略的加速器，能源革命战略的实施是实现“双碳”目标的重要推进器。就现实而言，把能源革命战略贯彻好、实施好，是中国碳达峰碳中和愿景达成的关键。2020年，中国二氧化碳排放量为98.94亿吨，是美国和欧盟的2～4倍，其中能源活动碳排放占比超过80%，是第一大碳排放源①。可以说，如何推进碳达峰碳中和工作，已成为当前及今后一个时期能源工作的重中之重，也是能源行业必须回答的重大时代命题。

2022年政府工作报告就有序推进碳达峰碳中和工作作出全面部署，明确强调推动能源革命，确保能源供应，要立足资源禀赋，坚持先立后破、通盘谋划，推进能源低碳转型。绿色转型是一个过程，不是一

① 参见郑忱阳：《护航能源绿色低碳转型，绿色金融大有可为》，https://finance.sina.com.cn/zl/china/2022-02-14/zl-ikyamrna0721942.shtml。

蹴而就的事情。要先立后破，而不能够未立先破。实现“双碳”目标，必须立足国情，坚持稳中求进、逐步实现，不能脱离实际、急于求成，搞运动式“降碳”、踩“急刹车”。

“万物得其本者生，百事得其道者成。”诚然，没有科学审慎、实事求是的“立”，就很难有路径清晰、扎扎实实的“破”。国家领导人关于“先立后破”的重要论述，高瞻远瞩，内涵丰富，思想深刻，是对我国基本国情和发展阶段特征进行的全盘考量。就能源消费侧而言，作为全球最大的能源消费国，我国仍是发展中国家，工业化城镇化还在深入推进，能源需求还将不可避免地继续增长。从能源供给端来看，我国严重依赖化石能源，化石能源长期在能源系统中占主体地位。2021年我国全年能源消费总量中，煤炭消费量占56%，石油消费量占能源消费总量的18.5%，天然气消费量占能源消费总量的8.9%，可再生能源消费量占比仅为16.6%，而且可再生能源在替代传统化石能源的道路上，仍存在发电不稳定、配套技术不成熟等障碍。

我国资源禀赋决定了现阶段进行能源结构的低碳化改良的必要性，只有坚持好先立后破这个原则，在新能源完全立起来之前，用好化石能源，才能推进“双碳”约束下化石能源高效清洁利用。在诸多减排措施中，化石能源利用清洁化改造贡献率约44%，是减排贡献最大也是最现实的路径；其次是加大节能和低碳技术改造力度、资源循环及高效利用，减排贡献率分别为29%和22%[①]。作为继续担当主体能源的化石能源实现高效、清洁、低碳利用，是我国推动能源革命和转型，实现碳达峰碳中和目标的重中之重。

我国虽然面对能源资源禀赋差、国际环境错综复杂、快速高质量发

① 参见庞凌云、翁慧：《中国石化化工行业二氧化碳排放达峰路径研究》，《环境科学研究》2022年第2期，第356—367页。

展的经济社会及应对气候变化需求等严峻考验，但只要科学、合理、有序推进能源革命，稳中求进，行稳致远，就能闯出中国低碳发展的康庄大道。

（二）煤炭清洁高效利用是中国能源革命的重中之重

新中国成立后，我国就形成了以煤炭为主的能源消费结构。煤炭作为基础能源和重要工业原料，为国民经济和社会发展提供了可靠的能源保障，发挥着能源安全保障的“稳定器”“压舱石”作用。在全国已探明的化石能源资源储量中，煤炭占94%左右，是稳定经济、自主保障能力最强的能源。中国煤炭工业协会发布的《2021年煤炭行业发展年度报告》显示，2021年，全国原煤产量完成41.3亿吨，创历史新高。这一年，煤电以全国46.6%的装机贡献了60%的电量，依然在所有的发电品种中排名榜首。

煤炭在我国的主体能源地位在未来相当长的一段时间内不会改变，即便到2060年碳中和目标实现，构建起绿色低碳、循环发展的经济体系和清洁低碳、安全高效的能源体系后，电力系统预计仍须保留一定的煤电。这也就意味着，为了推动我国社会经济的发展，对煤炭的利用一定要高度重视。可是，煤炭又是单位热值碳排放最高的化石能源。“双碳”目标下，减煤被视为能源绿色低碳转型的主要措施。曾经，能源革命一度被认为应该“革煤炭的命”。

自“双碳”战略提出以来，国家层面自上而下制定顶层设计方案，各地区、行业企业均制定相关方案。一些地方和行业采取“运动式减碳”的方案，一刀切控制能源消费，严控新增煤炭产能，不切实际地压减煤炭生产和消费。这一系列极端行为削弱了煤炭对保障能源体系安全运转的“兜底”作用，造成了煤炭供应不足、煤炭价格飙升、火电企业亏损、多地拉闸限电，能源电力系统面临前所未有的危机。

经历了2021年的能源供应链波动后，煤炭、煤电的战略地位重新得到首肯，资产价值正在不断重估。按照中央最新精神，坚持全国一盘棋的思维，能源低碳转型基于降碳与能源保供的客观需求，在稳与变之间寻求平衡。煤炭要“革命”，但绝不是“革煤炭的命”，绿色开发、清洁高效利用是以煤炭为代表的化石能源的最优出路。

2021年7月30日，中央政治局召开会议明确提出“先立后破”的工作思路，要求统筹有序做好碳达峰碳中和工作，尽快出台2030年前碳达峰行动方案，坚持全国一盘棋，纠正运动式“减碳”，先立后破，坚决遏制高耗能、高排放项目盲目发展。煤炭作为我国主体能源，要按照绿色低碳的发展方向，对标实现碳达峰碳中和目标任务，立足国情、控制总量、兜住底线，有序减量替代，推进煤炭消费转型升级。2021年底，中央经济工作会议再次给煤炭、煤电正名，会议特别强调，要立足以煤为主的基本国情，抓好煤炭清洁高效利用，推动煤炭和新能源优化组合。着力推进煤炭安全、高效、绿色、智能化开采，清洁、高效、低碳、集约化利用。

一系列顶层设计表明，通过改变煤炭传统的利用方式，让煤炭利用更加清洁高效，已成为煤炭资源未来发展的必然趋势，更是推动环境干净、清洁，促进我国社会经济长效发展的有效保障。

（三）石油清洁高效利用是中国能源革命的关键一环

石油被誉为工业的“血液”，是国家的重要战略资源，是保障国民经济高质量发展的重要基石。21世纪，石油在世界一次能源消费结构中将始终占据重要地位，预计至少2050年之前石油将一直是世界第一大能源品类。我国是世界最大能源消费国和进口国，石油需求仍将保持刚性增长。中国石油天然气集团有限公司发布的2021版《世界与中国能源展望》预计，石油在2030年前由于化工需求强劲，依然保持增长，在2030年达峰，约为7.8亿吨。

从顶层设计来看，践行“能源的饭碗必须端在自己手里”，要深入推动能源革命，加大油气勘探开发力度，力争增储上产，确保国家能源安全，保障经济社会发展再立新功、再创佳绩。其间，石油工业的碳减排、绿色发展同样不能轻视。石油工业作为国民经济的支柱产业，既是能源生产大户，又是二氧化碳排放大户，应高度重视碳减排问题。2010年至2020年，我国石油石化行业碳排放量随着行业的快速发展而保持上升趋势，“十二五”和“十三五”期间石油石化行业碳排放量年均增速均达到10%。

2022年的政府工作报告提出，要对标能效先进水平，推进石油、石化等行业的节能降碳，为我国实现碳达峰碳中和目标奠定基础。2022年8月1日，工业和信息化部、国家发改委、生态环境部联合印发《工业领域碳达峰实施方案》，提出六大重点任务与两大重点行动；在重点行业碳达峰行动中，强调制定石油石化行业碳达峰实施方案，降低碳排放强度，控制碳排放量。

绿色低碳发展，是大势所趋，顺之者昌。在这场能源行业的历史性变革中，石油和石化行业虽然面临着巨大挑战，但也迎来了全新的机遇。作为一种“吃”进二氧化碳、“吐”出原油，达到驱油开发与碳埋存双赢的技术，CCUS（碳捕获、利用与封存）可以实现化石能源大规模低碳利用，是全球气候解决方案的重要组成部分，也是我国实现“双碳”目标，保障能源安全和可持续发展的重要手段。目前，油田在二氧化碳的捕获、驱油、埋存等环节具有技术和产业比较优势，不只是胜利油田，吉林和大庆等油田二氧化碳驱油已处于工业试验与推广阶段。可以预见，捕集石油企业的碳排放，封存在油气藏、油水过渡带，将使石油业成为CCUS大规模普及的主战场，切实为我国碳达峰碳中和贡献石油力量。

（四）天然气是中国能源革命推行进程中的现实之选

在全球气候变化的大背景下，全球能源结构正由目前以化石能源为主逐步转变为未来以可再生能源为主，这是必然的发展方向，也是全球共同的发展趋势。能源替代转型客观上需要一个漫长的过程，迄今为止，无论是风能、光伏还是氢能，都不具备完全替代化石能源的能力，全球新一轮能源低碳转型既需要可再生能源，又离不开化石能源的清洁化利用。

从资源的供应规模及资源排放的清洁性、使用的便捷性、消费的经济性、供应的安全性等综合因素考虑，天然气是推动全球能源转型过程中清洁、安全、高效的化石能源。碳排放交易网数据显示，天然气单位热值二氧化碳排放量仅为55.5吨二氧化碳/万亿焦耳，在常用化石能源中最低，煤炭单位热值的二氧化碳排放量是天然气的1.60～1.77倍，原油的排放量是天然气的1.30倍。因此，即便已经实现碳达峰的欧美等国家和地区，依然将天然气作为主体能源，在能源低碳转型中发挥着重要作用。2022年7月6日，欧洲议会正式发表声明表示，经过投票通过认证天然气和核能为绿色能源，对其投资限度有所开放。

可以说，天然气是全球推进能源革命、转型低碳发展最为现实的选择，是能源转型的过渡桥梁和主体能源。国际能源界普遍认为，未来全球天然气产量和消费量都将以较高的速度增长。仅以绝对值计，从现在到2035年，全球天然气需求增量将超过包括可再生能源在内的其他能源来源；到2050年，世界天然气产量将超过煤炭和石油，成为全球第一大能源品类。

《能源生产和消费革命战略（2016—2030）》等多份文件指出，2030年前天然气占比要达到15%，构建清洁低碳、安全高效的能源体系。《加快推进天然气利用的意见》提出，逐步将天然气培育成我国现代清洁能源体系的主体能源之一，天然气在未来能源体系中的重要地位更加明确。

就我国国情而言，2021年中国天然气在一次能源消费中占比仅为8.0%，与西方发达国家水平相比具有明显差距，未来发展空间巨大，以天然气替代高碳能源将是我国2030年前实现碳达峰的重要抓手。

不仅如此，天然气“灵活易储”特性决定了其可以“与新能源相融合发展”，是未来能源转型的解决方案。国家能源局的《中国天然气发展报告（2021）》对未来天然气发展给出方向，提出在工业、建筑、交通、电力等多领域有序扩大天然气利用规模，以及充分发挥燃气发电效率高、运行灵活、启停速度快、建设周期短、占地面积少等特点，将气电调峰作为构建以新能源为主体的新型电力系统的重要组成部分。

“十四五”及未来一段时间，天然气行业立足“双碳”目标和经济社会新形势，统筹发展和安全，将成为保障可再生能源目标和碳排放控制目标实现的关键力量。

二、化石能源清洁利用：开启中国节能降碳的新纪元

（一）化石能源清洁高效利用，算好经济账和社会账

“双碳”目标是一场广泛而深刻的变革，不是轻轻松松就能实现的。我们要提高战略思维能力，把系统观念贯穿“双碳”工作全过程，注重处理好四对关系：一是发展和减排的关系，二是整体和局部的关系，三是长远目标和短期目标的关系，四是政府和市场的关系。

化石能源的清洁高效利用是一个过程，要循序渐进，持续发力。既要走生态优先、绿色低碳发展之路，又要在经济发展中促进绿色转型，在转型中实现更大的发展。化石能源清洁利用要以保障人民群众正常生

活为基础，确保能源安全、产业链供应安全。化石能源清洁高效利用还要注意分清减排与不排，重点在清洁高效上，前提是化石能源的利用，要在结合我国国情的基础上搞好协调衔接，确保形成整体与局部的合力，逐步实行，切忌搞一步走、一刀切。

化石能源的清洁高效利用是结合国情提升煤电企业运行效率的重要举措。2022年4月，中国电力企业联合会发布的《2022年一季度全国电力供需形势分析预测报告》显示，国内外公共卫生事件、宏观经济、燃料供应、气温变化以及降水等因素，叠加煤电企业持续大面积亏损等，给电力供需形势带来较大不确定性。自“三改联动”实施以来，我国煤电产业就面临着既要经济性又要社会性的考验。在煤价高企和资金吃紧的情况下，经营压力大、筹措资金“三改”、发挥兜底作用是我国煤电行业面临的三大难题。从2021年完成情况看，灵活性改造的推进难度最大。业内反映，主要原因在于受到原有设备选型、建设场地等方面约束，且在增加改造和运维成本的同时降低了机组利用小时数。

化石能源绿色低碳发展是经济社会发展全面转型的复杂工程和长期任务。实现碳达峰碳中和，绝不是就碳论碳的事，而是多重目标、多重约束的经济社会系统性变革，需要统筹处理好多方面多维度关系，采取强有力措施，重塑我国经济结构、能源结构，转变生产方式、生活方式。

党的十八大以来，我国坚定不移地落实节能优先方针，实行能源消费总量和强度双控制度。在经济稳定发展的前提下，把节能纳入生态文明、绿色发展等绩效评价指标体系，不断健全节能法规标准，完善节能政策机制，持续淘汰落后产能，加快传统产业升级改造，推进工商业等的能源清洁高效利用，化石能源供应保障能力不断提升，能源生产清洁化进程加快。

目前，我国已经建成世界上最大的清洁燃煤发电体系，常规污染物已不再是燃煤发电的主要约束，正在向近零水平努力。国家能源局统计数据表明，2021年，能源消费总量52.4亿吨标准煤，比2012年增长30.4%，以年均3.0%的能耗增速支撑了年均6.6%的国内生产总值增速。并且，我国单位GDP能耗比2012年累计降低26.4%，年均下降3.3%，相当于节约和少用能源约14.0亿吨标准煤，节能效果明显。

党的十九大报告指出，要推进能源生产和消费革命，构建清洁低碳、安全高效的现代能源体系。然而，能源转型的经济账必须在现有的技术条件下算清楚，技术必须与经济相结合，技术的先进性也要求经济的合理性。在实现能源绿色低碳过程中，必须认清能耗“双控”和碳排放“双控”的重要性，将能源供给侧与消费侧有效协同起来，通过科技创新、供给侧结构性改革等措施，在降低能源含碳成本在内的全成本同时，更要大力提高“每一克煤炭、每一升石油、每一立方米天然气”的能源效率和经济效益。简而言之，我国需要加快规划建设新型能源体系，建设经济社会承受得起的“高性价比”的能源绿色低碳转型势在必行。

（二）完善政策保障，鼓励化石能源清洁高效利用

自“四个革命、一个合作”能源安全战略提出以来，化石能源清洁高效利用对我国的经济和社会发展提出了很多的挑战，面对这些挑战，国家在一系列政策上给予指引和规范。我国的能源消费结构逐渐从低级的粗放型增长方式向中高级的节约型发展，已经迈入了更加绿色、高效的高级形态，产业结构调整和能源结构优化，推动着传统产业转型升级。

在化石能源清洁高效利用过程中，顶层规划设计和国家政策、规定起引领作用。

国家能源局在2015年4月27日印发了《煤炭清洁高效利用行动计划（2015—2020年）》。计划从提升煤炭质量、发展超低排放燃煤发电、加快燃煤机组升级改造几个方面开展煤炭分级梯级利用，提高煤炭资源综合利用效率。同时，计划还提出在具备条件的地区推进煤化工与发电、油气化工、钢铁、建材等产业间的耦合发展。在煤化工升级方面，我国在煤制天然气、煤气化制氢方面已经开展了大量的研究，目前来看已经取得了显著的成果。我国已经掌握煤制油气化产业化技术，能够将高碳的煤转化为更加低碳的油气。

随后，国家对能源消费结构作了更细致、更全面的战略部署。国家发改委在2016年12月29日发布重要文件《能源生产和消费革命战略（2016—2030）》。我国能源发展正进入从总量扩张向提质增效转变的全新阶段，此文件的发布对提升我国经济高质量发展、破解资源环境约束具有重大意义。能源消费从高耗能状态向更加绿色、高效的高级形态转变，产业结构调整和能源结构持续优化，传统产业转型升级加快。文件提出开创节约高效新局面，实施能源消费总量和强度“双控”，推进节能减排，推动城乡低碳化、电气化替代，大力提倡合理用能生活方式和消费模式。

聚焦碳达峰关键时期，国家提出了提升能源利用效率等方面的主要目标。2021年10月24日，国务院印发《2030年前碳达峰行动方案》。方案将碳达峰贯穿经济社会发展全过程和各方面，提出了“碳达峰十大行动”。在煤炭消费替代和转型升级方面，方案提出要逐步加快煤炭减量步伐。据国家统计局数据，2021年，在统计的重点耗能工业企业39项单位产品生产综合能耗中，近九成比2012年下降①。方案中还

① 参见国家统计局：《能源转型持续推进　节能降耗成效显著——党的十八大以来经济社会发展成就系列报告之十四》，2022年10月8日。

指出淘汰落后产能要有序，加快产业升级改造，还要大力推动煤炭清洁高效利用。关于油气清洁高效利用方面，对有序引导天然气消费、优化利用结构等方面也有相关的指导。

为加快构建现代能源体系，2022年1月30日，国家发改委、国家能源局印发《关于完善能源绿色低碳转型体制机制和政策措施的意见》。从完善国家能源战略和规划实施的协同推进机制、完善引导绿色能源消费的制度和政策体系、建立绿色低碳为导向的能源开发利用新机制等方面提出了多项举措。值得一提的是，文件中对新增可再生能源和原料用能不纳入能源消费总量控制。党的二十大报告指出：积极稳妥推进碳达峰碳中和，立足我国能源资源禀赋，坚持先立后破，有计划分步骤实施碳达峰行动，深入推进能源革命，加强煤炭清洁高效利用，加快规划建设新型能源体系，积极参与应对气候变化全球治理。

在碳达峰碳中和行动中要发挥好国有企业、中央企业的示范带头作用。

2021年11月27日，国务院国资委印发《关于推进中央企业高质量发展做好碳达峰碳中和工作的指导意见》，提出国有企业要加大绿色低碳投资，积极开展低碳零碳负碳技术开发，从中央、国有企业的碳达峰总体要求、主要目标、组织实施等方面作了深入细致的指导规范。

中央企业应当积极推进化石能源清洁利用工作。在碳市场方面，从中央企业角度来说，要稳步推进低碳发展的体制机制建立，推动企业建立完善碳资产管理体系，要积极参与全国的用能权、碳排放权交易市场建设，依法开展碳排放的报告和信息披露。目前部分中央企业已经组建了碳资产管理的专业机构，开展了碳排放统计核算、盘查等工作，并且积极参与碳排放交易。能源、钢铁等重点行业中央企业也已经投资参股了北京、上海、湖北等地的碳交易机构。

根据国资委要求，未来中央企业要发挥好示范带头作用，为实现碳达峰碳中和更好地贡献力量，需要重点做好以下几个方面的工作。一是稳步推进产业结构的绿色低碳转型。企业在发展规划中要强化绿色低碳发展部署，发展壮大绿色低碳产业，推动传统产业的低碳改造，坚决遏制高耗能、高排放项目的盲目建设。二是稳步推进能源结构优化。严格控制化石能源的消费，积极发展非化石能源，因地制宜地开发水能，加快发展风电、光伏发电，积极有序发展核电。构建以新能源为主体的新型电力系统，统筹推动氢能的“制运储用”全链条发展。三是稳步推进能源资源高效集约利用，推动中央企业持续强化能源消费总量和强度“双控”，强化节能管理和目标责任考核，大力实施节能低碳技术改造，加强能效对标达标，持续推进煤炭绿色利用。四是稳步推进绿色低碳技术的应用。加强低碳零碳负碳的科技攻关，引领带动绿色低碳技术的突破。加大力度布局风电、核电、氢能、新能源汽车等绿色低碳技术装备攻关任务，推进智能电网、储能、氢能、碳捕获等技术研发应用。

（三）做好技术储备，引领化石能源清洁高效利用成果转化

近年来，立足资源禀赋特征，我国坚定不移地推动能源技术革命进程，充分发挥科技创新第一动力作用，利用科技带动产业升级，助力能源高质量发展迈出新的步伐。在国家政策的引导下，借助科技赋能，化石能源清洁高效利用走向了新的征程。无论在煤炭开采方面的高科技应用，还是节能降耗方面，以及能源向低碳化发展方面，近10多年来都取得了显著的成效。

煤炭的清洁高效利用，体现在煤炭开采方面，主要有两点。其一，创新煤炭高效建井和智能矿山。通过高端化技术的应用实现了煤炭无人和无害化的智能开采，充填开采等实现了安全高效开采。值得一提的是，我国自20世纪60年代就开始在多地进行煤炭地下气化，目前已

经取得了一定的进展。其二，借由市场化法治化的手段去产能。截至2020年底，全国累计退出煤矿5500处左右、退出落后产能10亿吨/年以上[①]。通过大煤矿对小型煤矿的收购兼并，淘汰落后产能，煤炭产业生产布局更科学，从粗放型转向了质量效率集约型，我国的煤炭产业迈向了高质量发展新征程。

煤炭清洁高效利用的关键，还在于高效节能技术的推广应用。首先，在煤电行业，创新性高效火电技术、超清洁污染控制技术、低能耗碳减排和整体煤气化联合循环发电技术等取得长足进步，燃气轮机装备制造关键核心技术实现国产化，有力地推动着煤炭高效利用的步伐。其次，高效节能技术已经推广应用到更广阔的领域，包括工业、建筑、交通等。发展工业的高效节能，主要体现在节能设备的技术研发，逐步实现锅（窑）炉、电机系统、变压器等通用设备节能技术研发应用。截至2021年底，我国实现超低排放的煤电机组超过10亿千瓦、节能改造规模近9亿千瓦、灵活性改造规模超过1亿千瓦[②]。最后，工商业的高效节能技术还体现在工业系统的节能改造上。这方面的主要表现是完善和推广工业循环利用、系统利用和梯级利用技术。值得一提的是，工业余热、余压等回收利用以及电厂的烟气余热回收利用技术也是煤炭高效利用的很好体现。

在化工领域，化石能源的高效利用主要体现在：化石能源由燃料属性向原料属性转移、低端化工向高端化工转移。其一，提高煤炭、石油等作为化工原料的综合利用效能，发展煤基特种燃料、煤基生物可降解材料等。其二，重质劣质油组合加工技术的研发以及高质量油品关键技术的研发推广，推广单燃料天然气车船技术应用。比如，中国石化研制

---

① 参见中国政府网：《“十四五”末我国煤炭年产量将控制在41亿吨》，2021年3月3日。

② 参见国家能源局：《我国实现超低排放的煤电机组超十亿千瓦》，2022年4月29日。

出我国首套生物航煤工业装置产出的规模化生物航煤经过审核。

化石能源的清洁高效利用离不开科技研究基础和高科技人才的加入。高科技人才在能源领域持续不懈的努力是化石能源高效利用工作不断推进的前提。因此，实现“双碳”目标还要切实推动人才战略储备及先进科技的创新研发力度。目前，在研发氢能、石墨烯、超导材料等技术方面，已经开展了创新性研究。

三、“三改联动”：打造化石能源清洁利用的标杆样板

（一）“三改联动”：突破煤炭清洁化利用的瓶颈

2020年，我国碳排放总量中有69%来源于煤炭，在“双碳”目标要求下，煤炭高碳排放问题成为制约煤炭工业发展的重要因素。为了减少碳排放、应对环境挑战，基于现实考量，2021年10月29日，国家发改委和国家能源局联合发布了《关于开展全国煤电机组改造升级的通知》，提出推动煤电行业实施节能降耗改造、供热改造和灵活性改造的“三改联动”。2022年的政府工作报告也提出，加强煤炭清洁高效利用，有序减量替代，推动煤电节能降耗改造、灵活性改造、供热改造。与上一年相比，“节能降碳”“灵活性”等新增任务要更加具体。

节能降耗改造是考虑到煤炭不可能再生的特性，节约煤炭资源，让煤电机组少“吃”煤、多发电，每发1度电所用的煤不能超过300克；供热改造是为了让煤电机组在发电的同时，还能为工业企业和周边居民提供热能，使煤炭产生的热量得到更加有效和科学的利用，找到供电与供热的平衡点；灵活性改造是为了让煤电机组能随时随地控制自己的发电量，需要多发就多发，需要少发就少发，为可再生能源发电释放弹性空间①。

① 参见杜鹃：《“三改联动”：煤电节能降碳关键一步》，《山西日报》2022年9月14日。

聚焦这三项改造主要就是为了降低煤炭的使用和碳排放。如果这三项改造相互配合，进一步提高煤电利用效率、减少煤电消耗，就能使煤炭清洁高效利用水平再上新台阶。

（二）“三改联动”：构建新型电力系统，实现能源清洁低碳发展

党的二十大为建立新型能源体系提出了新的内涵，在“双碳”目标的引领下，我国电力系统进入了构建以新能源为主体的新型电力系统的发展阶段。其间，煤电的角色正逐渐向基础保障性和系统调节性电源转变，煤电“三改联动”已成为构建新型电力系统的必经渠道。

从顶层设计上看，煤电“三改联动”不仅在于提高煤电综合效率，满足机组节能降耗，实现稳定的供热，还在于为新能源腾出空间，保证电网的安全可靠。新能源供电充足时，煤电少出力；新能源供电短缺时，煤电多做功，这就是煤电机组能上能下、灵活性改造的精髓所在。

面对这一发展潮流，不少煤电企业顺势而为，拥抱“双碳”未来。2020年4月6日，华电集团在华电国际邹县发电厂启动实施了国内首批、华电集团首台百万千瓦机组节能升级改造项目。升级改造的对象是华电国际邹县发电厂8号机组，该机组是国内最早一批投产的百万千瓦等级机组，已服役15年，曾荣获国内建筑行业工程质量最高荣誉——鲁班奖。但机组随着运行时间的增加，存在着能效水平下降、设备老化、运行安全可靠性下降等问题。

同年7月14日，8号机组升级改造项目竣工。华电国际邹县发电厂运用国内最先进的第四代汽轮机通流提效技术进行改造，实施了配汽方式、通流技术、高压模块、叶片构型、汽封型式、进汽密封等应用创新，显著提高了机组的节能降耗和运行可靠性水平。目前，机组运行状况良好，各项性能指标均达到国内领先水平。经过改造，热耗下降488.5千焦/千瓦时，经过综合节能改造，供电煤耗下降24克/千瓦时，每年

可节约标准煤13万吨，减排二氧化碳34万吨①。

与此同时，华电国际邹县发电厂通过基于煤质在线的自适应运行优化、适应宽负荷的安全及灵活性运行、一体化协同排放治理等现代化智能化技术研究，具备了额定负荷35%以下的调峰能力，提高了电网低谷调峰能力，为新能源消纳创造条件，减少了弃风弃光现象的发生。

事实上，华电国际邹县发电厂升级改造仅仅是煤电“三改联动”的缩影。“十三五”期间，国家能源局全力推动煤电超低排放改造、节能改造和灵活性改造等工作。截至2021年底，我国已累计实施节能改造近9亿千瓦，实现超低排放的机组超过10亿千瓦，实施灵活性改造超过1亿千瓦。

2021年，国家发改委、国家能源局联合印发《全国煤电机组改造升级实施方案》，提出“十四五”期间实施节能降碳改造3.5亿千瓦、灵活性改造2亿千瓦、供热改造5000万千瓦的目标。按此测算，可带动有效投资约1000亿元，节约煤炭消费5000万吨以上，提升新能源消纳能力5000万千瓦以上。2022年以来，国家继续统筹指导煤电企业着力抓好煤耗300克以上机组，特别是亚临界机组节能降碳改造、大型风光基地配套煤电灵活性改造、东北地区和工业园区供热改造，逐步降低煤电装机占比和发电量占比，进一步提升煤电灵活调节能力和清洁高效水平。

2022年4月24日，全国煤电“三改联动”典型案例和技术推介会在北京召开。会议提出2022年起我国将大力推动煤电节能降碳改造、灵活性改造、供热改造“三改联动”，改造升级煤电规模将超过2.2亿千瓦，促进煤电清洁低碳发展。国家能源局表示，“三改联动”具有很

---

① 参见邱运立:《煤电改造升级进行时丨“百万雄师”再展英姿》,《中国电力报》2022年7月。

强的“正外部性”，煤电行业可借此实现健康可持续发展，还可带动可再生能源大规模开发和整个电力系统低碳转型，进而助力“双碳”目标如期实现。

（三）“十四五”期间，化石能源利用步入节能降耗“关键期”

党的十八大以来，在“四个革命、一个合作”能源安全新战略指引下，中国能源正在经历革命性的蜕变，用能方式不断改善，能源利用效率不断提高，能源革命取得了一系列重大成就。中国的能源碳排放由2012年的88.4亿吨缓慢增长至2019年的94.6亿吨，这一时期中国积极开展能源革命，能源碳排放增速得到明显控制。

党的十八大以来，我国化石能源的节能减排成效尤为显著。煤电行业清洁化利用再上新台阶，我国煤电大发展时代在“十三五”基本结束，煤电超低排放机组装机容量已达9亿千瓦，占全国煤电装机的八成以上，排放标准世界领先，已建成世界上规模最大的清洁高效煤电体系。石油炼化行业不断迈向清洁化、高端化，“十三五”期间，我国研发了催化裂化系列技术、加氢裂化系列技术、劣质重油加工技术、炼厂轻烃综合利用技术、重油催化裂解制取低碳烯烃技术、芳烃生产技术等一系列核心工艺技术，主营炼厂炼油综合能耗从2015年的65千克标准油/吨降至2020年的60千克标准油/吨，乙烯综合能耗从2015年的568千克标准油/吨降至2020年的550千克标准油/吨①。

在“碳中和”目标与“双循环”新发展格局下，我国能源行业发展将立足更高的起点和标准，每前进一步，都是与困难的较量。“十四五”是我国能源行业低碳转型的“窗口期”、化石能源清洁低碳利用的“攻坚期”，为推动化石能源绿色低碳转型，国家层面要求做好

① 参见李建新、王皓：《炼化行业“十三五”回顾和“十四五”展望》，《油气与新能源》2021年第2期，第10—16页。

化石能源产业链碳排放的“减法”。

2021年10月，国家发改委发布《关于严格能效约束推动重点领域节能降碳的若干意见》，其中针对石化化工领域，专门发布《石化化工重点行业严格能效约束推动节能降碳行动方案（2021—2025年）》，提出到2025年，炼油、乙烯、合成氨、电石行业达到能耗标杆水平的产能比例超过30%，行业整体能效水平显著提升，碳排放强度明显下降。

2022年5月10日，国家发改委等6部门联合印发《煤炭清洁高效利用重点领域标杆水平和基准水平（2022年版）》，为燃煤发电机组、燃煤供热锅炉等划定各类指标基准线，对标“双碳”目标任务，加大财政资金支持力度，限期分批实施煤炭利用项目改造升级和淘汰，培育清洁高效利用领军企业。

顶层设计的层层加码，正推动我国化石能源低碳转型进入深水区。“十四五”期间，我国将以更大力度加快化石能源“去碳”，支撑国家能源安全稳定供应和低碳转型，为实现中华民族的伟大复兴提供经济安全和稳定可靠的能源保障。

第三章

多元化能源供应体系

能源关系着国家经济发展和社会民生，正如诺贝尔经济学奖获得者西奥多·舒尔茨所说，能源是无可替代的，现代生活完全架构于能源之上。丘吉尔指出，能源安全的关键是供应来源的多元化。我国能源供给受多重因素制约：国内资源分布不均、生产结构不合理、产销空间存在错位，国际能源市场形势复杂对我国能源供应冲击较大。建立多元化的能源供应体系，能够增强国家能源供给侧安全。构建多元化能源供应体系须兼顾国内和国外两个路径：国内要加大各类能源的勘探开发力度，建立可靠的战略调峰储备以及开放灵活的能源市场，满足不断增长的能源消费需求；国外要保证能源进口来源的多元化、进口通道的安全性和关键能源矿产的可及性，双管齐下共同维护国家能源供给侧安全。

第一节　国内供应：能源自主保障稳步提升

一、国内能源生产确保能源供应

（一）能源保供关乎安全底线

能源安全关系到国家安全稳定与社会经济持续发展。从传统意义上来说，能源安全即能源供应安全，是指一个国家或地区能以可接受的价格获得安全稳定的能源供应，避免出现供应中断危机；后来能源安全内涵进一步扩展，涵盖了科技、低碳、国际合作等多重维度。中国作为世界最大的能源消费国，如何有效保障国家能源安全、有力保障国家经济社会发展，始终是我国能源发展的首要问题。这要求我国必须增强能源供应链的安全性和稳定性，不断提高能源生产保障能力和多元化供应水平，以进一步降低对外依赖水平，防止在能源领域受制于人。

当今世界，人类社会正经历百年未有之大变局。全球疫情、地域争端导致能源价格剧烈震荡，促使各国纷纷调整能源策略，国际能源局势充斥着动荡不安与不确定性。与此同时，能源市场内部也在经历着一场深刻变革。为应对气候变化挑战，全球能源行业掀起清洁能源革命浪潮，加快速度从化石能源时代向可再生能源时代过渡。然而，能源转型的进程中伴随着复杂性。由于全球长期以来严重依赖化石燃料，目前新能源产业尚不能单独支撑能源体系，一些企业和机构过早、过快缩减对化石能源的上游投资，为未来能源供应安全埋下了极大隐患。面对全球能源格局风险抬升、能源市场风云变幻等错综复杂的国际形势，坚持立足国内、多元保障的策略，提高国内能源生产保障能力，尤为重要。

能源安全举足轻重，是国家安全的重要组成部分。伴随着中国经济的快速发展，我国人民生活水平提高和现代化建设的自身需要对国内能源生产提出了愈来愈高的要求。数据显示，我国已成为世界上最大的能源消费国，且能源需求呈逐年攀升之势。根据国家统计局发布的国民经济和社会发展统计公报，2021年全年我国能源消费总量已达52.4亿吨标准煤，较上年增长了5.2%。中国国内能源需求规模巨大，提高国内能源生产保障能力是第一要义。

党的十八大以来，我国坚持立足国内多元供应，能源供应保障能力不断提升，《中国矿产资源报告2022》显示，2021年，全国一次能源生产总量为43.3亿吨标准煤，比2012年增长23.2%，年均增长2.3%。在能源自给水平方面，2021年我国能源自给率为82.6%，继续保持在80%以上高位，表明我国国内能源生产总体上能够确保安全稳定供应。

（二）发挥煤炭资源兜底保障功能

“立足国内”，就意味着要立足国内资源禀赋特征，立足“富煤、贫油、少气”国情。储量丰富的煤炭是我国能源安全的“压舱石”和“稳定器”，在全国已探明的化石能源资源储量中占比高达94%左右[①]。2012年，煤炭在我国一次能源消费中占比为68.5%，虽然近年来通过优化调整能源结构、发展新能源产业，煤炭在一次能源消费结构中占比实现历史性下降，但直到2021年，煤炭仍承担了我国一半以上的能源消耗，占比为56.0%[②]。由此可见，煤炭是稳定经济、保障能源自给能力的最强能源，发挥着兜底保障的重要功能，堪称国内能源自给的主力军。

在当下及未来很长一段时间内，确保煤炭供应对能源安全至关重要。2016年以来，国家领导人连续7年在地方调研中考察煤炭，关注煤炭相关的重大工程项目、体制机制改革、科研创新成果和地区转型升级，足以见得国家对煤炭资源的重视程度。

近年来，我国煤炭行业积极承担能源保供重任，煤炭资源供给能力进一步增强。数据显示，2012年以来，我国原煤年产量保持在34.1亿～39.7亿吨。自2017年以来，原煤生产连续5年增长。2021年，产量超过2013年39.7亿吨的历史最高水平，达到了41.3亿吨规模。此外，我国通过推进煤炭供给侧结构性改革，加快淘汰落后产能，有序释放优质产能，实现了煤炭开发布局和产能结构的大幅优化，大型现代化煤矿成为煤炭生产主体。《新时代的中国能源发展》白皮书显示，2016年至2019年，我国年平均退出煤炭落后产能9亿吨以上。

另据国家统计局公布的数据，截至2021年底，全国煤矿数量减少

---

① 参见王安：《新发展格局下煤炭行业高质量发展系统性分析》，《中国煤炭》2020年第46卷第12期，第1—5页。

② 参见国家统计局：《能源转型持续推进　节能降耗成效显著——党的十八大以来经济社会发展成就系列报告之十四》，2022年10月8日。

至4500处以内，年产120万吨以上的大型煤矿产量占85%左右，煤炭生产中心加快向晋陕蒙新及优质企业集中。作为我国重要的主体能源，煤炭资源兜底保障能力进一步加强。

（三）国内油气产量稳步提升

除煤炭之外，我国最主要的化石能源就是油气资源，在当前的一次能源消费结构中石油和天然气合计占比约为27.4%。中国是当今世界第一制造业大国，正在向制造业强国迈进，作为基础性能源和化工原材料的油气资源，在中国工业体系中的重要地位难以被取代。然而，我国“贫油少气”的特征制约着国内油气增产规模，油气对外依存度较高的问题长期以来受到国家领导层密切关注。

将能源的“饭碗”端在自己手里，才能将发展的“主动权”握在自己手里。近年来，我国油气行业贯彻落实国家部委关于大力提升勘探开发力度等重要指示批示精神，立足资源战略，不断加强勘探开发力度，全力打好油气增储上产攻坚战。在国家顶层规划和油气工作者的共同努力下，我国油气勘探开发取得巨大成就。自然资源部发布的数据显示，近10年来，我国上游勘探成果密集显现，新发现了23个亿吨级大油田和28个千亿方级大气田[①]。2021年，新增石油探明地质储量超过16亿吨。截至2021年底，中国油气剩余探明技术可采储量已达石油36.89亿吨、天然气63392.67亿立方米、煤层气5440.62亿立方米、页岩气3659.68亿立方米。

我国油气开发水平稳步提升，国内油气保障能力不断增强。据国家统计局数据，截至2021年，我国原油产量已连续3年回升，天然气产量连续5年增产超百亿立方米，步入稳定向上发展态势。2021年，我

① 参见《十年来，我国新发现23个亿吨级大油田和28个千亿方级大气田》，http://finance.people.com.cn/nl/2022/0919/c1004-32529417.html。

国生产原油19898万吨，比上年增长2.4%；加工原油70355万吨，比上年增长4.3%；生产天然气2053亿立方米。2022年上半年，我国原油、天然气产量分别同比增长4.0%、4.9%，继续保持自2019年以来的增长态势。未来，随着勘探开发不断拓展和工程技术进步，我国油气增储上产仍有广阔前景。在石油方面，近3年来我国年新增原油探明地质储量均超10亿吨，该规模有望继续保持；在天然气方面，我国页岩气、煤层气等非常规资源非常丰富，具有很好的勘探开发潜力。国内油气生产将继续为国家能源安全贡献石油力量。

（四）清洁能源规模不断扩大

当下，气候变化危机已成为全人类面临的严峻挑战，碳中和能否实现关乎人类生存和永续发展，清洁能源革命势在必行。在走向碳达峰碳中和进程中，煤炭、石油、天然气等化石能源为我国经济社会发展起到了“托底”作用，维护了大转型、大变革时期能源局势稳定。与此同时，我国作为世界上最大的发展中国家，积极承担起负责任大国的使命与担当，大力推动非化石能源产业发展，实施清洁能源替代，加快提高非化石能源消费比重，不断优化能源生产布局和消费结构。

党的十八大以来，经过多年蓬勃发展，我国新能源产业规模不断扩大，能源消费加快低碳转型。自然资源部发布的《中国矿产资源报告2022》显示，2021年，核电、风电、光电等非化石能源在全国能源生产结构中占比已扩大到20.3%，在全国能源消费结构中占比已增长至16.6%。2021年，我国非化石能源发电装机容量首次超过煤电，达到11.2亿千瓦，占发电总装机容量的比重达到47.0%。受益于新能源技术的加速迭代，我国已初步形成了较完备的新能源技术研发和装备制造产业链，成为推动全球清洁能源产业进步的重要力量。国家能源局的数据显示，2021年，我国非化石能源消费量较2012年增长4.8亿吨标准煤，对全球非化石能源消费的增长贡献度超过40%。过去10年里，我国风光发电装机规模增长了12倍左右，装机总量占全球的38%，多年稳居世界第一。

（五）继续提高能源保供能力

10年砥砺前行，我国能源行业倾力保供，夯实能源安全基石，为经济增长提供强劲动力。党的十八大以来，我国发展进入新时代，能源发展也进入新时代。对于中国这样体量的能源大国，任何单一品类的能源都无法“单打独斗”满足经济社会发展需要，保障国内能源多元供给是确保能源安全的必然逻辑和基本遵循。《新时代的中国能源发展》白皮书显示，近10年来，我国能源生产和利用方式发生重大变革，能源发展取得历史性成就，生产生活用能条件明显改善，能源安全保障能力持续增强，我国已基本形成了煤、油、气、电、核、新能源和可再生能源多轮驱动的能源生产体系。

未来，我国将继续坚持立足国内实现多元化能源供给，以满足核心需求为底线，继续发挥煤炭兜底保障作用，坚持稳油增气、常规非常规并举，大力提升油气勘探开发力度，并持续增强可再生能源供应可靠性，积极构建以新能源为主体的新型电力系统，切实增强国内能源生产保障能力，加快形成多能互补、协同高效的多元化能源供应格局。

二、构建现代能源体系

（一）“清洁、低碳、安全、高效”是现代能源体系的特征

党的十八大以来，在“四个革命、一个合作”能源安全新战略的科学指引下，我国能源基础保障能力显著增强，能源结构调整突飞猛进，为实现碳达峰碳中和目标打下坚实基础。但同时也应该看到，我国能源领域不平衡不充分问题仍然突出，能源发展取得巨大成就但尚存诸多问

题：能源供应能力大幅提高，但油气资源短缺困扰仍然存在；煤炭有效发挥兜底保障功能，但以煤炭为主的能源结构对碳减排压力依然较大；可再生能源发展迅速，但清洁能源供给与需求间存在巨大缺口。

百年未有之大变局加速演进，全球能源体系深刻变革，人类生产生活方式持续向低碳模式转变，新一轮科技革命和产业变革重构全球能源版图，我们必须顺应时代潮流，从总体国家安全观和可持续发展的战略高度，走一条适合未来能源发展的开拓进取之路。随着我国经济建设转向高质量发展阶段，能源也进入了转变发展方式、调整能源结构、转换增长动力的高质量发展时期。加快构建现代能源体系正是保障国家能源安全、实现碳中和的内在要求，也是推动实现经济社会高质量发展的重要支撑。

面对能源供需格局新变化、国际能源发展新趋势，保障国家能源安全，必须推动能源生产和消费革命。2015年，党的十八届五中全会首次提出“建设清洁低碳、安全高效的现代能源体系”。“清洁”“低碳”“安全”“高效”这四个关键词，符合我国新时代能源发展的客观需要，构成了现代能源体系的基本构架。《“十四五”现代能源体系规划》提出“加快构建清洁低碳、安全高效的能源体系，加快建设能源强国，为全面建设社会主义现代化国家提供坚实可靠的能源保障”。根据《“十四五”现代能源体系规划》提出的发展目标，到2025年，国内能源年综合生产能力将达到46亿吨标准煤以上，非化石能源消费比重将提高到20%左右。展望2035年，我国能源高质量发展将取得决定性进展，基本建成现代能源体系。

（二）我国能源面临诸多问题和挑战

居安思危，思则有备，有备无患。构建现代能源体系，首先要求我们必须进一步增强能源供应链稳定性和安全性，强化战略安全保障，提升运行安全水平，加强应急安全管控。“十四五”时期，我国将从战略安全、运行安全、应急安全等多个维度，加强能源综合保障能力建设。然而目前我国能源供应仍存在安全隐患，国内油气产量不足，对外依存度偏高，是能源安全矛盾的集中体现。

事实上，在全球石油领域，上游投资已连续多年呈现低迷态势。多家研究机构曾发布警告，上游投资的匮乏很可能导致石油供应跟不上需求的增长。2021年，全球油气领域上游投资总额维持在3410亿美元左右，较2019年前的“正常水平”下降了25%左右。而在此前的2020年，全球油气领域上游投资额同样维持在3500亿美元左右[①]。与投资水平大幅下降相对应的还有持续走低的油气勘探新发现储量。2021年全球油气新发现储量仅为47亿桶油当量，是1946年以来的最低水平[②]。油气供应不足已成为全球能源安全问题的关注重点。全球是一个统一整体，受到2015年国际金融危机和国际油价下跌的影响，我国国内油气勘探开发投资也曾出现下降，自2016年伊始原油产量连续3年下滑，国家油气供应受到了一定程度的挑战。

构建现代能源体系还必须加快推动能源绿色低碳转型，壮大清洁能源产业，实施可再生能源替代行动，提高新能源占比，逐渐减少化石能源比重。伴随着全球碳达峰碳中和目标加速推进，清洁能源需求即将迎来大规模发展，然而受清洁能源供给能力所限，当前化石能源仍是能源消费领域的绝对霸主，2021年化石能源在全球一次能源消费中占比高达82%。清洁能源供应短期内尚无法满足能源消费需要，供需之间存在

① 参见《多家研究机构发布警告：全球将进入“油气短缺”时代》，《中国能源报》2021年12月20日。

② 参见《2021年油气勘探量跌至75年来最低》，https://www.sinopecnews.com.cn/xnews/content/2022-01/07/content_7014364.html。

巨大缺口，能源结构性矛盾突出。

太阳能、风能等可再生能源发电具有间歇性、波动性特征，很大程度上要“靠天吃饭”，供应不稳定问题突出。目前，太阳能、风能发电装机占比较大，但其发电量占比处于较低水平。此外，我国幅员辽阔，不同区域间自然资源禀赋和用电需求具有很大的差异性，西部地区风光能源较为丰富，但用电需求小；东部地区用电需求大，但风光资源较为匮乏。清洁能源存在供需空间匹配错位的问题，在一定程度上也制约了清洁能源的高效应用和规模化发展。

我国能源行业的碳排放强度仍有不小的下降空间。以煤炭为主的能源结构在短期内难以改变，给碳减排带来巨大的压力。作为世界上最大的发展中国家，我国经济建设与碳排放紧密关联，要想在保持社会高质量发展的同时实现碳中和，就必须降低碳排放强度，走产业低碳转型之路。

（三）进一步加强油气资源自给能力

新时期守住能源安全底线，提升能源保供水平，要求我国必须在油气投资、产能等方面下更大功夫，勇挑重担，扛起责任。进一步提高国内油气资源供应保障能力。2019年，国家能源局实施油气行业增储上产“七年行动计划”，推动国内石油企业加大勘探开发资金和科技投入力度。《中国矿产资源报告2022》显示，2019年至2021年，中国油气地质勘查投资均保持在700亿元以上的较高水平，投资数额分别达到821.29亿元、710.24亿元、799.06亿元规模。在石油勘探开发方面，我国石油行业通过发展先进采油技术，不断提高原油采收率，稳定松辽盆地、渤海湾盆地等东部老油田产量；以新疆地区、鄂尔多斯盆地等为重点，推进西部新油田增储上产；加强近海油气勘探开发，全面提升深水油气勘探开发能力。在天然气方面，我国近年来以页岩气、煤层气等非常规天然气勘探开发为突破点，增加国内天然气供应；以四川盆地、鄂尔多斯盆地、塔里木盆地等大型盆地为主体，建成多个百亿立方米级天然气生产基地。

为应对复杂多变的国际局势、体量庞大的国内能源需求和保障我国能源供应的需要，未来我国油气增储上产工作将持续稳定推进。2022年7月24日，国家能源局在京组织召开大力提升油气勘探开发力度工作推进会，就大力提升油气勘探开发力度进行再度动员。会议要求，要以国内油气增产保供的确定性，来应对外部环境的不确定性，牢牢守住油气战略安全底线，推动油气产业高质量发展再上新台阶。党的二十大报告也提出，要加大油气资源勘探开发和增储上产力度，加快规划建设新型能源体系，统筹水电开发和生态保护，积极安全有序发展核电，加强能源产供储销体系建设，确保能源安全。

（四）实施煤炭清洁利用战略

煤炭产业发展要转型升级，走绿色低碳发展的道路，这样，就不会超出资源、能源、环境的极限。煤炭作为我国主体能源，要按照绿色低碳的发展方向，对标实现碳达峰碳中和目标任务，立足国情、控制总量、兜住底线，有序减量替代，推进煤炭消费转型升级。党的二十大报告指出，要立足我国能源资源禀赋，坚持先立后破，有计划分步骤实施碳达峰行动，深入推进能源革命，加强煤炭清洁高效利用。

近年来，为降低煤炭产业碳排放强度，减少煤炭开发利用对环境造成的损害，我国大力推动煤炭清洁利用，努力建设集约、安全、高效、清洁的煤炭工业体系。党的十八大以来，党中央对此高度重视，陆续颁布《大气污染防治行动计划》《关于促进煤炭安全绿色开发和清洁高效利用的意见》《煤炭清洁高效利用行动计划（2015—2020年）》《能源技术革命创新行动计划（2016—2030年）》等一系列政策文件，将煤炭清洁利用上升为国家能源发展战略，推动煤炭清洁利用取得跨越式发展。

我国煤炭生产效率较10年前已大幅提高，清洁生产水平显著提升。数据显示，2021年，大型煤炭企业采煤机械化程度提高到98.95%，煤矿单井产量规模提高到约92万吨/年，大型煤炭企业原煤生产工效提高到8.79吨/工，较2012年的6.43吨/工提高了36.7%。同时，从2010年到2020年，平均生产1吨煤炭的温室气体排放量由226.7千克下降到151.1千克，10年内下降了三分之一，煤炭开发过程温室气体排放呈下降趋势[①]。我国已建成了全球最大的清洁高效煤电供应体系，煤炭产业已经呈现出清洁化、多元化发展趋势，成为我国高质量发展的绿色引擎。

（五）推动清洁能源产业实现跨越式发展

绿色低碳的清洁能源，是中国能源供应体系的重要组成部分。在2030年碳达峰、2060年碳中和的背景下，我国把非化石能源放在能源发展优先位置，努力营造出利好清洁能源产业快速发展的良好环境，清洁能源产业有望实现跨越式发展。《新时代的中国能源发展》白皮书显示，我国采取了一系列举措，包括推动太阳能多元化利用，全面协调推进风电开发，推进水电绿色发展，安全有序发展核电，因地制宜发展生物质能、地热能和海洋能，全面提升可再生能源利用率，实施清洁能源消纳行动计划，加强能源输配网络建设，健全能源储备应急体系，完善能源调峰体系等。

相关研究显示，2022年上半年，全球可再生能源投资达到创纪录的2660亿美元，而我国占到了43%，成为全球可再生能源投资领域的

① 参见《推动煤炭清洁高效利用》，《经济日报》2022年8月15日。

"领头羊"。我国对可再生能源的投资近年来呈现大幅增长态势，2022年上半年，我国在大型太阳能项目上的投资为410亿美元，比2021年增长了173%；在新的风电项目的投资额为580亿美元，同比增长107%①。未来，伴随着中国清洁能源产业发展速度进一步加快，清洁能源供给能力将不断提高，供需缺口有望缩小，以更好地满足经济社会发展需要。

当前，我国能源转型正处于重要的历史节点，党的二十大倡导建立的新型能源体系下的能源新产业、新模式和新技术方兴未艾。实现碳达峰碳中和目标，必须构建新能源体系，坚持系统观念，把握好煤炭、油气、新能源等多种能源类型在新型能源体系中的不同定位，处理好经济社会发展和碳减排之间的关系，强化风险防控能力，在保障能源供应充足稳定的同时，确保安全降碳，实现平稳转型。

三、广泛吸取国外能源解决方案

我国努力建设现代能源体系，加快推进碳达峰碳中和进程，是基于我国实际能源国情、符合全球能源转型时代需要的重要规划。世界上还有很多国家也依据其资源禀赋和经济社会需要，选择了适合自己的能源发展之路。一些被实践证明成功可行的能源解决方案，对我国也具有一定的可参考性和借鉴价值。

（一）欧洲：化石能源与新能源的共生

欧洲地区能源消费量巨大，但本土化石能源资源量相对较为缺乏。为了提高能源自给能力，并适应气候变化，推动低碳能源产业发展，欧洲逐渐形成新能源与化石能源和谐共生的局面。根据《bp世界

① 参见《中国引领全球可再生能源投资》,《科技日报》2022年9月26日。

能源统计年鉴》2022版，2021年欧洲一次能源消费结构中石油占比33.47%，天然气占比24.96%，煤炭占比12.15%，核能、水电、可再生能源等非化石能源占比则达到29.43%的规模。德国、英国、法国等欧洲国家都非常具有代表性，虽然各国具体实施举措各有不同之处，但都展现出鲜明的欧洲特色。

相比其他欧洲国家，德国煤炭资源相对较为丰富，是一个富煤少油少气的国家，在向可再生能源转型的过程中，德国燃煤电厂发挥着一定的调峰保供作用。煤炭在德国一次能源消费中占比约为16.77%，在全欧洲处于较高水平。即便如此，德国仍然是全球能源转型的“领头羊”之一，其可再生能源发展规模也位居欧洲各国最前列。目前，德国正持续优化其能源结构，提高清洁能源占比。2019年11月，德国联邦议院通过《气候保护法》，首次以法律形式确定德国中长期温室气体减排目标，即到2030年实现温室气体排放总量较1990年至少减少55%，到2050年实现碳中和。2020年7月，德国通过《减少和终止煤炭发电法》即退煤法案，确定到2038年退出煤炭市场，并就煤电退出时间表给出详细规划，有望在2035年提前结束煤电。2022年7月，德国通过了《可再生能源法》(EEG2023)修正案等一揽子能源法案，要求2030年可再生能源在电力供应中的比例由65%提高到80%，“电力碳中和”实现计划在2035年基本完成。

英国坐拥世界著名油气产区——北海油田，通过对北海油田的开采曾走在世界石油工业前列，但历经多年开采后北海油田产量已大幅下降。在2022年英国遭遇能源危机时刻，英国决定重启北海的海上油气生产，颁发新的北海油气开发许可证，通过深入开发油气资源提高能源供应能力。为促进清洁能源发展，2019年6月，英国新修订的《气候变化法案》生效，正式确立英国到2050年实现碳中和，成为第一个通过立法形式明确2050年实现零碳排放的发达国家。2022年4月发布的《英国能源安全战略——为了英国长期安全、清洁和负担得起的能源》计划至2030年英国将实现95%的电力来自低碳能源，至2035年电力系统实现脱碳①。英国希望建立在海上风电领域的全球领先地位，并将低碳核能作为发电补充，计划到2050年英国将有四分之一的电力消耗来自核能。

法国最有代表性的能源是核电，作为世界核电大国，其核发电量在全国总发电量的占比高达70%以上，远超世界上的其他国家。据《bp世界能源统计年鉴》2022版，在法国2021年一次能源消费结构中，石油、天然气、煤炭占比共计49.84%，核能占比达到36.45%，水电及其他可再生能源占比共计约为13.71%。由此可见，化石能源和非化石能源几乎各占法国能源消费结构的半壁江山。法国本土化石能源产量较低，主要依靠从海外获取。为落实《巴黎协定》目标，法国政府早在2015年就首次提出国家低碳战略，建立碳预算制度，2020年以法令形式正式通过该预算。2022年2月，法国总统在演讲中提出，法国将从2028年开始新建6个核电机组，首台机组在2035年前投运，并在此基础上再新建8台机组，到2050年新增2500万千瓦核电装机②。

伴随着俄乌军事冲突日益扩大，欧洲各国正面临一场严重的能源危机。残酷现实让此前开展脱煤计划的欧洲，逆转了燃煤发电量自2012年以来的下降趋势。数据显示，2021年欧洲燃煤发电量比2020年增长18%③。

---

① 参见中国地质调查局地学文献中心：《英国能源安全战略——为了英国长期安全、清洁和负担得起的能源》，2022年5月10日。

② 参见韩舒淋：《法国重新拥抱核电》，“财经十一人”2022年2月18日。

③ 参见中国电力网：《2021年欧洲燃煤发电量止跌上涨18%》，2022年3月14日。

然而，这只是暂时实施的应急举措，俄乌冲突及地缘政治风险客观上进一步促使各国加快发展清洁能源的步伐，以求提高能源自给水平，建立真正安全可靠的能源供应体系。2022年5月18日，欧盟委员会发布REPowerEU计划详细方案，提出将欧盟2030年能效目标从之前设定的9%提高到13%，将其可再生能源在能源消费中的占比目标从之前设定的40%提高到45%。这是宣告欧洲地区加快能源转型的一项标志性计划。欧盟委员会预计，为实施该计划，到2027年需额外投资2100亿欧元，至2030年则需3000亿欧元[①]。

欧洲能源转型步伐走在全球前列，其转型过程中采取的措施和取得的经验非常值得我国关注。首先，欧洲多国通过制定气候变化法律法规，将碳中和承诺付诸立法，明确了碳中和目标的法律地位，制定了相对完善的低碳发展法规体系。欧洲持续优化能源结构，降低对化石能源消耗，加快推进新能源产业发展，目前已形成化石能源与非化石能源共生的格局，最大限度地部署可再生能源发电，实现能源体系向可再生能源体系的转变。其次，欧洲还积极加大低碳领域投资力度，鼓励低碳技术研发等。一系列举措的实施对我国来说具有一定借鉴意义。最后，2022年欧洲能源危机也再度提醒了我们，能源转型必须在保障能源安全的基础上进行，化石能源在当下仍然起到“压舱石”般的重要作用，我国必须坚持先立后破的原则，积极稳妥推进碳达峰碳中和目标实现。

（二）日韩：“最优先”发展可再生能源的战略

同处东亚的日本和韩国都是本土资源极度匮乏的国家，化石能源严重依赖进口，能源问题一直是制约两国发展的瓶颈之一，两国能源战略一方面致力于减少对煤炭、石油等传统化石能源的依赖，另一方面大力

① 参见先进能源科技战略情报研究中心：《欧盟REPowerEU能源计划推进加快能源转型和结束对俄依赖》，2022年6月20日。

发展清洁能源，以促进能源结构的多样化发展。“最优先”发展可再生能源，是两国提高能源保障策略的显著特征之一。

例如，日本于2021年发布的第六版能源基本计划，就首次提出“最优先”发展可再生能源的方针，将2030年可再生能源发电占比从此前的22%～24%，提高到36%～38%。其中，到2030年，太阳能发电占比将从以前7%的目标调整到14%～16%，风力发电占比从1.7%调整到5%。与之相对应地，燃煤发电占比将从以前26%的目标减少到19%，天然气将从27%减少到20%，石油将从3%减少到2%[①]。此外，日本还从2014年发布的第四次能源基本计划开始，就将氢能发展提升到国家战略的高度，提出建设“氢能社会”。

对于韩国来说，由于本土缺少化石能源，加快向清洁能源转型同样是其重要的发展策略。例如，韩国曾于2019年5月通过了《第三个国家能源总体规划（2020—2040）》，核心观点就包括向清洁安全的能源结构过渡，逐渐实现核电逐步退出、燃煤发电减少、可再生能源加速发展。该规划提出将可再生能源发电所占比例提高4～5倍，可再生能源发电在电力生产中的比例从2017年的7.6%提高到2040年的35%；禁止新建和改扩建燃煤电厂，实施冬春季关停、限制发电量、电价反映环境成本等措施，大幅度减少燃煤发电等[②]。此外，韩国还发布了一项值得关注的《氢经济发展基本规划》，提出到2050年，韩国氢能将占最终能源消耗的33%、发电量的23.8%，超过石油成为占比最大的能源，如果目标能得以实现，则将具有一定的跨越性意义[③]。

---

① 参见汤匀：《日本内阁批准第六次能源基本计划》，中国科学院科技战略咨询研究院2022年3月14日。

② 参见周淑慧：《低碳绿色增长战略下韩国天然气产业发展及启示》，《国际石油经济》2020年第4期，第30—45页。

③ 参见《韩发布〈氢经济发展基本规划〉》，《中国化工报》2021年12月6日。

日、韩这两个能源极度匮乏的国家，立足于自身能源禀赋，试图通过能源转型提高能源自给能力，这对我国来说也具有一定的关注意义。这两国都十分注重氢能产业发展，试图打造氢能大国，与我国在氢能领域的发展规划“不谋而合”。氢能来源丰富、绿色低碳、应用广泛，正逐步成为全球能源转型发展的重要载体之一。从国际上看，全球主要发达国家高度重视氢能产业发展，氢能已成为加快能源转型升级、培育经济新增长点的重要战略选择。我国同样非常注重培育和发展氢能，目前已成为世界上最大的制氢国，已发布《氢能产业发展中长期规划（2021—2035年）》，将氢能定位为未来国家能源体系的重要组成部分。

立足国内生产，提高能源自主保障能力，是世界各国的共同追求；推动能源转型，发展低碳产业，是未来世界各国能源发展的必然趋势。身处百年不遇大变革时代，我国将继续推动国内能源生产，提高多元化自主保障能力，将能源的“饭碗”牢牢端在自己手里。

第二节　海外获取：全球能源拓展持续发力

一、建立全球能源供应链是一项长期战略

（一）本土能源生产难以满足日益上涨的能源消费

尽管我国在推进本土能源生产方面取得了巨大成就，但面对日益上涨的能源消费，深入建立全球能源供应链，加大从海外获取能源的力度，仍是我国能源发展的一大支撑点。中国经过多年高速发展，已经成为当今世界第一大能源生产国，但面对巨大和不断增长的能源消费量，从全球各地获取能源，充分利用好海外能源资源，依旧在我国的能源供应中占据着重要的地位。历年来，我国多次明确从全球获取能源的战略

重要性。在中央财经领导小组第六次会议上，提出的“四个革命、一个合作”能源安全新战略中，“一个合作”即全方位加强国际合作，实现开放条件下的能源安全。“四个革命、一个合作”这一创新概念的提出，不仅为我国的能源产业发展指明了方向，也明确了从全球获取能源在我国能源供应中的重要战略地位。2020年，国务院发布的《新时代的中国能源发展》白皮书也提到，要全方位加强国际合作，实现开放条件下能源安全。积极参与全球能源治理，加强能源领域国际交流合作，畅通能源国际贸易、促进能源投资便利化，共同构建能源国际合作新格局，维护全球能源市场稳定和共同安全。

共享全球能源资源是我国能源战略的重要组成部分。我国之所以要全方位加强能源方面的国际合作，很大程度上与我国能源供需矛盾日益紧张相关。在过去20年中，我国能源消费量不断提高且增长迅速，成为全球能源消费量增加最大的经济体。从能源消费量上看，高速增长数十年的我国经济，提高了国内对能源的消费量，促使我国从全球获取能源补充缺口。据国家统计局数据，从2000年至2021年，中国GDP从8.94万亿元增长到了114.37万亿元，21年时间增长10倍之多，而且已经连续数年GDP高居世界第二。能源作为驱动经济发展的底层要素之一，伴随着经济快速上升的，便是能源消费量的快速增长。自2000年至今，中国也是世界上能源消费量增幅最大的国家。至2021年，中国能源消费占到了全球能源消费总量的25%左右。

但与之不匹配的是，我国能源生产量的增速赶不上消费增速。这一局面的形成，一方面和我国经济的高速增长有关，另一方面是受到了化石能源先天资源禀赋的限制。我国的能源消费以煤炭、石油和天然气为主，而我国的能源矿产又具有富煤、贫油、少气的特征，故在石油和天然气的增产方面面临着诸多的挑战。以石油为例，目前全球的探明石油技术可采储量有48%集中在中东，18.7%集中在南美洲和北美洲，7.2%集中在非洲，6.2%集中在俄罗斯，而我国只占全球的2%左右，同全球其他地区相比，上产空间不足。并且我国的石油资源以陆相资源为主，不少石油资源的储存都存在丰度低、储层岩石致密、埋藏深度大等特点，很大程度上增加了石油开采的难度和成本。再反观我国目前的石油消费量，目前每年占到了全球的15%左右，排名世界第二。消费量与资源量的巨大不平衡，从客观上决定了我国必须“走出去”，从全球获取石油资源以满足日益上涨的消费需求。

（二）从全球获取能源是我国能源供应的要项

在油气资源相对匮乏这一背景下，如果单纯靠增加国内能源产量来满足日益增长的能源需求，不仅在资源量上难以实现，而且也会极大提高我国的能源获取成本。而加强能源国际合作，合理地从全球各地获取能源，则能有效助力解决这一矛盾。适当扩大能源进口量，不仅能为我国的能源消费提供有效供应，也能有效降低我国的能源消费成本。

回顾过去20年，我国能源消费量和进口量也是一个不断增大的过程。2000年，我国的能源消费量为13亿吨标准煤，其中能源进口量达到1.43亿吨标准煤，对外依存度达11%。到2010年，我国的能源消费量增长达到32亿吨标准煤，10年时间消费量增幅达到了150%。2010年的进口量达到了5.57亿吨标准煤，比2010年大幅增长了290%。到2021年，我国的能源消费量达到52.4亿吨标准煤，比2000年增长了近300%，而能源进口量达到了近10亿吨标准煤，是2000年的7倍以上。

事实上，我国已经成为当今全球最大的能源进口国，石油、天然气和煤炭的进口量，都高居世界第一。其中，进口量最大的能源为石油。2017年我国的石油进口量首次超越了美国，成为全球最大石油进口国，当年石油进口量达到4.9亿吨。而到2021年这一数字进一步上涨到了5.1亿吨，继续稳居世界最大石油进口国地位。

在煤炭方面，尽管我国拥有丰富的煤炭资源，煤炭产量位居世界前列，但每年仍需进口大量煤炭。目前，煤炭成为我国进口量第二大的能源。我国的煤炭进口于2005年左右开始加速，2005年的煤炭进口量达到2622万吨，同比增长了近11倍。而到2010年，煤炭进口量大增到了1.8亿吨，5年时间里增加了近6倍。到2021年，我国煤炭进口量达到了3.23亿吨，比2010年增长了76%。事实上，我国也是全球最大的煤炭进口国，2022年中国的煤炭进口量占了全球煤炭进口量的23.60%。

我国天然气的消费量上升很快，尤其近年来提升迅速。我国天然气的进口提速主要始于2006年，当年我国天然气进口量仅为10亿立方米。到2010年，增长到了165亿立方米，比2006年增长15倍多。在2017年，我国天然气进口量达到946亿立方米。并且在这一年，我国超过了美国，成为世界第一大天然气进口国。《中国天然气发展报告（2022）》显示，2021年，我国LNG的进口量达到1089亿立方米，首次超越日本成为世界第一大LNG进口国。

面对不断提升的能源进口量，我国从全球获取能源的战略也面临着更复杂的国际形势。当前，全球能源格局正在发生着深刻变化，不仅供需结构在调整，能源投资方向也出现了新的趋势。尤其随着全球在应对气候方面措施的加强，全球能源格局预期会进一步大调整，我国对诸如天然气这样的清洁能源需求可能会出现进一步提高。同时，我国经济仍处于稳定发展期间，能源需求增加不可避免。预计未来我国对能源的进口依旧呈现量高的特点，且整体还呈现增长，所以从全球获取能源仍是我国能源供应的重要组成部分。未来维持经济的中高速发展，就需要持续加强建立全球能源供应链，以确保能源进口的充足，保障我国能源供给稳定。

（三）进口多元化是建立全球能源供应链的必由之路

在我国不断增大能源进口量的同时，如何保证能源进口的稳定和安全，也是能源产业面临的一个核心挑战之一。综观当今全球能源市场，仍存在诸多不稳定因素，一些大型能源生产国家和地区，2000年以来政治经济环境都在持续发生变化，多次发生地缘冲突、民族冲突、经济危机、自然灾害等，对能源生产造成了严重的影响。

例如世界第四大石油生产国伊朗，石油年产量在最高时期达到2亿吨，但近年来受到西方制裁，曾一度减少近30%的年产量，给全球石油的供应格局带来了较大影响。世界石油储量最高的委内瑞拉，石油年产量在最高时期达到1.7亿吨，但在经济危机影响下，2021年的石油产量仅有3300万吨左右。2020年全球新冠疫情的暴发，也对全球的能源供应造成了极大影响。在疫情初年，全球石油产量因此减少了7%，天然气产量减少了1.2%，煤炭产量减少了5.2%。我国作为全球第一大能源进口国，随着进口量的不断提升，能源供应市场的此类突变因素极有可能对我国的能源供应造成影响。

面对全球不稳定局势，持续增强能源进口多元化将是我国能源发展的又一趋势，能够在能源危机关头有效分担风险。因能源进口过于单一造成能源供应危机的各类事件，在当今世界时有发生。2022年的俄乌军事冲突，对天然气消费高度依赖俄罗斯的欧洲造成了极大影响，天然气价格甚至一度上涨10倍以上。这类事件的反复发生，更加证明了增强能源进口多元化的必要性。

近年来，我国始终实施进口能源多元化战略，对中东地区的石油对外依存度不到50%，远低于日本、韩国的80%以上水平，但由于需求量大，石油进口集中度仍然较高。例如在石油方面，根据海关总署2022年上半年的数据，目前我国进口石油最多的前10个国家包括沙特阿拉伯、俄罗斯、伊拉克、阿曼、阿联酋、安哥拉、科威特、巴西、马来西亚以及哥伦比亚。我国从这10个国家进口的石油量占到总进口量的85%，其中排名前3的沙特阿拉伯、俄罗斯、伊拉克共占到总量的44%，持续增强能源进口多元化，仍然是我们的一项重任。

除了考虑能源生产国的不确定因素，从能源进口运输通道上看，增强能源进口多元化也是提高我国能源安全保障的重要举措。我国的石油和天然气进口主要通过管道和海运两种方式。其中石油的运输主要是以海运为主，而海运的路线多需要经过一些关键地理接点，例如被称为“石油运输颈动脉”的霍尔木兹海峡，中国从中东进口的石油，几乎都要经过此通道。该通道与中东地缘政治紧密关联，一旦被中断，将对我国能源进口构成严重影响。此外，位于东南亚地区的马六甲海峡，也是目前我国石油进口一个重要的地理节点，中国的石油进口有一多半都要经过这里。因此，增强能源进口多元化，也能够分散和降低因运输通道高度集中所带来的风险。

二、寻找国内国外能源和谐发展的公约数

（一）把控石油供应的平衡：减小高对外依存度风险

石油是我国消费量第二大的能源，也是进口量最大的能源。强化石油的海外获取，是我国全球供应链建设的核心。而石油作为我国能源进口的主力，对外依存度持续攀升，在全球获取的进程中面临着巨大的挑战。1993年，我国首次成为石油净进口国，尽管随后我国的石油进口量不断提升，但整体来看，我国的石油消费很长时期内都是自产为主、进口为辅。而到了2009年，自产为主、进口为辅的局面发生了重大转

变，我国的石油对外依存度首次突破了50%，2017年突破了70%，截至2021年，已连续4年超过了70%。党的二十大报告提出，着力提升产业链供应链韧性和安全水平。石油作为我国能源消费的重中之重，面对不可阻挡的消费量和进口量上升，如何平衡好石油的国内生产和全球获取，平衡好不同进口来源，实现多元化分担中断风险，是提升我国石油产业供应链韧性和安全水平的一大主题。在国内生产方面，我国近年来不断加强勘探开发，为抑制对外依存度进一步快速上升起到了极大平衡作用。同时，持续拓展石油来源多元化，有效平衡了风险，即便在高对外依存度和国际石油市场有诸多风险事件发生的情况下，也始终保证了我国石油供应充足，有效提升了石油供应的安全水平。目前，我国的石油进口来源国家超过40个，基本覆盖了中东、非洲、中亚、俄罗斯、北美、南美、北欧等全球几乎所有的石油主要产区。

虽然我国石油供应在国内国外以及全球多元化方面建立了一定的平衡，但不可否认近年来全球石油市场出现了新的不稳定因素，给我国石油供应链韧性和安全性建设带来了新挑战。例如，在全球能源消费转型趋势的影响下，全球主要石油生产商和出口国对石油勘探开发投资进行缩减，以降低潜在的风险。为了应对气候问题，越来越多的国家选择扩大在可再生能源方面的投资，减少或者在一定程度上抑制对煤炭、石油等化石能源的投资。截至2022年6月底，包括中国、印度、英国、法国、日本、韩国等全球主要的能源消费国在内，全球已有100多个国家提出了碳中和目标。在这一目标的引导下，全球很多能源公司都在扩大可再生能源的发展，同时对化石能源领域的业务开展有缩减计划。例如bp集团、道达尔能源、壳牌等老牌的石油生产商，纷纷公布了计划，大幅提高清洁能源的投资比例，而石油业务的投资比例不断减少，有的甚至提出了2030年实现石油产量减少的目标。这一能源投资格局的改变，极有可能造成全球石油供应链的格局发生巨变。在这类新的不确定新因素影响下，我国石油供应国内生产和国外进口两条线齐头并进，进一步强化进口来源多元化，仍将是未来一段时期内主要的发展战略。

（二）开拓和强化进口渠道：控制天然气供应风险

除了石油进口量大，我国能源进口的另一大特点，就是快速上升的天然气进口量。如何提高天然气的供应链韧性和安全水平是我国能源产业日益突出的新挑战。出于对能源清洁化和低碳转型的需求，在过去的20年中，天然气在我国的能源占比不断提高，是占比增长最显著的能源。2000年，天然气在中国能源结构中的占比仅有2.5%，但到2021年这一比例上升到了8.6%。在过去10年中，天然气的年均消费量增速达到了10%以上。按照这一趋势发展，我国的天然气消费量还将继续上涨，随之而来的将是天然气进口量的继续上涨。

值得注意的是，中国天然气对外依存度近年来显著上升，呈现出增幅大、速度快的特征。在2008年左右，中国天然气对外依存度还不到5%，而到2021年已达到44.3%。如果这一趋势持续发展，进口天然气消费亦有超越本土自产气的可能。特别是在现阶段，我国对清洁能源的需求持续上升，提升了对天然气进口量上涨的预期。在清洁能源发展趋势下，天然气消费提升的动力主要来自两方面。一是天然气自身具有清洁属性。在释放相同热量的情况下，天然气燃烧产生的二氧化碳量，要比石油低34%左右，比煤炭低54%左右，并且除了释放二氧化碳和水，并不产生燃烧煤炭和燃油所产生的其他污染物质。推进天然气替代燃煤和燃油，是降低碳排放量和改善空气质量的有力措施。二是天然气能够和其他清洁能源进行很好的互补配合。比如利用天然气发电，可以平滑风电、光伏等可再生能源发电不稳定带来的电力供应不稳定。另外，天然气可用于制造蓝氢，预计在我国氢能产业的发展过程中发挥出重要作用。

在天然气消费量和进口量快速提升的趋势下，提前锁定全球天然气资源、建立多元化进口渠道将是我国未来一段时期天然气产业的发展重心之一。目前我国建立了“东南西北”四大天然气进口通道，分别是来自东部的海上LNG进口通道、南部中缅天然气进口管道、西部中亚天然气进口管道、北部中俄天然气进口管道。值得注意的是，四大天然气进口通道中虽然有三条通道来自管道进口，但在近年来海运LNG逐步成为主力渠道。2021年，我国进口的1680亿立方米天然气中，海运LNG和长输管道进口量分别为1089亿立方米、591亿立方米，分别占总进口量的65%、35%。我国天然气进口量最大的6个国家为澳大利亚、土库曼斯坦、俄罗斯、美国、卡塔尔及马来西亚，占据我国天然气进口总量的77%。

与拓展石油进口供应链相比，我国天然气的进口供应链建设面临着更大的挑战。天然气由于在常温常压下是一种气体，其运输和储存比液体更有难度。无论海运LNG还是长输管道进口，都涉及巨额投资，具有更大的项目风险。传统的跨国天然气长输管道的投资，不仅高达数百亿甚至上千亿元人民币，地域上也受到一定限制，无法实现远洋运输。而LNG供应链的建设，成本、难度和风险则更高，一个LNG接收站的建设，少说也需要数十亿元人民币的投资，远高于石油进口码头的建立，而且LNG接收站的选址、安全标准都极高，设备工艺等都涉及诸多高难度技术，还有LNG运输船的建设也涉及比原油运输船舶更复杂的工艺。正是这些原因，全球天然气贸易至今尚没有形成统一的市场，要锁定资源和开拓多元化渠道，往往要经历更长的周期，面临更多的市场不确定性风险。进入百年未有之大变局后，无论是天然气长输管道还是LNG运输船、LNG接收站，都具有安全方面的威胁，2022年10月北溪管道被炸事件就足以佐证。

为了提升天然气供应水平，我国近年来也采取了诸多重大措施，特别是在天然气市场的建设方面做了大量工作。例如进行天然气管网改革，鼓励更多市场主体参与天然气市场，建立天然气交易中心等。这些举措促使我国天然气市场日益开放，不仅促进了本土天然气的生产利用，也为强化天然气进口供应链提供了基础。这些新举措的推动，吸引不少企业主动走向海外拓展天然气源、建设LNG接收站，提升了我国天然气的供给保障水平。

（三）发展煤炭进口：推进我国用能成本降低

在中国及全球能源消费清洁低碳转型的趋势下，煤炭的消费占比呈现出了下降的趋势。从2016年至2021年，煤炭在中国能源消费结构中的占比从62%下降到了56%。不容忽视的是，我国富煤的禀赋并不意味着就应当排除进口，煤炭作为我国第一大消费能源，建立相应的进口渠道，充分利用全球煤炭资源，对降低我国的能源消费成本、保障能源安全也起着重要作用。2021年，我国进口煤炭3.23亿吨，占到了国内消费总量的11%，主要进口来源国是印度尼西亚和俄罗斯，进口量分别为1.95亿吨、0.57亿吨，占总进口量的60.45%、17.55%。此外从蒙古国、澳大利亚、美国和加拿大四国也有较大量的进口，达到了0.49亿吨，占总进口量的15%。

虽然我国的煤炭消费在理论上能实现自给自足，但在一定程度上加大进口，对能源消费有诸多利好。一个主要的原因是，我国的煤炭储量、产量相对集中，主要位于山西、陕西、新疆和内蒙古地区。对于远离煤炭产地的消费用户，比如东部的沿海省份，运输煤炭需要付出高昂的运费。而从印度尼西亚、俄罗斯等国家可以进口到一些价格更便宜、品质更好的煤炭，降低煤炭消费的成本。通过本土煤炭生产和低成本煤炭进口的相互配合，最大化地提高了我国煤炭消费利用的性价比。

在煤炭进口方面，我国当前也面临着一些新的外部形势和挑战。在俄乌冲突发生后，欧盟批准了对“俄煤”的禁令，全球煤炭市场上出现了“抢煤”潮，导致煤炭价格成倍上涨。2022年9月，澳大利亚纽卡斯尔港煤炭期货价格一度超过了400美元/吨，同比涨幅超过150%。因此，如何强化我国煤炭进口产业链，应对国际市场的各种市场突变，也是我国能源产业发展主题之一。而我国为加强能源供应保障，目前也在不断强化煤炭的进口路径，例如我国已对所有煤炭实施税率为零的进口暂定税率，时间为2022年5月1日至2023年3月31日。

推进煤炭进口可以对石油和天然气进口形成替代作用，降低石油和天然气高对外依存度风险。例如，以煤炭为原料可以生产汽柴油以及天然气，而且在技术上已经有一定的成熟度，在我国目前已有多个工业性的项目投产。截至2021年底，我国的煤制油产能超过了900万吨/年，其中最大的煤制油项目产能达到400万吨/年，煤制气产能也已经超过60亿立方米/年[①]。在有机化工品生产方面，煤炭更是展现出了较大的市场潜力，在我国已实现大幅替代石油和天然气制化工品。截至2021年底，我国煤（甲醇）制烯烃产能达到1672万吨/年，煤制乙二醇产能达到597万吨/年。煤制油产业的发展，极大缓解了我国在石油天然气方面的进口压力。

（四）深入推进高质量能源国际合作

基于中国能源消费增长快、进口量持续扩大的特点，我国近年也采取了统筹国内国外两种能源资源的发展思路，积极适应国际能源市场变化，布局并新落成了大量能源进口基础设施，并且加大了进口能源储备

---

① 参见《煤炭业结构更优底色更绿》,《人民日报》2022年5月11日。

力度，以应对各种可能存在的能源断供风险。

面临不断变化的全球市场形势，为了进一步稳固进口能源的充足，强化多元化来源，深入推进高质量能源国际合作成为我国未来在全球能源获取方面的重要战略。我国以高标准、可持续的能源合作为目标，不断巩固国际能源合作基础，开拓国际能源合作空间，在近年来实现了一大批新的高水平、高规模、高质量的能源合作，让我们的全球能源获取实现了更强的发展韧性。

通过扎实推进务实的跨国合作，目前，中国已与全球100多个国家、地区开展了能源合作，具体的合作领域涉及能源贸易、投资、产能、装备、技术、标准等。除了直接购买能源，在全球各地很多世界级的大型能源生产项目中，中国已作为权益方甚至作业方参与，深度稳固了能源资源来源。例如位于俄罗斯的亚马尔天然气项目，该项目为目前全球在北极地区开展的规模最大的LNG工程，天然气可采储量达到1.3万亿立方米，多家中国企业持有该项目的权益，是近年来我国加强和深化国际能源合作的成功典范；除了油气资源丰富的俄罗斯，在南美、非洲等地区，我国企业也“走出去”参与了一批世界级油气项目。例如位于非洲的莫桑比克的科洛尔浮式LNG项目，是世界上第一个作业水深达到2000米的LNG项目，具有世界领先水平。中国石油不仅作为权益方，也作为作业方参与其中，高质量助力该项目实现了成功投产。还有位于巴西的超深水盐下油田，是近20年来全球发现的最大油田之一，中国石油和中国海油两家企业在该项目中也拥有权益。这些大型能源项目，都将对中国能源供应总量的提高和多元化起到稳固和增强作用。

除了与众多国家开展油气能源合作，我国还与很多能源出口国在可再生能源方面开展合作，利用中国在可再生能源方面的领先优势，帮助能源合作伙伴推进能源转型，实现了能源合作的高质量提升。例如，位于阿联酋迪拜马克图姆太阳能公园内的光热光伏混合发电项目，该项目为全球最大的太阳能光热光伏混合发电项目，由阿联酋、沙特阿拉伯和中国三国的企业联合投资，中国企业担任了项目总包商。在全球石油第一大出口国沙特阿拉伯，中国企业承建了红海新城储能项目，该项目储电量高达1300兆瓦时，是目前全球最大的储能项目。2022年世界杯足球盛事在卡塔尔开幕，此届世界杯也是首次实现碳中和的足球赛事，中国为卡塔尔提供了800兆瓦光伏项目，成为助力此次国际赛事碳中和的重要推手。作为卡塔尔“2030国家愿景”的一部分，该项目是卡塔尔首座非化石燃料发电站、首个全容量并网的大型地面光伏电站，也是目前为止世界第三大单体光伏发电站，同时还是世界第三大单体使用跟踪系统和双面组件的光伏项目。该项目设计年发电量18亿千瓦时，投产后预计将减少2600万吨的碳排放，可满足卡塔尔峰值电力需求的10%，成为卡塔尔节能减排的第一步。和这些能源出口大国的新能源项目深入合作，进一步稳固了我国的能源进口来源。

三、全球各国能源获取各有千秋

（一）美国：石油危机应对实践

美国是当今世界第二大能源消费国，是一个实现了能源独立的国家，但从海外获取能源是其能源战略的重要组成之一。在不同历史时期，其海外能源战略也发生过多次转变。2021年，美国能源总消耗量达到31亿吨标准煤，约占全球能源消费的15%。美国能源消费结构以石油和天然气为主，分别占到消费总量的45%、40%，而煤炭仅占12%。虽然美国的天然气消费量巨大，但由于其天然气储量丰富，长期以来基本能够实现自给自足，并且近几年由于国内天然气产量的激增，已经变成了天然气净出口国。而在煤炭方面，美国长期以来也一直是一个净出口国。

在全球能源获取的战略上，美国长期以来主要围绕石油展开。早在20世纪初，美国就从海外进口石油，以满足其国内石油消费需求的上涨。但在1970年之前，美国的石油消费还是以本土为主，每年近80%的石油消费都来自国内。从1970年开始，美国常规石油的产量达到了峰值而后产量急剧下降，随后的进口量便开始快速上升。到2006年左右，美国石油的对外依存度达到了历史最高的67%。

面对石油进口量的急剧上升，能源安全风险也随之暴露。在1973年，由于中东战争的爆发，OPEC对部分国家实施石油禁运导致油价大涨，当时造成了包括美国在内的不少国家的经济出现倒退。为了提高能源安全保障能力，美国随后采取了三项重大举措。一是扩大石油多元化进口。在实施多元化石油进口的战略中，美国首先充分利用了毗邻该国的石油资源，例如加拿大、墨西哥还有南美洲。这些地区地理毗邻美国，大大降低了其石油进口运输的成本。以1985年为例，美国从加拿大、墨西哥和中南美洲进口的石油为1.4亿吨，占到了总进口量的55%。而与此同时，美国也积极从欧洲、非洲、中东和亚太地区跨洋进口石油，总体来看，其石油进口呈现出非常均衡的多元化，几乎覆盖了全球所有的大型石油产区，没有进口过度集中在某一区域的情况出现。二是牵头成立了国际能源署（IEA），并建设规模庞大的石油战略储备库。三是投入研发，开拓新的能源资源，包括可再生能源、非常规油气等。目前最为有效的就是其非常规油气发展战略。在1970年之前，美国的石油开采以常规油气为主，极少触碰开采难度较大的页岩油气、煤层气等非常规油气资源。美国经过了近30年的技术探索，形成了较为成熟的页岩油气开采技术体系，在2005年之后页岩油气产量随即迎来爆发式增长。目前，美国已经成为全世界最大的石油生产国，同时也是最大的天然气生产国，并且重新成为石油净出口国。2021年，美国石油产量达到7.1亿吨，天然气产量达到9340亿立方米，双双位居世界第一。

美国虽然已实现石油和天然气的净出口，但是从海外获取石油天然气资源依旧是其坚持遵循的能源战略之一。2021年，美国仍然从加拿大、墨西哥、中南美洲、中东、俄罗斯等地进口石油，并且进口量达到了近3亿吨，相当于美国这一年石油消费量的37%。另外2021年美国还从加拿大进口了760亿立方米的天然气。

美国维持从全球获取能源战略的主要原因，一方面在于一些价格更低、运输更便利的海外能源能够降低其用能成本，另一方面供给多元化能够降低其国内生产中断的风险。例如，在2021年冬天美国部分地区出现暴风雪，中断了一部分国内石油的生产，此时进口资源进行了有效替代，保障了能源供给的稳定。通过美国的石油全球获取战略的实施可以看出，即便在实现能源自足的基础上，发展海外供应链依旧有其意义所在，这和我国在煤炭方面的进口策略有相似之处。

（二）欧洲：俄乌冲突下的能源获取危机

欧洲是全球能源消费的第三大区域，仅次于亚太地区和北美地区，其能源产业特点是本土能源产量较低，从海外获取能源是其能源战略的核心。2021年，欧洲的一次能源消费量达到28亿吨标准煤，约占世界总消费量的13.8%。其中，石油和天然气为欧洲最主要的能源，在一次能源结构中的占比分别达到33%和25%。相比全球其他地区，欧洲的可再生能源占比相对更高，是其第三大能源，在一次能源结构中占比达到12.3%。

在能源获取上，欧洲的化石能源高度依赖进口。2021年欧洲的石油消费有75%依赖进口，天然气消费有63%依赖进口，煤炭消费有

42%依赖进口。不仅对外依存度高，欧洲在能源进口来源渠道上也较为单一，特别是对俄罗斯的依赖。例如，在2021年，欧洲有30%的石油进口、38%的天然气进口、48%的煤炭进口来自俄罗斯。其中德国对俄罗斯天然气的依赖，更是高达50%以上。

不论是从能源大量依赖海外，还是从能源进口渠道过于集中来看，欧洲的能源供应都呈现出脆弱态势，而这种脆弱和不安全在2022年的俄乌冲突爆发之下彻底暴露出来。由于地缘政治影响，欧洲不少国家宣布减少对俄罗斯的天然气进口，导致了较严重的天然气短缺，天然气价格也出现了猛涨。2022年8月，荷兰TTF基准天然气期货收盘价格一度飙升至339.195欧元/兆瓦时，创下了历史性峰值。在1年多的时间里，天然气价格暴涨了近20倍。由于欧洲的电力大幅依赖天然气发电，电价也随之创下新高。德国和法国电价双双突破了创纪录的1000欧元/兆瓦时。天然气价格的上涨不仅严重影响了居民生活，甚至还严重影响了工商业和农业。因为天然气是化肥生产的关键原料，其价格上涨导致欧洲多家化肥厂停止了生产。一些国家不得不因此重启煤电，严重影响了其低碳转型计划的推进。

经历了这种战略缺陷带来的弊端，欧洲多国目前也在致力于改进能源战略。面对能源短缺危机，欧盟于2022年发布了一份能源独立计划，目标在2030年摆脱对俄罗斯能源的依赖。这一计划的具体措施包括发展可再生能源替代天然气发电、采取节能措施、发展氢能等，而其中最主要的一项措施是天然气进口多元化。目前，欧洲已经加速了从美国、卡塔尔、澳大利亚、非洲等国家和地区进口LNG。2022年6月，欧洲从美国进口的LNG首次超过了从俄罗斯进口的管道气。与此同时，欧洲能源公司在海外LNG项目上的布局也在加速。2022年，德国公用事业公司Energie Baden-Wuerttemberg AG和美国出口商

Venture Global LNG签署了一份长达20年的LNG长期协议，进口量为150万吨/年。意大利埃尼石油公司和法国道达尔能源公司，也于2022年与卡塔尔能源公司签署了新的协议，参与位于卡塔尔的北方气田扩能项目，而该项目是目前全球最大的LNG项目，投产后产量将达到4860万吨/年。

另外，欧盟还计划在未来扩大对氢能的进口，进一步促进全球能源获取的多元化。其计划目标是在2030年时，每年的绿氢进口量达到1000万吨。目前，美洲、中东、非洲和澳大利亚等国家，已经在一些大型港口打造风光可再生能源制绿氢项目。例如位于澳大利亚的“亚洲可再生能源中心”（AREH），目前正在打造一个26千兆瓦的可再生能源项目，投资预计将达到356亿美元，其中高达23千兆瓦的产能将用于生产绿氢和绿氨。来自英国的bp集团已参与了该项目的投资。

从欧洲在2022年经历的天然气和电力危机中不难发现，能源进口渠道单一有着巨大风险。对于我国这样的油气高消费高进口的国家而言，必须提前布局多元化，持续拓展进口渠道，以谨防能源市场的“黑天鹅”。

（三）日本：中东构成能源最大支撑

日本是亚太地区除中国和印度外能源消费量最大的国家，也是世界十大能源消费国之一，在能源进口战略方面具有较强特殊性。2021年，日本的能源消费量达到了6亿吨标准煤。日本消费量最大的能源为石油，煤炭次之，天然气第三。三大化石能源占了日本总能源消费量的85%。日本能源消费还有一个显著特点，就是石油、煤炭和天然气的本土产量极低，消费几乎100%依赖进口。

日本的石油高度依赖海外进口，2021年有91%的石油进口来自沙特阿拉伯、阿联酋、科威特等中东国家。日本的天然气全部以LNG形式进口，是全球仅次于中国的第二大LNG进口国。其LNG进口来源相对石油更加多元化，目前来源最高的国家分别是澳大利亚、美国、俄罗斯、卡塔尔、马来西亚，共占2021年总进口量的79%。其中澳大利亚的进口量最大，达到了36%。另外，日本的煤炭也主要从澳大利亚进口，2021年占了其总进口量的65%。

在能源消费高度依赖进口的情况下，日本也在试图扩大本国能源的生产。2021年，日本发布了该国的第六版能源计划，提出了要优先发展可再生能源，并计划2030年可再生能源发电比例从目前的22%左右提升到36%～38%，并且氢气和氨气发电比例占到1%。不过在中短期内，可再生能源还难以全面替代化石能源，加之日本的化石能源储量极少，所以从海外获取能源仍将是日本能源战略的核心。2020年，日本经济产业省发布了《日本全球资源新战略》，里面提出的战略举措包括：在供应层面推动油气资源供应多元化，提高油气资源供应灵活度；在扩大国际市场影响力层面，创造和扩大亚洲国家的需求，打造以日本为核心的亚洲LNG市场。

为了保障能源进口的安全，日本在持续加强与主要能源进口国的合作，并不断投资相关的大型能源项目。例如日本最大的油气公司Inpex，其参与的项目覆盖了美国鹰滩页岩油、阿布扎比海上油田、印尼海域的Abadi LNG项目、澳大利亚的Ichthys LNG项目。其中Ichthys LNG项目是全球最大的LNG项目之一，最大年产量为890万吨，Inpex持有其66.25%的股份。

另外，日本对石油储备的建设较为重视，这也是其能源进口战略的重要支撑。目前，日本的石油储备量约5亿桶，可以满足其国内约140天的石油消费，远高于世界平均水平，这在一定程度上提升了其能源供应的安全性。2022年由于俄乌冲突引发石油价格暴涨后，日本为缓解石油消费的上涨释放了480万桶石油储备。目前，日本还计划在储备层面，与中东国家建立产油国联合储备，与菲律宾和越南等国家开展石油储备合作，力图通过国际合作改善其能源资源储备的安全状况。

从日本的能源产业情况看，即便在能源消费高度依赖进口的情况下，具有一定的多元化进口渠道，并配合战略储备建设，也能在很大程度上分散风险。在俄乌冲突发生的2022年，日本的天然气消费并没有像欧洲那样出现严重的供应危机，这也给我国如何利用多元化策略提升能源供应链安全提供了一个典型参考。

（四）印度：多元进口能源迎接未来高速增长

印度是世界第五大经济体、第二大人口国、第三大能源消费国，能源消费具有较大增长空间。2021年，印度一次能源消费总量为12亿吨标准煤，排名我国和美国之后，是世界第三大能源消费国，占当年世界一次能源消费总量的6%。煤炭为印度第一大消费能源，在一次能源结构中的占比达到57%，其次石油的占比达到26.6%，其他能源的占比较低，天然气仅占6%，水电和核电分别占比4.3%、5%。

印度国内的石油产量极低，消费高度依赖海外，石油进口呈多元化态势。2021年，印度国内石油产量仅有3400万吨左右，85%的石油消费依赖进口。印度的石油进口主要来自中东，2021年从伊拉克、沙特阿拉伯、科威特、阿联酋等中东国家进口的石油占到了进口总量的60%。另外，印度也从非洲、北美和南美进口大量石油，2021年进口占比分别为13.6%、13.4%、4.9%。印度天然气年产量仅为168亿立方米，2021年印度有55%的天然气消费来自进口，并且全部通过LNG形式进口，其主要来源地为卡塔尔、美国、阿联酋以及西非。在煤炭方面，印度国内煤炭产量相对于其石油和天然气的产量较大，不过依然依赖进口，2021年有33%的消费来自进口。印度的煤炭进口主要来自澳大利亚和马来西亚，在进口总量中占了61%。此外，印度也从北美、欧洲、俄罗斯、非洲等地进口一定量煤炭。

从资源禀赋上看，印度的石油和天然气储量极低，在未来没有大规模实现上产的基础，想要大幅提高化石能源消费，必须依靠扩大海外进口。与美国、德国、日本等国家不同的是，印度的能源总消费量还在持续提高，2011年到2021年的年均消费增速达到4%，而前几个国家的能源消费已达峰值进入平稳期。所以，印度对于发展海外能源进口的需求更为迫切，不仅要面对发展多元化的问题，还要面对进口总量增加的挑战。

在这种情况下，即便面对全球能源低碳转型的趋势，印度也采取了加大包括煤炭在内的所有化石能源消费和进口的策略。目前，印度已计划在2030年之前将煤炭发电规模增加约25%。在2022年5月，印度还对与煤炭有关的关税政策进行了调整，将焦煤、焦炭的进口税率由2.5%、5%降至零关税以促进进口。实际上印度的煤炭进口也出现了大幅增加趋势，在2022年6月，其动力煤和焦煤进口量达到了2500万吨，同比增长近30%，创下了历史最高纪录。

从海外获取能源在印度的能源战略中占有极高的地位。进入2022年，面对迫切的能源需求，在欧洲不断脱离与俄罗斯能源合作的情况下，印度反而选择了加强和俄罗斯合作。2022年5月下旬到6月中旬，印度购买的俄罗斯煤炭总量同比增长了近6倍，贸易额达到了3.31亿美元，而俄罗斯也一度成为印度第三大煤炭进口来源国。在石油方面，印度从俄罗斯购买的石油总量则增加了31倍以上，贸易规模达22.2亿美元。俄罗斯也超越沙特阿拉伯成为印度的第二大石油进口国。与此同时，印度也于2022年开启了和俄罗斯天然气工业股份公司新的LNG供应谈判。

总体来看，印度在全球能源获取方面采取了“来者不拒”的策略。这也是能源消费快速上升期国家的典型策略。印度利用国际形势变化，抓住机会扩大国际能源合作的策略，在拓展能源进口渠道方面，对我国能源解决方案也有一定的启示。

第三节 战略储备：应急保障能力显著增强

一、用危机意识防患于未然

（一）从战略高度认识能源储备的重要性

能源储备是政府和企业拿出一部分专项资金，用于购买国内外石油、油品和煤炭，储存备用，以充分保障社会正常运转。能源储备是国家能源库存普遍紧张时的能源解决方案，是保障国家能源安全的定盘星。

君子防患于未然。人类文明的持续发展离不开能源，在日趋复杂的当下，各国纷纷将能源储备上升至国家能源战略。在我国能源安全战略中，能源储备是一项极其重要的国家行为。保障能源安全，要明确责任、狠抓落实、抓出成效，密切跟踪当前国际能源市场出现的新情况新变化，趋利避害，加快完善石油战略储备制度，推进能源价格、石油天然气体制等改革，大力发展非常规能源。

能源战略储备还是国家现代治理体系的重要一环，具有必要性和重要性。促进油气和非化石能源的增产，提高能源的投资力度，才能提高能源自给能力，为能源储备奠定坚实的基础。稳健推进传统能源转型，着力统筹好能源转型关系，坚持以减碳不减生产力、不降电力供应保障能力为导向，稳步有序推进“双碳”目标实现，加快推进新能源发展，进一步提高多元能源的比例，才是能源战略储备的未来。

（二）为应对能源供应短缺设置头道防线

我国具有地大物博、人均资源寡的资源禀赋特点，主要化石能源储采比相对较低，自给能力较差，能源战略储备成了经济持续发展的“压舱石”。

我国作为全球最大能源生产国和消费国，能源在我国经济安全中的重要性不可替代。同时，我国也是全球最大的能源进口国，能源战略储备制度是应对能源供应短缺设置的头道防线，其真正的作用不在于弥补损失的进口量，而在于抑制价格的上涨，应对能源危机及战时所需。

加强煤炭战略储备是一项基本国策。煤炭是我国最重要的能源，也是最重要的战略物资。华经产业研究院发布的《中国煤炭行业市场深度研究及投资前景展望报告》显示，2021年国内煤炭占一次能源消费量的56%，其次为清洁能源，占比为26%。从全球煤炭储量情况来看，我国现有煤炭储量1431.97亿吨，居世界第4位，仅占全球的13.3%；储采比为72年，低于世界平均水平的153年；人均可采储量仅为世界平均水平的一半；已发现的煤炭资源勘探程度低，精查储量仅占30%，而且大部分已经开发利用，煤炭后备储量相当紧张。由于我国用于规模建设的资源供给能力不足，2009年已成为煤炭净进口国。经过多年建设，我国目前已形成1亿吨政府可调度储备能力。在布局上，我国储煤基地主要分布在煤炭生产集散地、消费集中地、主要铁路运输节点和接卸港口。国家正在推进煤炭储备能力建设，总的目标是在全国形成相当于年煤炭消费量15%、约6亿吨的煤炭储备能力；其中政府可调度煤炭储备不少于2亿吨，接受国家和地方政府直接调度，另外4亿吨是企业库存，通过最低最高库存制度进行调节。

加强石油战略储备制度建设，在关键时刻发挥保底线的调节作用。

石油战略储备制度起源于1973年中东战争期间。当时，由于OPEC石油生产国对西方发达国家搞石油禁运，为保障国家石油供应安全，发达国家联手成立了IEA。为应对石油危机，成员国纷纷加强石油储备。石油战略储备具有以下作用：一是调整经济增长方式，特别是给调整能源消费方式争取时间；二是起到一种威慑作用，使人为的供应冲击不至于发生或频繁发生。在OPEC交替实行“减产保价”和“增产抑价”的政策时，战略储备能够使进口国的经济和政治稳定，最大限度减少人为石油供应冲击的影响。我国石油资源储采比为17.5年，低于50.6年的世界平均水平；天然气储采比为38.8年，低于52.5年的世界平均水平①。人均资源尤其能源资源不足的现实，促使我国加快战略石油战略储备制度的完善，建立牢固的应对石油供应短缺的头道防线。

（三）加快能源战略储备是国家战略

能源安全事关国家安全，能源储备是现代能源体系的重要组成部分。加强能源储备体系建设，确保能源稳定供应，应对国际国内能源市场各类突发事件冲击，是未来一段时期我国能源发展的重要任务。

新的形势下，能源安全储备将在发挥防范、抵御重大风险的传统作用的同时，发挥新的更大作用。首先，建立国家层面的能源储备有利于世界能源资源市场的稳定。我国建立国家能源战略储备，意味着一个海量的吞吐中心的形成，有利于提振当前的能源资源市场，有利于增强我国在世界能源资源市场的话语权，这对加强中国与传统友好地区和国家如中东、俄罗斯等的关系也大有帮助，对削弱美国对国际能源市场的垄断和掌控能力也具有积极作用。其次，建立国家能源储备体系，对于应对突发事件和极端天气所造成的供应中断，具有“定盘星”的作用。

---

① 参见李齐：《中国能源安全现状与矛盾转变》，《国际石油经济》2018年第4期，第18—26页。

放眼世界，西方发达国家早就建立了跨国能源储备体系。以战略石油储备为主的国际能源储备体系诞生于20世纪70年代的石油危机后，IEA要求成员国至少储备相当于上年90天净进口量的石油，以防止供应中断。美国战略石油储备的紧急动员在海湾战争、利比亚危机、卡特里娜飓风等突发事件中发挥了稳定供应的重要作用。作为拥有14亿多人口的大国，我国必须具备同大国地位相符的国家储备实力和应急能力，而能源储备是国家储备体系的重要组成部分，需要不断加强和完善。最后，国家能源储备体系可以发挥调节市场的作用。除了应对突发事件，通过储备的收储和释放，还可以调节市场供需，平抑价格大幅度波动。美国能源部与私营公司就曾进行过多次战略储备石油的协议轮换，以解决炼油企业石油供应紧张问题。2021年，我国首次投放了国家储备原油，一定程度上缓解了企业和市场的压力。此外，国家能源储备体系能够保障未来新型能源系统安全稳定。为实现“双碳”目标，能源系统持续转型发展，风电、光伏等新能源将保持快速增长，未来新能源将逐步成为能源消费和电源结构的主体。但由于风电、光伏等电源的间歇性和波动性，为避免天气原因造成的新能源长时间出力下降，仍需要煤电（配备CCUS）、核电、氢能等可靠电源的支撑。因此，煤炭等化石能源的储备仍需要进一步加强，以应对长时间段的应急需求。

对此，近年来我国加快把能源战略储备提上国家议事日程，从立法层面上作出保障，并将其升级为国家战略。正在起草中的《中华人民共和国能源法》作为我国能源领域的基础性法律，自2007年开始酝酿制定，历经十几年，几度征求意见，2015年被列入国务院立法工作计划，但由于种种原因至今未能出台。2020年4月，该法的征求意见版再次公布，引起能源界的强烈反响和热切期待。国务院2022年度立法工作计划发布，能源法在列。在已公布的能源法征求意见稿第七十四条和第七十五条中，就有安全储备与储备动用两条。

能源法征求意见稿中的安全储备条例要求，国家按照政府储备与企业储备相结合、储备与产供储销体系相衔接的原则，建立石油、天然气、煤炭等能源安全储备体系，科学设置储备规模，持续优化品类结构，不断提升储备效能。政府储备包括国家直接投资运营和国家出资委托企业开展的战略储备，企业储备包括企业社会责任储备和以生产经营库存、产能储备等方式形成的其他储备。县级以上人民政府及其有关部门负责能源安全储备能力建设和收储、轮换、动用管理；储备动用条例规定，发生下列情况之一的，国务院指定的部门应当会同国务院财政部门提出动用能源储备的方案，报国务院批准后实施：因突发事件导致全国或者局部地区出现能源供应中断或者大幅度减少，已经或者可能造成国内市场供需严重失衡、国民经济遭受重大影响或者损害；国家对国民经济总量进行调节与控制的需要；法律、行政法规规定或者国务院决定动用的其他情形。

近年来，在历次两会上，代表们也呼吁尽快组织编制国家战略能源储备法及实施细则。2015年7月1日第十二届全国人民代表大会常务委员会第十五次会议通过《中华人民共和国国家安全法》第二十一条，也对能源战略储备作了规定："国家合理利用和保护资源能源，有效管控战略资源能源的开发，加强战略资源能源储备，完善资源能源运输战略通道建设和安全保护措施，加强国际资源能源合作，全面提升应急保障能力，保障经济社会发展所需的资源能源持续、可靠和有效供给。"

"君子以思患而豫防之。"面对现实，牢固树立能源危机感，才能防患于未然。随着国家经济实力的快速增长，能源战略储备制度作为应对能源供应短缺设置的头道防线正在加快构筑，能源战略储备也越来越雄厚。同时，能源战略储备越来越被国家层面重视，并以法律形式固定下来，为我国能源供应的稳定与安全奠定了牢固的基础。

党的十八大以来，我国加强国家储备顶层设计，对中央政府储备实行集中统一管理，国家石油储备中心并入新成立的国家粮食和物资储备局，初步形成了国家能源储备体系的框架。

二、重要能源资源国内自给的战略底线

（一）建立可开采能源资源战略储备

近年来，国家高度重视可开采能源资源战略储备。国家发改委印发的《推进资源型地区高质量发展“十四五”实施方案》要求，加强对战略性矿产资源调查评价、勘查和开发利用的统一规划，建立安全可靠的资源能源储备、供给和保障体系，提升资源能源供给体系对国内需求的适配性。

为了将可开采能源资源战略储备落到实处，国家发改委依据我国资源禀赋、开发利用等情况，布局了一批能源资源基地和国家规划矿区，打造战略性矿产资源稳定供应的核心区。实施矿产地储备工程，构建产品、产能和产地相结合的战略性矿产资源储备体系。加大石油、天然气、铜、铬、钨、稀土、晶质石墨等战略性矿产资源勘查，做好重要矿产资源战略接续。

（二）推进五大煤制油气战略基地建设

党的十八大以来的10年，是煤化工产业快速发展的10年。截至“十三五”末，我国已建成8套煤制油、4套煤制天然气、32套煤（甲醇）制烯烃、24套煤制乙二醇示范及产业化推广项目，产业发展初具规模①。近10年是现代煤化工产业规模的迅速增长期。《2022年度重

① 参见李晓岩：《现代煤化工：产业发展初具规模》，《中国化工报》2022年9月30日。

点石化产品产能预警报告》显示，2021年，我国煤制油产能达到823万吨，与2012年的170万吨相比增加了653万吨，增幅为384%；煤（甲醇）制烯烃产能达到1672万吨，与2012年的176万吨相比增加了1496万吨，增幅为850%；煤（合成气）制乙二醇产能达到597万吨，与2012年的85万吨相比增加了512万吨，增幅为600%。在当前高油价下，现代煤化工迎来了发展机遇，煤制油、煤（甲醇）制烯烃、煤制气等的开工率均已提至健康水平，现代煤化工产业发展稳中向好。

2022年3月13日出台的《中华人民共和国国民经济和社会发展第十四个五年规划和2035年远景目标纲要》，对能源资源安全作了宏观部署，要求增强能源持续稳定供应和风险管控能力，夯实国内产量基础，保持原油和天然气稳产增产。其中，做好煤制油气战略基地规划布局和管控引人注目。纲要首次提出“油气核心需求依靠自保”这一思维底线，对明确煤制油气产业定位具有重要意义。“油气核心需求”这一概念的提出直接带来的是对煤制油气产业重要性认识的深化，调整了煤制油气产业发展思路，意味着煤制油气产能将在很大程度上补充我国石油天然气核心需求缺口，这对我国经济安全保障具有重要意义。

煤制油气基地的选址以煤炭资源为基本前提，主要集中在鄂尔多斯盆地和新疆两大区域，这也是未来我国煤炭产能进一步集中的区域。纲要提出，做好煤制油气战略基地规划布局和管控，在统筹考虑环境承载能力等前提下，稳妥推进已列入规划项目有序实施，建立产能和技术储备，研究推进内蒙古鄂尔多斯、陕西榆林、山西晋北、新疆准东、新疆哈密五大煤制油气战略基地建设，明确提升了煤制油气产业地位。国家层面提出建设五大煤制油气战略基地，意味着煤制油气产业不是一般的能源子领域发展问题，而是国家能源资源安全战略的重要组成部分，是国家经济安全保障的重要支撑。

（三）政府储备、企业社会责任储备与生产经营库存三位一体

正确认识能源战略储备的必要性和重要性，需要尽快形成政府储备、企业社会责任储备和生产经营库存三位一体的储备模式，提高能源战略储备能力。健全中央储备和地方储备、实物储备和产能储备、政府储备和企业储备相结合的储备机制，增强国家能源供应安全发展韧性。

对于不同的能源资源，坚持分级分类施策，加强中央与地方、政府与企业储备的协同保障。中央政府储备聚焦事关全局和国计民生的重要战略物资，主要防范化解全局性、系统性和跨区域供应风险；地方政府储备作为防范化解本地区局部突发事件的“关键防线”，重在保障地区民生安全；健全落实制度政策，支持相关生产、流通企业和产品用户建立企业社会责任储备；鼓励龙头企业发挥示范带头作用，引导企业在履行社会责任基础上，合理增加商业储备规模。

2003年，我国正式启动国家石油战略储备基地建设。2006年首个国家石油储备基地——镇海基地建成，到2017年我国建成了9个国家石油储备基地，在保障国家能源安全中发挥了重要作用。2017年，国家提出了天然气“3、5、10”的储备目标，天然气储备建设加快。与此同时，储备管理体制也不断完善，2007年，国家石油储备中心成立，以健全石油储备管理体系。党的十八大以来，我国加强国家储备顶层设计，对中央政府储备实行集中统一管理，国家石油储备中心并入新成立的国家粮食和物资储备局。

“十四五”规划纲要提出扩大油气储备规模，健全政府储备和企业社会责任储备有机结合、互为补充的油气储备体系，加强煤炭储备能力建设。对于石油来说，要形成政府储备、企业社会责任储备和生产经营库存相结合、互为补充的石油储备体系，坚持政府主导、社会共建、多元互补。对于煤炭来说，规划纲要强调以企业社会责任储备为主体、地

方政府储备为补充。2011年，为解决煤炭应急保障能力不足的问题，国家启动煤炭应急储备建设。与此同时，国家还大力推动抽水蓄能电站开发建设，鼓励发展新型储能设施。对于天然气来说，需要供气企业、城市燃气公司和地方政府分别完成相应储备目标。但目前还存在着三者储气量重复计算的问题，需要能源主管部门指导供气企业、国家管网、城镇燃气企业和地方政府四方协同，推动各方落实储气责任。

三、发达国家能源资源储备丰厚

（一）国际能源署：协调联动机制构筑西方能源堡垒

发达国家由于经济高度繁荣，对能源需求量巨大，因此在能源资源储备上走在世界前列。为了与第三世界产油国相对抗，1974年11月，由发达和较发达国家组成的石油消费国组织——国际能源署应运而生。该组织现有成员国31个，即澳大利亚、奥地利、比利时、加拿大、捷克共和国、丹麦、爱沙尼亚、芬兰、法国、德国、希腊、匈牙利、爱尔兰、意大利、日本、韩国、立陶宛、卢森堡、墨西哥、新西兰、挪威、波兰、葡萄牙、斯洛伐克、西班牙、瑞典、瑞士、荷兰、土耳其、英国、美国。组织总部设在法国巴黎。IEA成立以来，在石油市场、节能、新能源的开发利用等方面一直采取协调联动机制，为共同的能源利益共谋对策。其宗旨是，协调成员的能源政策，发展石油供应方面的自给能力，共同采取节约石油需求的措施，加强长期合作以减少对石油进口的依赖。同时，提供石油市场情报，拟订石油消费计划，石油发生短缺时按计划分享石油，以及促进它与石油生产国和其他石油消费国的关系等。

当一个或几个成员国的石油供应短缺，并且供给不足超过普通消费的7%时，即可启动IEA石油储备再分配体系。根据义务，现有的石油储备按照一定的方案在承受损失的国家间重新分配。除了从储备体系中供应石油，还规定要降低石油消费水平，并定量分配石油消费。如果出现更大规模供应中断的威胁，石油再分配应由IEA执行总裁加以管制，执行总裁在IEA秘书处和工业供应协商部门的配合下开展活动。IEA每一个成员国都有专门的国家主管部门，负责对石油储备再分配进行内部调节。

IEA的一个重大贡献是，按照1974年签署的国际能源协议的要求，IEA成员国必须承担相当于90天石油净进口量的石油储备义务，储备品种包括原油和成品油。石油净出口国则不承担此项义务。

他山之石，可以攻玉。西方发达国家在能源战略储备上早有建树，并形成了能源战略储备体系，值得我国学习与借鉴。IEA的成立，从某种程度上讲，稳定了全球最大经济体的能源供应，形成了国际能源储备联合体。IEA的模式对我国能源安全供应有着重要意义。随着美国为首的西方世界对我国全方位的制裁，倒逼我国能源独立体系建立，使得我国主导的“一带一路”沿线国家和上合组织国家能源战略储备合作成为一种可能。

（二）美国：持续完善战略储备机制

早在1912年到20世纪20年代中期，美国国会就陆续通过法律，将国内4块可能有丰富油气储藏和3块有大量油页岩矿藏的地区划为“海军用油保护区”，规定只许海军在战时急需时经国会批准后开采。1944年，美国内政部长哈罗德提出了建立紧急原油储备的建议；1952年，杜鲁门政府提出，美国应该建立战略石油供给制；1956年，艾森豪威尔总统在苏伊士运河危机爆发后也曾建议建立战略石油储备。

第一次石油危机重创了美国经济，造成经济衰退与社会震荡之后，美国《能源政策和保护法》明确规定建立石油储备是美国的国策，战略石油储备的储备品种包括原油、成品油和燃料重油，以储备原油为主。根据该法律，在其生效3年时期内，建立石油产品储存1.36亿吨；7年之内储备原油的目标要达到相当于90天的进口量。1977年，第一批储备库点开始建设，并在当年建成投入使用。美国战略石油储备库由4个大型地下盐穴库组成，储备原油常年保持在10亿桶以上（约1.5亿吨以上），相当于90天的石油进口量，是世界上最大规模的应急原油储备。美国的战略石油储备只有总统才有权决定动用，在宣布动用后的15日内，战略储备石油必须进入市场。

石油储备政策是美国调整其能源政策、实现能源结构多样化的组成部分，被称作能源保险。战略石油储备的建立，为美国石油供应免遭突然中断的影响提供了安全保证和短期应急手段。1990年至1991年发生的海湾危机，战略石油储备在缓解供求、平抑油价方面发挥了积极作用。在国内，政府通过建立战略石油储备，维护石油市场公平竞争，也得到了石油工业界的认同和支持。

（三）日本：注重囤积战略资源

日本能源资源匮乏，日本使用的化石燃料几乎全部依赖进口，日本财政部公布数据显示，2019年其石油、LNG和煤炭对外依存度分别为99.7%、97.5%和99.3%。原油基本依赖中东地区供给，国际地缘政治的任何风吹草动，都会直接影响日本整个能源产业链的正常运转。

日本切实把石油储备作为国家生存与发展的生命线对待。藏宝于民间，是日本政府的一贯策略。1972年起，日本就开始推进大规模民间石油储备，之后才启动国家石油储备建设。早在1975年，日本就颁布了《石油储备法》，紧接着又颁布了《石油公团法》，确保石油储备的顺利实施和规范管理。

日本的石油储备分为国家石油储备、民间石油储备以及与产油国共同合作的联合储备3种形式，储备品种包括原油和成品油。目前，日本的石油储备规模约为6.36亿桶，相当于120天的石油消费量。从国家层面看，日本8家国家石油储备公司下设10个国家石油储备基地，石油储备全部为原油。国家石油储备公司负责石油储备基地建设，实施石油储备运作，管理国家石油储备基地。国家石油储备基地负责管理储备石油，储备设施的维护和保养，安全教育，以及防灾训练。从民间层面看，日本《石油储备法》规定民间义务为石油储备的55%为成品油、45%为原油。

日本石油储备在西方发达国家中较为成熟。在动用石油储备方面分为两个层次：在国内石油供应短缺或中断的情况下，首先动用民间石油储备，缓解石油供求矛盾；如供需形势依然严峻，再动用国家石油储备。石油储备的动用权依据法律归属经济产业省大臣。国家石油储备由政府直接进行控制，民间石油储备是由政府通过降低其储备标准来调整民间石油储备量，但不干预民间石油储备的实际投放行为。

运用能源储备与应急制度来保障本国的能源安全，是日本经济正常运转的基础。经过几十年的发展，日本已建立起比较完善的能源储备与应急法律制度，具有法律规范和规则全面、管理体制完善、储备模式符合国情、资金筹措渠道多样化、应急机制综合化和国际合作多元化等特点，非常值得我国在建立和完善能源储备与应急法律制度时参考和借鉴。

第四章

创新型能源科技体系

能源是攸关国家安全和发展的重点领域，科技创新是引领发展的第一动力。在“碳达峰碳中和”目标、生态文明建设等总体要求下，我国能源发展面临保安全、转方式、调结构、补短板等严峻挑战，加快能源领域的科技创新，推动实现高水平科技自立自强，更好地支撑引领能源行业的高质量发展，是践行“四个革命、一个合作”能源安全新战略的核心基础支撑，是保障国家能源安全、建设创新型国家和科技强国的必然要求。进入“十四五”时期，在能源革命和数字革命双重驱动下，能源科技创新进入持续高度活跃期，非常规油气、可再生能源、储能、氢能、智慧能源等一大批新兴能源技术正以前所未有的速度加快迭代，成为全球能源向绿色低碳转型的核心驱动力；基于人工智能（AI）、物联网、5G、区块链、云计算和大数据平台等先进信息技术的数治化与数智化将加速对传统产业的融合与渗透，加快形成以技术创新、应用创新、模式创新为核心的能源科技创新生态，催生共建共享的业务形态，爆发出磅礴的生产力；化石能源清洁转化利用是实现非绿色能源向绿色转型的重要途径，能源供应中的清洁发电技术、智能化电网技术以及减少碳排放的CCUS，能源消费中的各种节能减排技术、储能技术等，成为高标准支撑绿色转型的引导力。科技创新赋能新时代能源高质量发展，推动能源产业从资源和资本主导向技术主导转变，给世界地缘政治格局和经济社会发展带来重大而深远的影响。

第一节　产业升级：论新能源转型

一、页岩气科技革命驱动能源产业结构调整和布局优化

（一）对页岩气的重新认识开拓了能源新领域

随着全球工业化的发展和新兴经济体的崛起，世界油气供需的矛盾日益突出。常规化石能源属于不可再生资源，经过长时期、大规模的开采开发后，许多常规油气田都已经处于开发中后期，油气产量在持续性递减；而现在相对容易发现的大型油气田也已经开采得八九不离十，这时，要想再用原有的勘探思路、已有的勘探技术，去找到大储量的常规油气田就非常不易了。但是社会和人类对油气能源的需求依然存在，且还处在不断上升之中，在这种需求背景下，人们对非常规油气的关注和热情就油然而生了。随着页岩气开采经验的不断积累、技术的不断进步和成效的不断显现，全球投资开发页岩气的热度正变得越来越高。

根据页岩气的资源潜力来判断，它开拓了世界能源的一个新领域，现已成为撼动国际能源格局的一个重要变量。据统计，页岩气在全球分布广泛，资源量非常丰富，估计资源量为456万亿～881万亿立方米[①]，主要分布在北美、中亚、中国、中东、拉丁美洲、北非和俄罗斯等地。页岩气的勘探开发现主要集中在北美油气田区。在我国，页岩气的勘探开发也已经成为一个新的增长点。

对页岩气的重新认识开拓了煤层气的发展空间，引发了能源领域的布局优化，使致密油气或将成为常规油气的重要接替。改革开放40多

① 参见邹才能、陶士振、侯连华等：《非常规油气地质学》，地质出版社2014年版，第292页。

年来，中国在煤层气勘探开发领域取得了举世瞩目的成就，以一系列技术突破为先导，煤层气产业从无到有、从小到大迅速发展，大幅改善了煤矿安全生产环境，大大提高了采煤效率，率先发展成为大规模商业化开采和使用的非常规天然气之一，由原先的“夺命瓦斯”一举成为驱动“中国号”快速前进的澎湃动力。致密油气的拓展主要是源于页岩气规模性商业开发的成功启示以及我国油气对外依存度的持续攀升，油气勘探由常规转入非常规，一场新的能源革命掀起，致密油气成为这场能源革命的先锋者，也将成为未来接替常规油气能源、支撑油气革命的重要力量。如果把常规油气开采比喻成“从海绵里挤水”，那致密油气开采就是“在磨刀石上跳舞”。随着常规石油资源剩余可采储量逐年减少，以致密油气、页岩油气为主的非常规油气资源将逐渐成为全球新增化石能源供给的“主力军”。凭借一系列技术创新实践，我国的致密油气勘探开发技术已达世界领先水平，开创了我国非常规油气田低成本开发之路，将成为常规油气的重要接替。

（二）页岩气科技革命驱动了能源产业结构调整

页岩气科技革命开启了新的能源黄金时代。美国能够低成本、大规模地开发页岩气，其关键源于掌握了水平钻井和水力压裂这两项关键技术，使页岩气开发在商业上实现了低成本、在产量上获得了大规模的高产。从水平井中开采页岩气，其最终采收率是直井的3倍，而费用却只相当于直井的2倍。此外，与20世纪90年代使用的凝胶压裂技术相比，清水压裂技术可节约50%～60%的成本[①]。页岩气革命极大地影响了全球石油、天然气的价格，同时也使美国这一曾经最大的油气进口国实现能源自给，开启了新的能源黄金时代。

---

① 参见龚婷:《“能源独立”: 美国“页岩气革命”的现状与前景》，https: //www.ciis.org.cn/yjcg/xslw/202007/t20200710_1254.html。

页岩气科技革命驱动能源产业结构调整。页岩气开发引领的能源革命使美国的能源独立性逐步上升，能源产业结构的调整推动了美国能源密集型制造业的发展，给欧洲和亚洲的竞争对手带来了冲击：一是美国能源行业重新焕发生机，由于天然气价格便宜，已有数十亿美元的投资计划涌入美国制造业；二是企业和消费者获得了更廉价能源；三是在就业方面，美国由此新增了逾300万个工作岗位，并且这些岗位的薪水普遍高于美国平均水平。截至2020年底，美国政府来自非传统油气行业的税收和专利使用费收入已超过1110亿美元。这场能源革命也将对全球竞争产生越来越重要的影响。

（三）美国页岩气革命的成功优化了能源格局

1973年第一次中东石油危机之后，美国开始提出实现“能源安全”的目标，随后很快上升为美国能源政策的核心目标。这里所谓的“能源安全”，用美国前总统奥巴马政府国家安全事务助理琼斯的话来说，就是“足够的、可获取的、支付得起的”能源供给。

在美国页岩气资源的大规模开发获得成功以后，全球能源供需格局也在悄然发生变化。从供需格局来看，全球能源供不应求的状况有所趋缓并逐渐走向平衡；从能源结构来看，天然气生产和消费的比重逐渐增大，逐渐改变了石油独大的局面；从生产和消费中心来看，美国油气资源产量正在逐步升高。

（四）页岩气在中国能源安全保障中前景广阔

我国页岩气资源开发潜力大，分布面积广，储量与美国接近，但普遍埋藏较深，开采难度较大。根据2012年国土资源部发布的《全国页岩气资源潜力调查评价及有利区优选》报告，我国页岩气地质资源潜力为134.42万亿立方米（不含青藏区），可采资源潜力为25.08万亿立方米（不含青藏区）[1]。

页岩气保障国家能源安全的前景广阔。2022年9月，自然资源部发布的《中国矿产资源报告2022》显示，我国页岩气等勘查再获新进展，其中四川盆地集中评价泸州区块页岩气，新增探明地质储量5138亿立方米、预测地质储量7695亿立方米，形成国内首个万亿立方米深层页岩气储量区。资源前景被看好的四川地区也是国内大型油气公司页岩气勘探开发的主战场。据中国石油发展规划，川南页岩气3500米以深资源量占86%，具有巨大勘探开发潜力，资源丰富的深层页岩气区块将成为“十四五”页岩气上产主力区。专门设立的《深层页岩气有效开采关键技术攻关与试验》重大现场试验项目，旨在支撑深层页岩气有效开采。未来全国埋深3500米以浅的中浅层海相页岩气是产业发展的“压舱石”，深层海相页岩气是未来产量增长的主体，开发潜力既是评价和判断未来中国页岩气资源开发潜力和发展前景的前提，也是决定能否在川渝地区建成“天然气大庆”的关键。

二、新能源产业升级延长能源产业链条

（一）洁净、可再生的风能前景看好

近年来，在国家政策的大力扶持下，我国风电设备制造业进入了黄金期，制造技术和生产能力快速发展，获得了技术和生产经验的积累，尤其是在国内能源供需矛盾越来越严重和电力需求上升的情况下，风电产业得到迅速发展，呈增长趋势，取得了里程碑式的发展。根据国家能源局数据，2021年，中国风电发电量6526亿千瓦时，同比增长40.5%；风电累计装机3.3亿千瓦，其中陆上风电累计装机3.0亿千瓦，

① 参见《国土资源部发布全国页岩气资源潜力调查评价成果》，http://www.gov.cn/gzdt/2012-03/02/content_2080847.htm。

占91.3%，海上风电累计装机2873.7万千瓦，占8.7%；风电新增并网装机4757万千瓦[①]。

我国风电技术快速发展，创新能力和速度稳步提升，在政策支持和推动下，风电行业实现高质量发展，核心技术已基本实现独立自主。已具备大兆瓦级风电整机、关键核心大部件自主研发制造能力，国内风电装机90%以上采用国产风机，10兆瓦海上风机开始试验运行。风电装备制造产业链也已发展成熟，产业链集成效应带来风电成本持续下降，近10年来陆上风电项目单位千瓦平均造价下降30%左右。制造企业的实力和竞争力跨越式发展，达到了具有较高国际竞争力的水平，全世界半数风力发电机组部件由中国生产，包括发电机、轮毂、机架、叶片、齿轮箱、轴承等零部件，十大制造商中有6家来自中国。

国内已经具有若干个千万千瓦级大型风电基地，已经积累大规模风电在并网、传输、运行等方面的很多宝贵经验。为应对气候变化挑战，全球迎来一场波澜壮阔的绿色低碳转型浪潮，根据《中共中央、国务院关于完整准确全面贯彻新发展理念做好碳达峰碳中和工作的意见》，预计2030年非化石能源消费比重达到25%左右，风电、太阳能发电总装机容量达到12亿千瓦以上。风电作为可再生清洁能源，将是保障国家能源安全的明星选手，前景看好。

（二）太阳能完整产业链满足市场大需求

面对日益严重的能源危机和大气污染，太阳能光伏正在成为未来新能源的主流形式，是人类实现生态文明的必由之路。太阳能作为风能、水能和生物质能等可再生能源的源头，丰富、清洁、可再生、潜力巨大，它在地球上的量也足以保障全世界人类未来发展的需要。

---

① 参见国家能源局：《2021年可再生能源并网运行情况》，http://www.gov.cn/xinwen/2022-01/29/content_5671076.htm。

我国可再生能源资源禀赋条件优越，完全可以通过大力发展可再生能源解决能源和生态环境问题，特别是通过太阳燃料的策略，发展甲醇经济、氢能经济，实现二氧化碳减排和二氧化碳的碳资源化，技术和经济上均是可行的。研究报告表明，如果可再生能源发电的价格为每千瓦时0.2元，太阳燃料甲醇和煤化工甲醇的价格可持平，若采用弃电（弃光、弃风）制甲醇，则太阳燃料甲醇的成本优势更大。因此，太阳能是国家能源安全的又一重要选择。

中国目前主导了全球太阳能光伏产业链。在太阳能电池板的所有制造阶段（如多晶硅、锭、晶圆、电池和模块）占比均超过80%，这是中国在全球光伏需求中所占份额的两倍多。2021年，中国光伏制造端规模仍保持迅速扩大态势，其中多晶硅产量达50.5万吨，同比增长27.5%；硅片产量约为227吉瓦，同比增长40.6%；电池片产量为198吉瓦，同比增长46.9%，增幅最大；组件产量为182吉瓦，同比增长46.1%[①]。此外，中国还是世界十大太阳能光伏制造设备供应商的所在地。太阳能光伏产品是中国的一个重要出口产品。2021年，中国太阳能光伏产品的出口价值超过300亿美元，几乎占中国过去五年贸易顺差的7%。此外，中国在马来西亚和越南的投资也使这些国家成为光伏产品的主要出口国，自2017年以来分别占其贸易盈余的10%和5%左右。

光伏新能源在中国能源转型发展上发挥重要作用。2021年，国务院印发了《2030年前碳达峰行动方案》，明确要大力发展新能源。全面推进风电、太阳能发电大规模开发和高质量发展，坚持集中式与分布式并举，加快建设风电和光伏发电基地。加快智能光伏产业创新升级和特色应用，创新“光伏+”模式，推进光伏发电多元布局。坚持陆海并

① 参见全国能源信息平台:《中国光伏行业2021年回顾与2022年展望》，https://www.163.com/dy/article/H4UEJOCH05509P99.html。

重，推动风电协调快速发展，完善海上风电产业链，鼓励建设海上风电基地。积极发展太阳能光热发电，推动建立光热发电与光伏发电、风电互补调节的风光热综合可再生能源发电基地。因地制宜发展生物质发电、生物质能清洁供暖和生物天然气。到2030年，风电、太阳能发电总装机容量达到12亿千瓦以上。

（三）氢能在交通、储能、工业领域应用前景广阔

氢能产业是低碳发展和能源转型的重大战略选项，2019年首次被写入政府工作报告，2021年被纳入国家“十四五”规划。2021年9月，《中共中央、国务院关于完整准确全面贯彻新发展理念做好碳达峰碳中和工作的意见》指出，要统筹推进氢能“制储输用”全链条发展，加强氢能生产、储存、应用关键技术研发、示范和规模化应用。2022年3月发布的《氢能产业发展中长期规划（2021—2035年）》，则明确了氢能在我国能源绿色低碳转型中的战略定位、总体要求和发展目标，为我国氢能产业中长期发展描绘了宏伟蓝图。

氢能的开发与利用正在引发一场深刻的能源革命，氢能产业基本涵盖了氢气制—储—输—用全链条。从氢能源产业链上来看，可分为上游制氢环节、中游储运氢环节、下游氢能基础设施建设和综合利用环节。制氢技术主要包括煤制氢、工业副产氢、天然气制氢、电解水制氢；储氢主要包括储氢装置和运输设备。

氢能广泛应用于交通、工业、建筑和电力等诸多领域。在交通领域，公路长途运输、铁路、航空及航运将氢能视为减少碳排放的重要燃料之一。现阶段我国主要以氢燃料电池客车和重型卡车为主，数量已超过6000辆。在相应配套基础设施方面，我国已累计建成加氢站超过250座，约占全球数量的40%，居世界第一。根据北京冬奥组委公布的数据，第24届冬奥会示范运行超1000辆氢燃料电池汽车，并配备30

余个加氢站，是全球最大规模的一次氢燃料电池汽车示范应用。

氢能作为国家能源体系的新宠儿，是国家能源战略的重要组成部分、保障国家安全的新选项。应合理确定氢能在国内未来能源系统中的地位，明确氢能未来发展的三个重要方向：一是氢能作为一种能源形式，在氢基交通和作为未来合成动力燃料基础的应用；二是氢能作为一种能量储存器，可以根据供给需求灵活地储存可再生能源，并起到平衡供求关系的作用，从而使氢能作为能源转型的一个重要基石；三是氢能作为不同能源行业耦合的一个重要媒介，在无法直接使用可再生能源的领域中，“绿氢”及其衍生产品是很多工业部门脱碳的重要途径。

（四）地热资源初现深厚潜力

“十三五”以来，我国地热行业取得了显著发展，但与风能、太阳能相比，人们对地热能仍然感觉很“小众”，甚至是“陌生”。其实，地热能资源跟风、光资源一样无处不在，地热能资源也是一座巨大的能源宝库，具有深厚的潜力。

国家能源局《“十四五”现代能源体系规划》提出“积极推进地热能供热制冷，在具备高温地热资源条件的地区有序开展地热能发电示范”。按照这一导向，地热能资源带着清洁低碳的优势，将走进千家万户的生活，成为清洁能源领域绽放的鲜花。

地热能资源的利用可以有多种形式，如发电、供热、制冷，甚至制取高于自身温度的低压蒸汽，尾水可以进行稀有矿物元素提取，并且可以通过梯级利用实现多种功能，大幅提高利用率。同时，地热能不受季节、气候、昼夜变化等外界因素干扰，稳定性极强。

我国局部地区局部时段用电紧张通常都与冬夏季供热制冷需求快速增加有关联。应用地热能进行供热制冷，能够有效缓解电力需求。截至2020年底，我国地热直接利用规模达40.6吉瓦，占全球总量的38%，连续多年位居世界首位[①]。我国地热能供热制冷面积累计达13.9亿平方米，近5年年均增长率约为23%。在《北方地区冬季清洁取暖规划（2017—2021）》等重要规划中，地热能供暖已经扮演了重要角色，一些城市新区、县城利用地热能已经实现100%清洁供暖。

进入新时代以来，我国地热能利用的思路已经从主攻地热能发电转向服务清洁供暖，进一步推动了地热能利用快速发展。未来一段时间，更广泛地因地制宜、科学开发、按需供能将成为地热能大规模发展的必然选择。地热能的开发利用，既需要行业发展思路的转变，也需要社会认知观念的转变；既需要不断追求技术的突破，也需要始终坚守资源的保护。未来，地热能必将迎来新一轮勘探开发和利用的机遇，在贯彻落实能源安全新战略、加速构建现代能源体系的能源变革中发挥积极作用。

第二节　效能提升：论数治能源技术

当今世界正经历百年未有之大变局，在科技领域、经济领域、社会生活领域均有所体现，以数字化、网络化、智能化为特征的新一代信息技术日益创新突破，推动着全社会进入数字化时代。《中国数字经济发展报告（2022年）》显示，2021年我国数字经济规模达到45.5万亿元，占GDP比重达到39.8%，我国已形成横向联动、纵向贯通的数字经济战略体系，数字经济正以迅雷不及掩耳之势渗透到包括能源领域在内的经济、社会各个方面。

能源领域是一个比较传统的经济社会支撑行业，它的数字化转型将

① 参见央视新闻客户端：《世界首位！中国地热直接利用装机容量占全球38%》，https://www.chinanews.com.cn/cj/2021/10-28/9596989.shtml。

以能源技术和数字技术的融合应用为核心推动力，以数据作为关键生产要素，以现代能源网络和信息网络为主要载体，不断提高能源行业的全要素生产率，推动构建现代能源体系。能源领域的数字化转型将为传统能源行业的产业升级、业态创新、服务拓展以及生态构建注入新动能。

一、能源领域数字化是未来发展的必然趋势

数字技术是新一轮科技革命的核心技术，数字经济为世界经济发展增添新动能。中国信息通信研究院《全球数字经济白皮书（2022年）》分析，2021年全球47个国家（包括美国、日本在内的20个发达国家和包括中国、印度在内的27个发展中国家）数字经济增加值规模为38.1万亿美元，同比名义增长15.6%，占GDP比重为45.0%。其中，发达国家数字经济规模大、占比高，2021年规模为27.6万亿美元，占GDP比重为55.7%，发展中国家数字经济增长更快，2021年增速达到22.3%。各主要国家数字经济加速发展。从发展方向看，数字技术创新仍是全球战略重点，全球数字化转型正由效率变革向价值变革、由企业内向产业链价值链拓展，全球面向实体经济的工业/产业互联网平台快速发展。从技术变量看，全球5G进程进一步加速，截至2022年6月，86个国家/地区共221家网络运营商实现5G商用，全球5G网络人口覆盖率为26.6%。全球人工智能产业平稳发展，预计2022年全球人工智能市场收入达到4328亿美元，同比增长19.6%。从数据变量看，释放数据要素价值成为各国的共同探索方向，可信数据空间为数据要素市场参与各方提供信任的技术契约，全球数据要素市场建设进入多元主体共建共创、企业竞争加速推进、定价策略多样探索的新阶段。

（一）全球数字化经济转型成效显著

作为信息技术的重要创新者和引领者，美国政府从克林顿时期即开

始实施以“国家信息高速公路”为代表的一系列重大战略，对支持和促进数字技术和数字经济发展发挥重要作用。美国商务部早在1998年就发布了数字经济的专题报告，指出信息技术、互联网和电子商务的发展会产生新的数字经济形态。20多年来，美国数字经济蓬勃发展，年均增速达到6%以上，是整体经济增速的3倍。2021年，美国数字经济规模达15.3万亿美元，约占美国GDP的66.4%，蝉联世界第一。

美国在保护日益增长的数字化制造优势的同时，还在能源数字化（智能电网）、数字化教育、数字化医疗、数字化文化创意（媒体、电影、娱乐）等方面全球领先。以数字化电网为例，美国一直是发展智能电网的积极倡导者，于2011年最早提出了智能电网的概念，即利用数字化技术改善电力系统的可靠性、安全性和效率，达到系统操作、维护和设计的多重优化。2022年5月，美国能源部先后宣布两项资助计划，一是资助7500万美元建设国家电网储能研发平台，二是启动23亿美元计划推进电网现代化，旨在建设国家电网储能研发平台，促进清洁能源并网，建立更具弹性、安全性和灵活性的国家电网，并支持国家电网现代化转型。

德国作为一个老牌工业制造国，中小企业占德国企业总数的99.7%，其净产值占全国的一半，且中小企业占了德国就业人数的60%[①]。德国主要以“工业4.0”为核心开展数字化转型行动，政府统筹布局，标准架构先行，并重点依托工业互联网平台和龙头企业（如西门子、博世）的推动。工业互联网平台是工业全要素、全产业链和价值链连接的枢纽，也是实现制造业数字化、网络化、智能化过程中工业资源配置的核心，德国的工业互联网平台现阶段主要是面向特定场景的个性

① 参见中国科学院科技战略咨询研究院课题组著：《产业数字化转型：战略与实践》，机械工业出版社2020年版。

化服务，其商业价值主要集中在个性化实施，包括基于平台强大处理能力的专业服务和咨询服务，以及围绕资产运维、能耗优化等领域的托管服务和功能订阅。

数字经济与数字化转型，除了在一些国家的重点支持领域获得了显著进展，它还在越来越多的工业领域和民用领域获得了应用体验，展现出十分显著的成效。数字经济作为新生业态正在成为经济社会发展的新动力，并深刻改变着人们的生产和生活方式。仅从能源领域来看，数字化与数字化转型的应用就不胜枚举：利用区块链技术的分布式能源直接交易、能源交易平台建设、电动汽车共享充电、碳交易、智能设备连接、能源生产来源证书等；利用大数据和人工智能等技术的智能电网、智慧油田、智能检测、运营计划优化、能源流预测管理等。

（二）我国能源领域数字化加速发展

2021年,《中华人民共和国国民经济和社会发展第十四个五年规划和2035年远景目标纲要》明确提出：要加快数字化发展，建设数字中国；要培育壮大人工智能、大数据、区块链、云计算、网络安全等新兴数字产业，构建基于5G的应用场景和产业生态，在智能交通、智慧物流、智慧能源、智慧医疗等重点领域开展试点示范；要打造数字经济新优势，加快数字社会建设步伐，提高数字政府建设水平，营造良好数字生态。纲要的提出给我国加速数字化建设增添了新的动力。

在我国能源领域，数字化和数字化转型已经有了较好的起步和良好的进展，数字电网、新型电力系统、智慧油田等都是能源领域数字化转型的实例。

我国油气企业从“由外到内”的数字化——建立各类数据库开始，到现在的“由内到外”的数字化，积极推广数字化、智能化技术，积极推进“智能油田”“智能工程”“智能工厂”建设，加快新型基础设施建设，加大5G等新技术运用力度，推进经营管理数字化，加强标准化管理，推动实现从传统管理模式向现代化数字化智能化管理的跨越。

我国油气企业的数字化建设主要体现在中国石油、中国石化、中国海油三大油气公司。中国石油的数字化转型总体目标是利用自动感知、实时采集油气产业链运行数据，利用全面互联广泛获取内外部数据，运用数字化技术持续优化业务执行和运营效率，“十四五”末基本建成“数字中国石油”，构建物理中国石油与数字孪生体融合交互的闭环系统。中国石化加大人工智能、大数据、5G、北斗导航等技术应用，大力推进各领域业务上云（推行普惠云服务）、用数（推进大数据融合）、赋智（支持企业智能化改造），促进和引领技术创新、产业创新和商业模式创新，提升全产业数字化、网络化、智能化水平，支撑新产业、新业态、新经济做强做优做大。中国海油围绕勘探开发生产等核心业务，加大5G、北斗导航、人工智能等新技术的应用力度，突出抓好渤海湾新一代融合通信基础设施建设，加快推动“新基建”，持续提高海上通信链路的覆盖范围、带宽和保障能力，突出抓好数据标准建设，加强数据集成共享，构建一体化经营管理平台和共享服务平台，加大海外IT共享服务支持力度，为海外业务发展提供有效管控手段。

总体而言，虽然我国油田的数字化建设起步较晚，建设思路也多借鉴和引用国外技术，但发展速度较快，通过“十一五”到“十三五”3个五年规划的数字油田建设，我国油田的数字化程度已达到先进水平。

（三）能源领域数字化引领未来发展

随着全球信息产业基础大幅加强，海量数据源源不断地产生，推动着劳动、技术、资本、市场等要素互联互通，带动了数字化转型呈现出三大转变。一是从被动转变为主动，将数字化从用于提高生产效率的被动工具，转变为创新发展模式、强化发展质量的主动战略。二是从片段型转变为连续型，将数字化从对局部生产经营环节的参数获取和分析，转变为对全局流程及架构的诠释、重构及优化。三是从垂直分离转变为协同集成，将数字化从聚焦于单一的环节、行业和领域，转变为对产业生态体系的全面关注。能源领域的数字化和数字化转型对未来能源的新走向也将起着指导和引领作用。

在能源生产方面，石油和天然气行业（特别是在上游）使用数字技术已有相当时间，但是在这行业进一步提高运营效率的数字化潜力还很大。数字技术的广泛使用，通过先进的地震数据处理，新型传感器的使用和油藏建模的水平增强等，可以使生产成本降低10%到20%。在全球范围内，使用数字化技术，可以使技术可采油气储量提高5%左右，其中页岩气的提高幅度最大。在煤炭行业，数字技术越来越多地被用于地质建模、流程优化、自动化、预测性维护以及改善工人的健康和安全，如使用在控制室操作的无人驾驶卡车和远程设备等。在电力行业，数字化技术的应用可以降低运营和维护成本，例如使用无人机可以以较低成本监测数千公里崎岖地形上的输电线路，可以提高发电厂和电网的效率，减少意外停电和故障时间，延长资产的使用寿命等。电力行业数字化每年节省的金额大约可占全年发电成本的5%。

在提高能源使用效能方面，数字技术已被大范围推广至能源终端使用领域。例如在交通领域，汽车、飞机、轮船、火车及其配套设施都在变得更加智能化，其联通性越来越强，安全性和效率也日益提高。在自动驾驶和通过拼车提高效率的情况下，能源消耗可能比原先水平减半。在建筑物中，数字化也可以通过使用实时数据来提高运营效率，从而将能源使用减少10%左右。智能恒温控制器可以预测住户的行为，并结合实时天气预报可以更好地预测供暖和制冷需求。智能照明技术不仅可以随时随地提供照明，而且还可以帮助定制供暖和制冷服务。

此外，通过数字化转型还能够打破能源部门之间的界限，例如风能、光能之间，数字化可以使电网更好地将能源需求与光照时段和起风时段相匹配，提高电网的灵活性并实现整个系统的整合。据估计，2040年欧盟通过数字化技术可以将太阳能光伏发电和风能发电的弃光弃风率从7%减少到1.6%，从而减少3000万吨的二氧化碳排放。通过数字化转型还能够打破能源生产者与消费者之间的界限，例如利用家用太阳能发电和储能装置的分布式能源，运用区块链等技术后，可以帮助实现社区内的点对点电力交易。

科技决定能源的未来，科技创造未来的能源。随着数字化技术的不断产生和发展，新的能源科技成果将不断涌现，这不仅将改变世界能源格局，还将有力地带动产业转型升级。实践证明，能源技术革命能够加快调整高消耗、高污染、低效益的传统产业结构，形成有利于能源节约利用的绿色、循环、低碳的现代产业体系。云计算、大数据、区块链、5G等技术的融合发展，正在并且还将继续改变整个能源的生产、运行、传输模式，在这过程之中，通过数字化赋能，可以有效地提升管理效率和生产效率，促进绿色低碳转型。

二、能源领域数智化将加速构筑全新能源生态系统

（一）人工智能（AI）促进经济社会绿色可持续发展

如同蒸汽时代的蒸汽机、电气时代的发电机、信息时代的计算机和互联网，人工智能正在成为推动人类进入智能时代的决定性力量。全球产业界充分认识到人工智能技术引领新一轮产业变革的重大意义，纷纷转型发展，抢滩布局人工智能创新生态。

人工智能是研究开发能够模拟、延伸和扩展人类智能的理论、方法、技术及应用系统的一门新的技术科学，其目的是促使智能机器会听

（语音识别、机器翻译等）、会看（图像识别、文字识别等）、会说（语音合成、人机对话等）、会思考（人机对弈、定理证明等）、会学习（机器学习、知识表示等）、会行动（机器人、自动驾驶汽车等）。随着与大数据、云计算、物联网等信息技术的融合发展，人工智能大幅跨越了科学与应用之间的“技术鸿沟”，实现了从“不能用、不好用”到“可以用、很想用”的技术突破，迎来了爆发式的增长。

石油工业领域中人工智能技术的快速发展和广泛应用，得益于来自地质勘探所获得的数据与图件，得益于地面和井下的各类测量传感器所得到的高质量数据，得益于各类机械设备和仪器仪表的自动化、智能化水平。石油行业中已形成的较高水平的自动化和智能化是人工智能发展的基础。人工智能与地质勘探研究的深度融合，将实现由数字地质、数字透明油藏向智慧油田的升级，在智慧油田中，可以更高效地圈定和确定最具潜力的区域、储层和井位，提高探井成功率，促进增储上产。

人工智能除了在传统油气能源领域具有广阔应用前景，在绿色新能源的茁壮发展中，人工智能也已经或正在展现出闪亮的光芒。

以光伏为代表、包括风电在内的新能源，是人类在可预见的未来摆脱化石能源依赖、实现碳中和的最重要依靠。光伏、风电等绿色能源在中国都得到了快速发展，但由于这些能源分布分散，且具有波动性、随机性、反调峰等特征，不仅存在着分散导致的并网困难，而且当光伏、风电规模较大时，并网可能影响电网的安全稳定运行，从而导致难以有效利用而放弃的“弃风”“弃光”现象出现。因此，这些绿色能源并网、输送、消纳和安全运行的能力亟待提高，而人工智能技术在发电功率的精准预测、电力优化调度、电站性能评估、故障监测和风险管理等方面正发挥着重要的作用。一是依靠精准的功率预测，大数据和神经网络的算法应用，将提升气象预报的准确性，从而减少新能源发电功率预测的误差。特别是在远距离、跨区域的绿能消纳上，人工智能技术通过对电力天气预报的预测和分析，可以调节发电功率，动态优化电力系统发电策略，保障电网稳定运行。二是智能调度控制，在电力调度端，深度学习、大数据驱动技术和机理仿真技术融合，将帮助电力调度系统持续优化控制策略，增强风电、光伏、水电和储能的多能源协调能力，实现多能互补，解决用电高峰期和低谷期电力输出不平衡的问题。三是可进行自动化故障响应，基于大数据和深度学习做电网设备的实时监测，有助于快速提取故障特征，大幅提升电力系统的故障识别能力和响应速度。随着技术融合的加深，未来有望实现毫秒级的自动化预警监测和控制。

人工智能技术的应用，将有效提升电网等能源系统消纳多样化电源和协调多能源的能力，成为提升能源利用率和稳定性的技术支撑，进而推动碳中和进程。

（二）物联网提升能源产业智能化水平

物联网是信息产业革命的新方向，其核心价值在于万物互联。物联网主要包含感知层、网络层和应用层三个层次，其中，感知层是整个物联网的硬件支撑，可以做到无处不在；网络层承担数据传输的重要工作，其内涵是无所不容；应用层是最高层，主要是为用户提供各种服务，目标是无所不能。所以，未来的物联网技术将会是一个无处不在、无所不容、无所不能的技术，深深地融入人们的生产和生活中。

物联网借助数字化传感设备采集到的数据，数量之大，种类之多，都是前所未有的。物联网技术可实现海量设备实时在线接入，通过云计算技术可以提高这些设备的数据收集、存储与分析效率。

物联网技术在电力行业的应用得到了不断拓展，物联网在智能电网的应用就是一个实例，其核心是使用新一代的无线技术，来采集各种智能终端的数据，然后进行传输，在统一的平台上进行处理和分析，以实现电力业务数字化和运营效率的提升。例如，用智能抄表取代传统的人工抄表就减少了运维成本。

物联网技术在石油行业的应用还包括石油设备的智能测量和控制、石油产品的销售管理和监视、石油污染的实时监视和石油安全生产管理等。运用物联网技术可在交通运输、采矿和石油勘探中建立远程功能的测量和控制系统，可以智能地管理和测量采油设备以促进科学管理和安全生产。在石油等高污染行业中，建立和改进智能废水监测系统，可有效检测水质参数以达到控制污染风险的目的。

在石化行业中，利用物联网技术建立了整个行业的、有效的应用平台，主要支持运营、生产、环境保护、安全、物流等领域。物联网系统的建立给市场带来了一个完整机制，使生产公司、科研机构和技术制造商联合起来，实现了更强的功能扩展、资源整合和服务更新。油田与设备制造业、物流、运输以及电子信息产业之间紧密合作所建立的物联网，将各个相关行业高度集成到这个网中，因而可以最大化地实现石油石化价值链的经济效益和社会效益。对油轮、管道和钻井的智能监控也都是物联网时代的新应用，主要是基于通信技术，实现与地理信息系统和全球卫星定位系统的综合集合，这种智能实时监控也可以用于对车辆、油罐运输和现场钻井的管理。

（三）5G引发能源领域深层次变革

5G具有高速率、低时延、大连接等特征，是支撑能源转型的重要战略资源和新型基础设施。5G与能源领域各行业深度融合，将有效带动能源生产和消费模式创新，为能源革命注入强大动力。我国在5G网络基础建设方面已领先于世界，截至2022年9月末，我国已建成约222万个5G基站，比上年末净增79.5万个，占移动基站总数的20.7%，占比较上年末提升6.4个百分点[①]，属全球最大的5G网络。

目前，能源互联网的应用场景日益丰富，如能源互联网在电动汽车分布式电源接入服务方面，就拥有广阔的应用前景。日益增长的能源互联网需求，更加需要快速、及时的5G技术的支撑，而与5G技术的融合发展，也为能源互联网的广泛应用创造了条件。

5G技术将引发能源领域深层次变革。2021年，国家能源局印发了《能源领域5G应用实施方案》，指出要坚持新发展理念，坚持以供给侧结构性改革为主线，以推动能源生产和消费革命为中心，以培育能源新技术、新模式、新业态为主攻方向，促进以5G为代表的先进信息技术与能源产业融通发展，拓展能源领域5G应用场景，有效提升能源数字化、网络化、智能化发展水平，为构建清洁低碳、安全高效的能源体系提供有力支撑。方案明确未来3～5年，要围绕智能电厂、智能电网、智能煤矿、智能油气、综合能源、智能制造与建造等方面拓展一批5G典型应用场景，建设一批5G行业专网或虚拟专网，探索形成一批可复制、易推广的有竞争力的商业模式，研制一批满足能源领域5G应用特定需求的专用技术和配套产品，制定一批重点急需技术标准，研究建设能源领域5G应用相关技术创新平台、公共服务平台和安全防护体系，显著提升能源领域5G应用产业基础支撑能力。

（四）区块链促进分布式能源建设

能源区块链主要指区块链技术在能源物联网领域的应用，能源系统中的各个能源节点通过区块链技术加密存储能源交易信息数据，利用共识机制完成分布式能源决策，然后利用智能合约机制完成能源的自动交易，实现能源交易过程中能量流、信息流和价值流的有效衔接。现阶

① 参见刘坤:《全国已建成5G基站222万个》,《光明日报》2022年10月28日。

段，能源区块链的技术应用仍处于空白填补期，能源行业正抓住机遇，在区块链技术的发展过程中逐步探索其在能源领域的应用，建立符合我国能源形势的能源区块链标准体系架构，体系中应包含能源区块链业务和应用标准、能源区块链支撑标准、可信和互操作标准、信息安全标准，在建立标准的同时应该综合考虑区块链技术特点，完善交易规范，制定交易准则，保证交易安全，充分发挥能源区块链的应用潜力。

就区块链技术在能源领域的应用而言，能源交易系统是一个被优先考虑到的应用。现今的区域能源交易系统主要是通过集中式的交易服务平台来完成交易的，它相比于分布式能源交易系统，存在效率低、消耗成本高、安全无法保障等诸多问题。2017年，bp、壳牌公司牵头的财团着手打造了一个基于区块链技术的、安全实时的能源贸易数字平台，以求摆脱传统、烦琐的纸张合同和文件，进而顺利推进电子文件、智能合约和认证的发展。这个平台能够降低实货能源交易的管理运营风险与成本（预计减少40%的成本），并提升后台交易运营的效率和可靠性。

利用区块链技术来重构能源多元主体，也是区块链技术应用的一个领域。随着传统能源领域业务数字化的不断深入，能源企业对数据存储、分析、处理的需求不断增强，能源数据体量、维度不断增加，参与交易的各方主体对数据共享、共用、可信的需求不断增强。区块链技术正是由于其具有分布式存储、可溯源、可防止篡改、可共享、可共用等特点，故而可用区块链技术来重构能源主体之间的信任关系、分配关系和所有权关系。例如电力交易业务，可对业务各节点的上链信息进行加密，交易各方若想篡改某一节点信息就必须对全链信息进行修改，而这基本是不可能的，这样一来，就有效地增加了交易互信程度，同时各链间的数据只有满足一定的条件才可进行彼此识别和交换，这也增强了上链数据的安全性与防篡改性。

分布式能源系统，是新能源技术和储能技术逐渐成熟后出现的新型能源生产—供应—消费体系。分布式能源系统的能源生产和消费结构是典型的“无中心”、多节点状况。基于区块链技术的共识机制和智能合约机制，可以建立无需第三方信任机构的共享储能平台。通过能源储备共享，可大大降低能源储备的投入成本，提高现有能源储备设备的利用率，充分挖掘能源储备装置的经济效益，实现新能源发电企业和能源储备电站的共赢，促进大规模可再生能源的并网消纳。分布式能源系统在为区域电网提供坚强支撑的同时，也可有效减少弃风弃光，提升对清洁能源的消纳能力。

（五）云计算助推能源数字经济平台和智慧能源体系建设

云计算是分布式计算的一种，指的是通过网络，将庞大的计算处理程序自动分拆成无数个较小的子程序，交由多部服务器所组成的庞大系统，经搜寻、计算、分析之后，再将处理结果回传给用户。最简单的云计算技术在网络服务中已经随处可见，例如搜索引擎、网络信箱等，使用者只要输入简单指令即能得到大量信息。

云计算具有超大规模、虚拟化、高可靠性、通用性、高可伸缩性、按需服务、极其廉价的特点。这些特点决定了它的应用范围相当广泛，例如有以数据存储和管理为核心的云计算系统——存储云，用户可以将本地的资源上传至云端，也可以在任何地方连入互联网来获取云上的资源。存储云向用户提供了存储容器服务、备份服务、归档服务和记录管理服务等，大大方便了使用者对资源的管理。著名的谷歌、百度公司都有存储云的服务。又如医疗云，是指在云计算、5G通信、大数据以及物联网等新技术基础上，结合医疗技术，使用“云计算”来创建的医疗健康服务云平台，可实现医疗资源的共享和医疗范围的扩大，医疗云可提高医疗机构的效率，方便居民就医（如预约挂号、电子病历等）。

再如金融云，它利用云计算的模型，将信息、金融和服务等功能分散到庞大分支机构所构成的互联网“云”中，快捷支付就是云计算与金融相结合的金融云服务。教育云则可以将所需要的任何教育硬件资源虚拟化，然后将其传入互联网中，以向教育机构和学生、教师提供一个方便快捷的平台。

云计算技术在能源领域也获得了大量的应用，一些云平台正在不断建成和发挥作用。

国际上知名的能源公司斯伦贝谢、哈里伯顿等都在进行云计算技术的研究，并先后推出了自己独有的云计算解决方案。2003年，斯伦贝谢公司开始着手将勘探开发生产的16个数字化应用程序整合，将大数据分析、人工智能、物联网等多个技术领域的优势集中，在微软公司的云平台上开发了DELFI勘探开发认知环境信息平台。2020年，斯伦贝谢公司又与IBM合作开展一项石油行业的重大计划——混合云计算技术，以加速油气行业的数字化转型，他们将创建一个数字平台，实现对全球所有国家混合云平台的无缝访问，并可以在任何地方为任何运营商进行部署。

中国石油历经30余年的探索发展，推出了国内油气行业首个智能云平台——勘探开发梦想云平台，建立了通用的协同工作环境，实现了勘探开发经营、管理、决策的一体化，大幅提高了协同工作效率和决策水平。梦想云平台的集中式数据库中包含了超过48万口井、600个油气藏、7000个地震工区的钻井、生产数据①。

中国石化的“石化智云”平台也已承载了400多个工业机理模型、20多个工业智能算法，连接了75万余台工业设备，形成了大数据、物

① 参见董云龙、韩丽敏:《中国石油发布勘探开发梦想云平台2.0》，http：//news.cnpc.com.cn/system/2019/11/29/001753656.shtml。

联网等11大类技术服务，支撑了公司智能制造和商业新业态发展，初步实现了与航天云网和物资供应商的平台融通、系统直连[①]。

此外，面对石油勘探行业对高性能计算的需求，要想满足和破解这一难题，唯一的解决之道就是需要有可伸缩、可拓展的计算能力；有能够负载相当大的存储容量，并且这种容量具有可伸缩性；还要能够对计算能力和资源进行更好的管理。云计算或许是最有希望破解石油勘探高性能计算需求的方法之一。

（六）大数据加速推进能源生产、消费和技术革命的深度融合

大数据是指数据资料的量，其规模已经巨大到无法通过传统软件工具，在合理时间内去获取、存储、处理、管理和分析，更无法将它们整理成能帮助企业经营决策的资讯。大数据具有海量的数据规模、快速的数据流转、多样的数据类型和价值密度低等特征。大数据技术能够处理大的数据量，对不同类型的数据（如数字、文本、图像、声音）进行处理，在短时间内分析出信息中潜藏的含义和价值。大数据技术具有更强的洞察发现力、决策力和流程优化能力。如果把大数据比作一种原材料，那么这种原材料要实现增值的关键，就在于要提高对这种原材料的“加工能力”——大数据技术。

随着大数据技术的逐渐成熟和广泛应用，以数据为基础的企业运营已成为企业优化产业结构、提高服务质量的基础，数据分析的指导作用也更加明显。大数据技术应用获得显著成效的案例也比比皆是。电商平台利用大数据技术，对用户信息进行分析，为用户推送其感兴趣的产品，从而刺激消费。政府部门通过“智慧城市”大数据，感知社会的发展变化需求，从而更加科学、精准、合理地为市民提供公共服务与资

---

① 参见张玉卓：《中国石化：以数字化转型促进能源化工产业高质量发展》，https：//news.sina.com.cn/c/2020-12-16/doc-iiznctke6733799.shtml。

源配置。医疗行业通过临床数据对比、实时统计分析、远程病人数据分析、就诊行为分析等，辅助医生进行临床决策，规范诊疗路径，提高医生的工作效率。学校通过大数据进行学习分析，能够为学生创设一个量身定做的个性化课程。交通部门运用大数据技术可以预测交通状况，提出改善交通的优化方案，以防止和缓解交通拥堵。

在能源领域，大数据技术的应用为能源的生产、消费和技术革命发挥了积极作用。壳牌公司通过大数据分析技术优化勘探选区，提升了钻井作业效率。他们将钻探活动产生的数据传到由亚马逊公司提供的服务器中，再将探测的区域同全世界数千个油田的数据相比较，从而帮助地质学家更好地选择钻井地点。一位身在加拿大的壳牌公司工程师，利用1万公里之外的阿根廷一个钻井平台传送过来的实时数据来设计油井，并控制钻探的速度和压力，最终这口远程钻探的井降低了近1000万美元的成本。美国石油公司和专业服务公司积极利用大数据分析技术来辨别油藏质量，通过收集气井开采过程中的实时数据，计算出最优化生产执行方案及更改策略，提高了钻井效果，也因此开启了美国页岩气新时代。哈里伯顿公司和斯伦贝谢公司利用大数据分析工具，使得部分页岩项目的生产成本降低了40%～50%。

从能源生产输送消费的过程看，能源互联网中的数据体量大，数据源覆盖了能源生产、能源传输、能源交易、能源消费各个环节，与数以亿计的设备和系统相关。在这些设备和系统的运行过程中，会产生大量的数据，因而大数据技术也自然成了整个能源互联网的技术基石，大数据技术的应用将覆盖到能源互联网的规划、运行、市场交易、设备管理等各个方面。例如基于电力交易行为的精准化信息推送服务平台，可实现面向不同属性用户的、服务差异化的精准推送，有利于为市场主体用户提供更加完善、精细的服务内容，以满足不同类型市场主体用户获取精准信息的需求，并激发市场活力。2017年，由国家能源局公布的全国55个首批能源互联网示范项目陆续开工，标志着中国能源互联网进入实操阶段。在首批示范项目中，有关城市能源互联网的12个、园区能源互联网的12个、其他及跨地区多能协同的5个、基于电动汽车的能源互联网的6个、基于灵活性资源的能源互联网的2个、基于绿色能源灵活交易的能源互联网的3个、基于行业融合的能源互联网的4个、能源大数据与第三方服务的8个、智能化能源基础设施的3个，这些示范项目均取得了初步成效。

第三节　未来引领：论绿色低碳技术

一、加快能源供应中的绿色低碳转型

（一）能源绿色低碳转型成效显著

近年来，我国能源绿色发展成绩显著，能源利用效率明显提高，能源结构向低碳化方向加快转变。2021年单位国内生产总值能耗比2012年累计下降26.4%，非化石能源发电装机首次超过煤电装机容量达到11.2亿千瓦，水电、风电和太阳能发电装机超过3亿千瓦，连续多年稳居世界首位[①]。但是，我国能源结构偏煤的状况仍未得到根本改变，能耗强度是世界平均水平的1.5倍左右，能源活动产生的二氧化碳排放占比达80%。

2021年3月，中央财经委员会第九次会议的议题之一就是研究实现碳达峰碳中和的基本思路和主要举措。习近平总书记强调：实现碳达峰

① 参见新华社：《国家统计局：10年来我国单位GDP能耗年均下降3.3%》，http://www.gov.cn/xinwen/2022-10/08/content_5716737.htm。

碳中和是一场广泛而深刻的经济社会系统性变革，要把碳达峰碳中和纳入生态文明建设整体布局，拿出抓铁有痕的劲头，如期实现2030年碳达峰、2060年碳中和的目标。

国家统计局的报告《能源转型持续推进 节能降耗成效显著——党的十八大以来经济社会发展成就系列报告之十四》，对我国在能源转型和节能降耗方面的成就作了如下概括。

我国积极推动能源供给革命，坚持立足国内多元供应，深化能源供给侧结构性改革，优先发展可再生能源，推进煤炭清洁高效开发利用，加大油气勘探开发力度，供应保障能力不断提升，能源生产清洁化进程加快。

我国深入推动能源消费革命，加快转变用能方式，扎实开展重点地区煤炭消费减量替代工作，加快推进天然气在城镇燃气、工业燃料、燃气发电、交通运输等领域的大规模高效科学利用，大力发展非化石能源，能源消费结构优化成效明显，能源绿色低碳转型步伐加快。

我国坚定落实节能优先方针，实行能源消费总量和强度双控制度，把节能指标纳入生态文明、绿色发展等绩效评价指标体系，不断健全节能法规标准，完善节能政策机制，持续淘汰落后产能，加快传统产业升级改造和培育新动能，切实推进工业、建筑、交通等重点领域节能减排，节能降耗取得显著成效。

（二）绿色低碳科技创新面临机遇和挑战

绿色低碳科技创新蕴含巨大发展潜力和机遇。清洁和零碳技术有望重塑中国的全球竞争力；倒逼产业转型升级，提高经济增长质量；加速我国能源转型和能源革命进程；新增大量绿色投资需求，改善投资结构；有利于打破“碳壁垒”，推动产品出口。

绿色低碳科技创新同时也面临重大挑战。减排速度和力度要远超发达国家是首要挑战；以煤为主的“高碳型”能源生产结构和消费结构成为绿色低碳转型的主要瓶颈；核心技术不完善也是中国必须面对的重要挑战；碳中和进程还将面临巨大资金缺口和金融体系挑战。

（三）推动绿色低碳发展是我国重大战略决策

2022年，国家发改委等部门发布的《关于完善能源绿色低碳转型体制机制和政策措施的意见》提出，“十四五”时期，基本建立推进能源绿色低碳发展的制度框架，形成比较完善的政策、标准、市场和监管体系，构建以能耗“双控”和非化石能源目标制度为引领的能源绿色低碳转型推进机制。推动构建以清洁低碳能源为主体的能源供应体系。到2030年，基本建立完整的能源绿色低碳发展基本制度和政策体系，形成非化石能源既基本满足能源需求增量又规模化替代化石能源存量、能源安全保障能力得到全面增强的能源生产消费格局。统筹发展与安全、稳增长和调结构，深化能源领域体制机制改革创新，加快构建清洁低碳、安全高效的能源体系，促进能源高质量发展和经济社会发展全面绿色转型，为科学有序推动如期实现碳达峰碳中和目标和建设现代化经济体系提供保障。

要做好长期能源发展规划，同时协调好节能降碳总要求和经济发展对能源需求的关系。要加快非化石能源发展进程，强化多元清洁的能源供给体系，通过进一步规范生物质发电、垃圾发电行业发展，稳步推进水电、光伏和风电产业，加快构建适应高比例可再生能源发展的新型电力系统，完善清洁能源消纳长效机制，使清洁能源从补充性能源升级为主要增量能源，推动低碳能源替代高碳能源、可再生能源替代化石能源。

我国要继续采取措施优化产业结构，加快建立绿色低碳产业体系，尤其是推动工业绿色转型升级。要以绿色低碳型高新技术产业为引领，同步升级传统产业。大力淘汰落后产能、化解过剩产能、优化存量产能，严格控制高耗能行业新增产能，推动钢铁、石化化工等传统高耗能行业转型升级。积极发展新兴产业、高新技术产业、节能环保产业等，大力支持附加值高、单能耗低的网络通信、智能计算、生物医药、新材料、新能源汽车、智能装备等产业，实现工业绿色低碳转型升级。

控制高耗能，切实提高资源利用效率。更加关注高耗能行业因碳达峰时间限制可能导致的“冲锋”消费，从而引起能源消费和碳排放的意外增加。要尽早谋划好2030年碳达峰具体行动方案，制定碳达峰行动路线图，明确行业达峰时间和达峰排放量，制定相关配套政策工具和手段措施，进一步推进碳排放权市场化交易进程，实现高耗能行业碳排放率先达峰。

发挥好科技创新对碳达峰碳中和目标实现的支撑引领作用。不断深化应用基础研究，加强低碳前沿技术攻关，组建一批科技创新平台，实现关键核心技术的自主可控。同时，要加强低碳零碳和负碳技术的攻关、示范和产业化应用，实现应用成本大幅下降。

二、全力推动绿色低碳技术重大突破

（一）构建新能源为主的新型电力系统

在“双碳”目标下，发展绿色低碳能源是大势所趋。以光能、风能为代表的绿色能源是新能源产业的重要组成，它们对实现“双碳”目标具有重要意义。然而，光伏、风电等电源具有波动性、间歇性等特征，因此，若要构建以它们为主体的新型电力体系，就必须提升电源系统的稳定性和可靠性。2021年，中央财经委员会提出要构建以新能源为主体的新型电力系统，这为能源电力发展提供了明确的行动纲领、科学的方法路径，必将给能源电力领域带来革命性变革。

在构建以新能源为主体的新型电力系统时，国家电网有限公司党组书记、董事长辛保安在《加快构建新型电力系统　深入推进碳达峰碳中和》一文中提出：

第一，打造坚强智能电网是关键。要围绕清洁低碳、安全可控、灵活高效、智能友好，推动电网向能源互联网升级，加快构建坚强骨干网架，推进各级电网协调发展，深化先进信息通信技术、控制技术和能源技术融合应用。

第二，推进源网荷储协同互动是支撑。统筹好电源侧、电网侧、用户侧功能与需求，推动合理安排新能源发展规模、布局和时序，促进新能源与电网、新能源与灵活调节电源协调发展，因地制宜发挥好微电网作用，切实提高电力系统整体运行效率。

第三，发挥体制优势是保障。要统筹发展与安全，坚持巩固和发展好电网统一规划、统一调度、统一管理的体制优势，深化电力市场化改革，推动形成科学合理的价格形成机制，构建统一开放、竞争有序的全国统一电力市场。

（二）统筹推进氢能“制储输用”全链条发展

作为一种清洁高效的二次能源，氢能对构建清洁低碳安全高效能源体系的意义重大，应统筹推进氢能“制储输用”全链条发展。

在氢能产业发展过程中，氢的存储运输是连接氢气生产端与需求端的关键桥梁，因此高效、低成本的氢气储运技术是实现大规模用氢的必要保障。根据氢气的储存状态，可将储运方式分为高压气态储运、低温液态储运、有机液态储运和固态储运等方式。目前，高压气态储氢、低温液态储氢已进入商业应用阶段，而有机液态储氢、固体材料储氢尚处于技术研发阶段。不同储氢方式各有优劣，其中，气态储氢具有成本低、能耗低、操作环境简单等特点，是发展相对成熟、应用较广泛的储氢技术，但该方式仍然在储氢密度和安全性能方面存在瓶颈。低温液态储氢是先将氢气液化，然后储存在低温绝热容器中，现主要应用在航空领域。有机液态储氢由于其存储介质与汽油、柴油相近，可利用已有基础设施从而降低应用成本，备受业界青睐。相较于气态储氢和液态储氢，固态储氢在储氢密度和安全性能方面的优势更为突出，随着技术研发的深入，也是未来实现氢能高效、安全利用的重要方向。在氢气运输方面，根据储氢状态的差异分为气态输送、液态输送和固态输送，气态和液态为目前的主流方式。通常的输氢形式包含长管拖车、槽罐车、管道（纯氢管道、天然气管道混输），不同的储运方式具有不同特点及适应性。船舶运氢也有望成为未来氢气运输的主要方式之一。从整体发展趋势来看，根据中国氢能联盟报告的预测，氢能储运将按照“低压到高压”“气态到多相态”的技术发展方向，逐步提升氢气的储存和运输能力。《氢能产业发展中长期规划（2021—2035年）》指出，我国将稳步构建氢能储运体系，以安全可控为前提，推动氢储运技术研发，提高高压气态储运效率，加快降低储运成本，有效提升高压气态储运商业化水平，体现了“低压到高压”的前进方向。同时，为满足氢能发展后期长距离、大规模运输需求，提高氢储运的安全性能，我国将持续推动低温液氢储运产业化应用，探索有机液体、固态等储运方式应用，整体发展将呈现“气态到多相态”的发展趋势。

氢能应用从少数用途向更多应用发展，交通领域将成为重要落地点。从应用难度上看，依次为乘用车、商用车、航空航天。在乘用车方面，虽然锂电已经能够满足基本的续航需求，但氢燃料电池在续航上更有优势。由于乘用车对载重、额定功率的要求不如商用车高，因此乘用车有望成为氢燃料电池试运营的先驱，国内、海外各整车厂已逐步开始布局氢燃料乘用车。在商用车方面，氢能是其脱碳的必选方案，中短期政策将推动初期规模化，远期则需要全产业链合力促进平价到来。在航空航天方面，由于飞机飞行对能量供给要求高，且中途无法充电，现阶段锂电池无法解决该难题，氢能或能成为解决该难题的密钥。

（三）推动化石能源低碳化、清洁化

化石能源的低碳化、清洁化利用是关系到我国能源结构转型的一个关键，也是有效支撑我国“双碳”目标实现的一个重要途径。在“双碳”目标和能源供应革命的背景下，我们要立足以煤炭为主的基本国情，推动煤炭等化石能源清洁高效利用，分阶段实现能源供应主体的转变。要通过对煤炭、石油、天然气等化石能源利用技术的变革性创新，加快煤炭、油气资源从燃料属性向原料属性和原料与燃料耦合属性转变；要促进化石能源与可再生能源互补融合，实现系统能效提升，保障我国能源安全和产业链安全，促进我国能源及相关工业低碳化发展。

现阶段，煤炭仍然是我国主体能源，技术变革与创新、技术改造和挖潜是煤炭清洁高效利用的主要着力点，国家提出对煤电机组的节能降耗改造、供热改造和灵活性改造（“三改联动”）就体现了这一点。“双碳”目标下的能源转型过程中要实现煤炭利用破立结合，需要大力发展适用于碳达峰碳中和典型工业过程的煤炭利用变革技术，强化煤炭燃料与原料属性，提高存量煤炭利用水平，安全、有序推动煤炭高效低碳技术研发与应用，实现煤炭减量化、低碳化、清洁化利用，为构建安全高效、低碳清洁的能源体系提供技术支撑。

石油、天然气高效清洁利用方面。在“双碳”目标下，未来对石油的需求也会经历一个达峰后下降的过程，在石油利用方面，推进炼化企业从石油“燃料型”向石油“化工型”转型是发展趋势。通过石油催化裂解生产烯烃/芳烃的技术、原油直接催化裂解多产化学品的技术，以及甲醇石脑油耦合制烯烃的技术等，实现其低碳、清洁、高值利用，

进而提高我国基础化工原料自给率。在天然气利用上，要充分发挥天然气能源属性方面的清洁低碳优点和物质属性方面的原料特点。一方面，加快推进天然气高效低排放燃烧、燃气轮机联合循环发电等技术研发和示范应用，充分发挥天然气具有调节灵活、响应迅速的优点，与可再生能源协同发展，可形成良性互补。另一方面，通过甲烷无氧制烯烃芳烃、甲烷/二氧化碳干重整制合成气等技术，实现天然气高效、清洁、高值化利用，有效支撑清洁低碳、安全高效的现代能源体系构建。

在我国化石能源利用过程中，还会有废水、废气、固体废物的产生和排放。因此需要推动煤化工废水低成本处理及资源化利用，开展催化臭氧氧化、催化湿式电氧化、酚油协同萃取及高效生化处理等关键技术研究，并进行工程示范和应用。重点突破氮氧化物和挥发性有机物等多种污染物协同脱除技术，进行污染物系统高效脱除催化剂开发和应用，进行废气催化净化处理工程示范。推动大宗化石能源的固废资源化、高值化及低碳化利用，开发气化灰渣焚烧利用、废液与废固高温熔融高质化、油泥高质化利用等关键技术，完成工程示范和推广应用。

（四）实现终端能源的再电气化转型

再电气化就是升级版的电气化，在能源低碳转型的大趋势下，再电气化是电气化应用在数量上和质量上的飞跃，是清洁电能更广泛、更深入地被人们利用，这也是能源转型的一个重要途径。在能源转型的过程中，电网是中心环节，90%以上的清洁能源必须转化为电力才能得以应用，利用新能源发电并深度替代化石能源是实现能源转型的重要途径。未来，再电气化可让每个人都成为清洁能源的使用者，也可成为清洁能源的提供者。能源转型是社会化的系统工程，其根本任务是构建清洁、低碳的新型能源体系。面对能源供需格局的新变化、国际能源发展的新趋势，要保障国家能源安全，就必须推动能源生产和消费革命，而再电气化就是能源生产和消费环节中的一场革命，它与能源转型的目标和内涵高度契合。

从生产环节看，实现再电气化的基础就是大电网。研究表明，90%以上的清洁能源必须转化为电才能得以应用。因此，电是清洁能源的最终利用形式，它也是效率最高的利用形式。实现再电气化的首要任务就是要加强电网基础设施建设，扩大互联互通，建设大电网，形成大市场。放眼整个中国，截至2020年底，中国已建成35个特高压工程，在运在建的特高压线路总长度4.8万公里[①]，初步形成了西电东送、北电南供的特高压输电网络，让中东部16个省份近9亿人，用上了来自西部的清洁能源，节省煤炭9500万吨，相当于四川省一年的能源消费量[②]（2021年为9651万吨标准煤）。

再电气化需要用户深度参与系统调节，如运用电价机制鼓励用户进行错峰用电，在用电价格较低的时段，用户会主动启动用电设备、给电动汽车充电，充分发挥了用户在电力市场中的调节作用。

电网是能源转型的中间环节，用户深度参与系统调节需要强大的电网技术做支撑，电网技术是新能源（风电、光伏等）大规模开发利用的关键，也是再电气化的有效手段。从全球来看，各国普遍加大电网改造升级力度，以适应能源转型的需要，如欧盟计划到2030年将跨国输电能力提高一倍。可以预见，以坚强智能电网为核心的能源互联网，将成为支撑能源转型的重要物质基础。因此，我国需加快重大技术组合式突破，如大规模储能和电网友好型风电场技术等，充分利用清洁能源，加

① 参见李文华：《3800亿！“十四五”国网将再建38条特高压！》，《中国能源报》2022年1月17日。

② 参见北极星电力网：《中国特高压输电技术总结与展望》，https://www.sohu.com/a/235964800_648206。

快再电气化的步伐。

未来，通过加强电网基础设施建设，进行精确的政策和市场机制设计，加大重大技术组合式突破以及推动用户的深度参与系统调节，就能够实现整个社会与能源系统以智慧的方式高效耦合运行，将未来的电力系统打造成广泛互联、智能互动、灵活柔性、安全可控的新一代电力系统。

（五）化石能源固碳技术实现碳中和

碳中和，就是要使二氧化碳或温室气体的排放被消除或抵消，从而达到相对的“零排放”。无论是通过降低化石能源在使用过程中的碳排放，还是用非碳能源来替代高碳或低碳能源，都属于从排放端来探讨如何减少碳的排放量。而要实现碳中和目标，还需要在固碳端发力，通过生态建设、土壤固碳、碳捕获、碳利用与碳封存等工程及技术，去消除那些不得不排放的二氧化碳。

充分利用陆地生态系统固碳最为经济且对环境友好。固碳就是将多余的碳封存起来，不排放到大气中。目前，主要有物理固碳和生物固碳两种方式。物理固碳是将二氧化碳长期储存在开采过的油气井、煤层和深海里；生物固碳是利用植物的光合作用，将二氧化碳转化为碳水化合物，以有机碳的形式固定在植物体内或土壤里。人们现在越来越关注基于自然的解决方案。生物固碳被认为是缓解全球变暖最具前景的方法。森林作为陆地生态系统的主体，也是陆地上最大的“碳库”，在调节气候、缓解全球变暖中发挥着重要作用。

发展碳捕获与碳封存技术，加强对化石燃料排放二氧化碳的资源化利用。研究认为，碳封存过程中需要提高二氧化碳的浓度，以提高效率，增加埋存量，从而降低成本。同时，大部分的二氧化碳利用场景也需要高浓度的二氧化碳，以提高利用转化率。因此，碳捕获技术成了二氧化碳利用和封存过程中的关键。20世纪80年代，联合国政府间气候变化专门委员会提出了“碳捕获与封存”技术，主要是将捕获的二氧化碳通过一定的方式运输到合适的地点进行封存，使其与大气隔绝，以减少二氧化碳向大气中排放，促使大气碳循环的再平衡。但这项技术存在的最大问题是建设和运行成本高昂。碳捕获、利用与封存技术是碳捕获与封存技术新的发展趋势，即把生产过程中排放的二氧化碳进行提纯，继而投入新的生产过程中，可以循环再利用，而不是简单地封存。与碳捕获与封存技术相比，它可以将二氧化碳作为资源再次利用，既能产生经济效益，也更具有现实操作性。从碳捕获与封存技术到碳捕获、利用与封存技术，进一步强化了对化石燃料利用过程中排放的二氧化碳的资源化利用。随着全球应对气候变化和碳中和目标的提出，碳捕获、利用与封存作为减碳固碳技术，已成为多个国家碳中和行动计划的重要组成部分。

我国是海洋大国，应大力发挥海洋固碳潜力。除了绿色植物可以通过光合作用固定二氧化碳，海洋也有吸收和封存二氧化碳的作用，而且海洋的储碳量能达到陆地的近20倍、大气的50倍。从全球来看，以海岸带的植物生物量为例，尽管它只有陆地的植物生物量的0.05%，但每年的固碳量却与陆地植物相当[①]。从时间尺度比较来看，碳在陆地生态系统可储存数十年，而埋藏在滨海湿地土壤中的有机碳和溶解在海水里的惰性无机碳却能够储存千年之久。我国是海洋大国，海洋应该在国家减排增汇工作中发挥重要作用，应大力发挥海洋碳汇潜力。海草床、红树林和盐沼这三大海岸带生态系统是典型的储碳能手。研究发现，鱼类、大型海藻、贝类和微型生物在固定并储存碳方面也发挥着一定作用。

---

① 参见吴月辉、刘诗瑶、喻思南:《提升固碳能力　实现双碳目标》,《人民日报》2021年10月10日。

三、绿色低碳技术引领未来能源发展

（一）大力采用降低能耗和低碳排放的节能减排技术

长期以来煤炭一直是我国的主体能源，也是我国能源供给的“压舱石”。但在碳达峰碳中和的背景下，要认清大势，正确理解煤炭将会由过去的“压舱石”主体能源逐渐向兜底保障能源的角色转变。只有行业的定位正确，才能不断推进煤炭供给侧结构性改革，倒逼煤炭企业加快技术创新、降低生产成本、推进绿色发展。

美国、日本、欧盟等发达国家和地区均把能源技术创新视为新一轮科技革命和产业变革的突破口，力争实现化石能源的低碳化革命。面对新时代赋予煤炭行业的新定位和新要求，伴随着煤炭产业绿色低碳转型步伐加快，我国更加需要创新低碳科技，在煤炭开发利用、环境保护、煤炭与新能源协同等领域加强科技攻关与任务布局。

在“双碳”战略下，煤炭企业将面临开采方式转变、转化利用升级、开采成本增高、资源环境约束加大、投资风险上升、技术创新攻关任务艰巨等一系列挑战，这给企业的创新能力、可持续发展能力以及企业家的领导力带来了新挑战，提出了新要求。如何在煤炭的开采技术创新、清洁高效利用以及结构调整优化等方面实现突破，是煤炭企业面临的重大现实课题。

在煤炭的节能减排上，要加快突破煤炭清洁高效利用的关键技术。在节能方面，煤炭企业要加快突破降耗提效技术，重点突破发电、冶炼等用途中的煤炭降耗提效关键技术。在减排方面，煤炭企业要加快突破碳的捕获和利用技术，加快大规模、低成本碳捕获、利用、封存技术突破，将碳转化为固态、液态的可利用物质，实现煤炭可持续利用、产业可持续发展。同时，煤炭企业要加快实现煤炭绿色开采，推动煤炭产业绿色发展。

要重视长期以来被忽视的煤炭全生命周期中的碳排放问题。煤炭全生命周期碳排放是指煤炭从开采、加工处理、运输到使用整个过程中的温室气体排放。在过去，煤炭生产过程中的甲烷（瓦斯）排放并未受到太多关注，而实际上大气中每千克甲烷的气候暖化效应是每千克二氧化碳暖化效应的120倍[①]。因此如何对甲烷实现能用尽用，这对提升减排效果、应对全球气候变化很关键。

要加快科技进步和科技推广步伐，不断采用符合节能减排要求的新理论、新方法、新工艺、新技术、新设备、新材料，通过科技进步淘汰高耗能、高排放的工艺、技术和设备，把能耗和污染降下来。加快突破和应用煤炭节能减排技术，是企业发展的必然道路，也是煤炭工业发展的根本出路。

绿色低碳发展要发挥国企优势，使之成为绿色低碳技术体系的创新主体。一是利用国企资金优势，推动绿色低碳技术多样化发展，并开展示范工程；二是发挥国企技术、研发中心和工业实验室优势，推动化工、钢铁、水泥等高耗能行业技术转型；三是利用国企产业规模优势，推动可再生能源、储能和CCUS（碳捕获、利用与封存）规模应用。与此同时也要发挥民企优势，使之成为新兴绿色低碳技术的创新主体。新兴绿色低碳技术一般规模化较低，大多处于示范阶段或者商业化早期，利用民企在政策灵活性、创新活力、人才聚集等方面的优势，可促进相关绿色低碳技术的发展。

（二）大力促进储能产业的可持续发展

在“双碳”目标下，要实现碳中和，除了要逐步减少高碳能源消

---

① 参见褚艳：《甲烷减排：另一个必须完成的任务》，《中国石油和化工产业观察》2021年第5期，第16—18页。

费，改变我国以高碳能源为主的能源结构，还必须大力发展绿色能源，构建以风、光、水等为主体的非碳能源新结构。但是，以风能、光伏能为代表的可再生能源，有发电波动性和间歇性等短板，当大规模并网时，还会影响到电网的稳定运行，因此，突破和应用大容量、安全、稳定的储能技术，对发展这种可再生能源就显得尤为关键。为支撑大规模并网，可再生能源必须与有效的储能结合起来。作为能源存储转换的关键，储能系统能够提高多元能源系统的安全性、灵活性和可调性。

2021年，国家发改委、国家能源局发文明确了新型储能的独立市场主体地位，推动了新型储能的市场化进程；国家能源局华中监管局、山西监管办等也发文支持独立储能参与电力市场交易；山东省更是支持独立储能直接进入电力现货市场，明确储能电站参与调峰辅助服务的收益标准和新能源容量租赁费用，鼓励独立储能电站建设，助力新型储能市场化发展。

2022年，国家发改委、国家能源局提出的《“十四五”新型储能发展实施方案》，对技术创新、试点示范、规模发展、体制机制、政策保障、国际合作等重点领域作了部署，提出到2025年，要实现新型储能从商业化初期步入规模化发展阶段，具备大规模商业化应用条件。届时新型储能将在调峰、调频、负荷跟踪等多种应用场景中发挥快速响应、精准控制等作用，可有效缓解供需时空不一致的问题，提升新能源主动支撑能力，在能源领域碳达峰碳中和过程中发挥显著作用。方案还提出了2030年新型储能的发展目标：新型储能全面市场化发展；新型储能核心技术装备自主可控，技术创新和产业水平稳居全球前列；市场机制、商业模式、标准体系成熟健全，与电力系统各环节深度融合发展，基本满足构建新型电力系统需求，全面支撑能源领域碳达峰目标如期实现。

目前，国内储能技术的发展尚处于完善期，2021年以来频频出台的储能利好政策，给各种储能新技术提供了发展机会，尤其是大规模储能电站的建设。大规模抽水蓄能电站建设明显加速，在大规模锂离子电池蓬勃发展的同时，其他液流电池和压缩空气储能等长时储能技术的潜力也得到了显现。

从全球来看，在倡导大力发展清洁能源的时代背景下，开发能量密度更高、循环寿命更长、系统成本更低、安全性能更好的储能技术已经成为各国研究、支持的一个重要方向。在可再生能源产业、电动汽车产业和能源互联网产业快速发展的推动下，储能产业有望实现爆发增长。未来，可再生能源的电力储存成本将持续降低，储能系统的性能和技术成本将会进入一个良性循环发展的新阶段。

（三）完善能源领域协同开发，提高能源利用效能

在2020年第七十五届联合国大会一般性辩论中，我国明确提出要在2030年前努力实现碳达峰、2060年前力争实现碳中和的目标。随着疫情后的经济复苏和稳健发展，我国的碳排放依旧处于总量大且仍在增长的阶段，高碳的化石能源在经济社会活动中仍占据主导地位，仅燃煤电厂的碳排放量就占了全社会碳排放总量的三分之一以上。能源作为我国社会经济发展的重要支撑，它的结构性改革势必会涉及方方面面，因而具有其特殊的复杂性。

能源的融合发展是整个能源转型发展的主要方向。能源融合发展的核心就是要绿色低碳发展，它主要表现为“四大融合”形式，即跨界融合、要素融合、产业融合和区域融合，这种融合不是简单做加法，而是水乳交融般的深度融合，也就是说，能源的融合发展要使电力、钢铁、水泥、化工等行业携起手来，共同做好能源的绿色低碳转型。

我国能源发展的主要路径应该是化石能源清洁化、清洁能源规模

化、多种能源综合化。多种能源综合化就是强调要融合发展，融合发展是能源转型、实现“双碳”目标的主要路径。

从技术层面来讲，能源融合发展主要包括三个方面。一是多能互补，即发挥传统能源（煤、油、气等）和新能源（风、光、氢等）各自的禀赋和优势，使它们融合成一个能够支撑民众生活和社会生产的稳定、可靠、安全的能源。二是供需互动，通过市场价格、技术创新来促进供给端和需求端紧密联动。三是充分发挥现代信息化技术的作用，使能源流、信息流、价值流等多流融合。

在我国能源的消费结构改变和多能互补融合发展中，有一个先立后破的问题。能源转型也应该是一个渐进的过程，而不是一个突变。在整个转型过程中，要特别注重多种能源之间的互补，必须站在综合能源系统、多能互补的角度来考虑，推动能源系统逐步向清洁化、绿色化、低碳化方向转型。在能源供应方面，要实现系统整体优化、多种能源互补的供应；在能源消费方面，要以提高能效为中心，以市场化、多元化、智能化、定制化的手段，让用户得到所需的能源，并减少各种用能对环境造成的负面影响；在能源技术创新方面，要着力与信息技术的相互融合，以取得效果显著、推广价值大的成果。

能源融合发展中，要以新发展理念为引领，兼顾地区社会经济发展和能源转型要求，综合考虑安全、资源、环境、技术等因素，统筹制定能源整体发展与各能源品种分类发展的目标。要创新和完善能源发展协调机制，按照总量调节和定向施策并举、短期和中长期结合、国内和国际统筹、改革和发展协调的要求，提高能源整体发展与电力、油气、可再生能源和煤炭等分类发展的协调性、科学性、前瞻性。

在能源融合发展的区域融合中，要打破传统行政区划限制，建立适应区域经济一体化的区域能源规划体系。纵向上，要完善中央与地方能源规划协调机制，健全规划沟通汇报机制，畅通各级能源规划主管部门间的信息交互渠道，完善不同层级能源规划协同机制。横向上，要突破以传统行政区划为主的能源规划体系，建立适应区域经济一体化的区域能源规划协调机制以及区域内地区间能源主管部门协调沟通机制，做好区域内地区间能源规划信息沟通与协同，推动区域经济协调发展。在能源融合发展中，要突破不同能源品种的界限，推进多能源品种协同规划。打破各能源品种相对独立的规划方式，做好各能源品种主管部门沟通协调，做好品种间规划协同，推进化石能源与清洁能源、煤与电、气与电的上下游能源品种协调规划，加强与能源企业、政府资源部门、财政部门等的沟通协调，促进能源品种规划协同落地。要构建源网荷储协同规划体系，推动能源供应链协同规划和建设。综合考虑能源资源禀赋，科学把握各类电源发展规划，重视需求侧资源的重要作用，加强推进能源全领域、全环节智慧发展，提高可持续自适应能力，统筹协调电源、电网、负荷协同规划，根据电力系统调节能力，统筹火电、气电、核电、可再生能源电源建设，做好网源规划协调，精细化规划电网、电源建设时序，加强监督规划落实情况，保障系统安全稳定运行和清洁能源消纳。

在能源融合发展中，还要培育跨能源品类的市场主体，鼓励能源企业向综合型能源企业转型，通过股权改革、业务拓展等形式开展多能源品类业务。国外能源企业大多选择多元化发展模式，如德国意昂集团、法国电力、英国国家电网等，大多同时开展电力和天然气业务，并且围绕电力和天然气产业上下游，开展煤炭、石油及新能源的开发利用、能源传输及与环境相关的服务。相关企业通过内部运营优化决策，实现多种能源品种的整合、协同。我们也应积极培育跨能源品类的市场主体，探索推动能源企业开展市场机制协调电力送、受双方利益，发挥比较优势，实现互利共赢，真正形成打破省际壁垒、能源生产要素按市场需求进行优化配置的区域能源市场格局。随着京津冀、长江经济带、粤港澳大湾区等区域发展新动能的布局逐步落地，能源发展必须坚持“一盘棋”思想，从经济区域、流域整体出发，建立适应区域经济一体化的区域能源市场体系，统筹设计，协同规划，推动区域能源市场供需均衡，逐步解决区域能源发展不平衡不充分问题。完善电力现货市场与辅助服务市场机制，挖掘市场对能源电力的时空配置能力，发挥灵活资源的调节功能。进一步完善市场政策，使现货市场能充分发挥清洁能源边际成本优势，鼓励清洁能源以适当的方式参与现货市场交易。在辅助服务市场方面，应根据风电、光伏等可再生能源特点，鼓励调节性能较好的储能设备独立进入辅助服务市场。应进一步细化调频、备用辅助服务交易机制，根据响应特性，实现对优质资源的优先调用和补偿，通过多种能源之间的协调配合，促进可再生能源的发展。逐步完善碳排放权、排污权、绿色证书等环境资源市场建设，有效推动能源外部成本内部化，通过环境资源市场化机制，推动能源供需结构、时空分布寻找新的均衡。构建完善的环境成本市场发现机制，探索将环境成本纳入能源价格体系中，逐步推动能源生产消费外部成本内部化。完善碳排放权、排污权、绿色证书等市场交易体系，搭建健全的交易平台，健全初始分配、交易组织以及转让交易制度。完善碳排放权、排污权、绿色证书等市场监管模式，建立有效的认证制度、交易检测体系、考核与惩罚制度，构建多能源品种市场协同机制。

第五章

新时代能源体制革命

能源既是一种重要的商品，也是重要的战略和民生资源。能源体制机制对于能源的生产和消费既有支持也有制约。在能源四个革命里，体制革命居于核心地位，是衡量能源革命能否成功的重要标志。党的二十大报告强调，坚持和完善社会主义基本经济制度，毫不动摇巩固和发展公有制经济，毫不动摇鼓励、支持、引导非公有制经济发展，充分发挥市场在资源配置中的决定性作用，更好发挥政府作用。新时代能源体制机制的建设需要充分考虑我国国情，科学协调市场与政府的关系，在充分发挥市场配置资源的决定性作用的同时，更好发挥政府作用，弥补市场失灵，提高经济效率，促进社会公平。政府的作用主要体现在为市场的统一开放与有序竞争提供基础性制度，通过财税等经济手段对市场进行有效调节，配合行政措施对市场主体进行必要的监管。推动能源体制革命，打通能源发展快车道，还原能源的商品属性，持续构建统一开放、竞争有序的能源市场体系，形成主要由市场决定能源价格的机制，同时创新政府对能源监管模式，建立健全能源法治体系，推动能源生产和消费革命，构建清洁低碳、安全高效的现代能源体系提供重要体制保障。

第一节　持续推进市场化改革进程

一、能源领域市场化改革，助力现代能源体系高质量发展

党的二十大报告指出，高质量发展是全面建设社会主义现代化国家的首要任务。能源市场改革必须坚持高质量发展为目标，坚持社会主义市场经济改革方向，以深化供给侧结构性改革为主线，以改革创新为根

本动力，以满足社会发展和人民日益增长的美好生活需要为根本目的，加快建设能源强国，为全面建设社会主义现代化国家提供坚实可靠的能源保障。市场化改革，对助力现代能源体系高质量发展具有重要意义。回顾我国能源市场化改革历程，从最初期的政企合一到政企分开，再从市场主体建立到多元主体形成，我国能源市场改革形成了行业改革和企业改革两条交错主线的三个历史阶段。

（一）能源市场化改革是构建现代能源体系的重要保障

习近平总书记强调，构建有效竞争的市场结构和市场体系，形成主要由市场决定能源价格的机制，转变政府对能源的监管方式。市场主体是经济社会发展的重要载体，再好的市场机制缺少了市场主体的活力也难以发挥其资源配置作用。

激发市场主体活力，保障能源安全。全面深化能源体制改革，离不开各个市场主体的参与。构建有效竞争的能源市场，建设统一开放、竞争有序的能源市场体系，有利于调动市场主体的活力和创新能力。完善主要由市场决定能源价格的机制，按照“管住中间、放开两头”总体思路，稳步放开竞争性领域和竞争性环节价格，促进价格反映市场供求、引导资源配置，为企业技术革新和能源结构转型提供有效激励，实现能源可持续利用，保障能源安全。激发能源市场主体活力，需要积极鼓励国有企业和其他市场主体的能源企业，发挥各自优势，催生新技术与商业模式，实现可持续发展。

发挥价格对能源供求的调节作用，促进生产力发展。价格是市场供给和需求的反映，与国民生产和生活的各个方面息息相关。在价格信号的引导下，供给和需求自行调整，实现资源的有效配置。长期以来，国家把能源产业作为关系国计民生的重要产业，对其价格制定进行严格的调控和监管，能源的商品属性被弱化。政府主导定价的弊端突出表现为价格既不反映能源市场的供求关系，也不能有效发挥价格调节供求的作用。随着市场经济的不断深入，放开能源价格，还原能源的商品属性，已成为市场发展的必然趋势。

（二）改革探索阶段：政企分开确定社会主义市场经济体制发展方向

改革探索阶段始于1978年党的十一届三中全会召开，至1992年党的十四大召开前后，主要是解决能源供应严重短缺，扩大投资来源，市场改革集中在煤炭和电力的投资和建设多元化，并且启动价格改革。1982年，党的十二大正式提出“计划经济为主、市场调节为辅”，1984年，党的十二届三中全会提出发展“在公有制基础上的有计划的商品经济”，1987年，党的十三大进一步提出形成“计划与市场内在统一的体制”。电力和油气行业通过放松准入、政企分开进行市场化初步探索，着重缓解供需矛盾。1992年，党的十四大明确了社会主义市场经济体制是经济体制改革的目标，提出建立全国统一开放的市场体系。1998年前后的第四轮政府机构改革，进一步推进了政企分开，国有企业逐步建立现代企业制度。电力领域，打破了电力部门独家办电管电的局面，中国华能、长江三峡、葛洲坝等集团成立。石油领域，探索从计划经济管理体制向市场经济管理体制改革，石油化学工业部、石油工业部相继撤销，中国海洋石油总公司、中国石油化工总公司、中国石油天然气总公司陆续成立。通过放开市场准入的所有制和部门限制，允许乡镇企业办煤矿，多家办电，石油企业包干经营，引进油价双轨制等改革，能源短缺得到明显缓解。

（三）改革推进阶段：市场主体建立，向社会主义市场经济体制转变

改革推进阶段从1992年党的十四大召开到2010年前后，这个阶段

改革是从原来计划经济的能源管理体制向社会主义市场经济能源管理体制转变，以适应能源建设大规模扩张的需要。

1992年，党的十四大确立了建立社会主义市场经济体制的重大决策后，计划经济体制正式退出历史舞台，能源改革面临的新形势是如何建立适合市场经济的管理体制。实现政企分离，部门调整、能源企业重组、行业结构调整等体制机制改革加速进行，从原来分行业的部门所有制，转变为综合能源主管机构和大型国有能源企业的新体制。2001年中国加入世贸组织，推动我国进一步探索社会主义市场经济建设的新模式。此后10余年，能源行业管理和行业结构逐步理顺，进入高度扩张期。2007年，党的十七大提出“深化垄断行业改革”，有力推进产业拆分重组和市场化改革。

在油气领域，1998年，我国在原中国石油天然气总公司和原中国石油化工总公司基础上分别成立中国石油天然气集团公司（以下简称“中石油”）和中国石油化工集团公司（以下简称“中石化”），与中国海洋石油集团有限公司（以下简称“中海油”）一起，分区域控制油气资源的上游勘探生产和中游管输，以及各地管网和燃气公司在各自经营区域内的下游配送和销售。1999年，中石油、中石化和中海油按照“主业与辅业分离、优良资产与不良资产分离、企业职能与社会职能分离”的原则，开展企业内部重组，逐渐剥离了能源公司的政府职能，建立现代企业制度，组建了各自的股份公司。

在电力领域，“政企分开、打破垄断”，转变行业管理体制，培育电力企业的市场主体地位。1996年撤销电力部，成立国家电力公司，由国家经贸委承担电力行业行政管理职能。2002年第一轮电改后，国家提出厂网分开，发电侧引进竞争机制，并进一步推进输配分开，在销售端引进竞争的市场化改革思路，国家电力公司重组为国家电网公司和南方电网公司两大电网公司、五大发电集团和四家辅助集团。

通过放开管制，实现市场主体多元化，引进竞争等改革措施解决了能源投资的制约，我国能源供给保障能力大幅度提高，能源生产总量、电力装机规模和发电量都达到了世界第一。

（四）改革深化阶段：多元主体形成，加快能源绿色低碳转型，实现高质量发展

改革深化阶段从2010年以后，特别是党的十八大以来，能源改革面临的主要任务是如何适应能源绿色低碳转型，推动能源高质量发展，改革需要解决如何引导和规制市场，加强治理能力，实现能源革命，进一步激发能源行业高质量发展动力。

2013年，党的十八届三中全会明确指出："建设统一开放、竞争有序的市场体系，是使市场在资源配置中起决定性作用的基础。必须加快形成企业自主经营、公平竞争，消费者自由选择、自主消费，商品和要素自由流动、平等交换的现代市场体系，着力清除市场壁垒，提高资源配置效率和公平性。"2014年，习近平总书记提出了“四个革命、一个合作”能源安全新战略，正式提出能源革命的战略转型方向。2015年，中共中央、国务院印发《关于进一步深化电力体制改革的若干意见》，我国开启了电力行业新一轮体制改革，有序放开输配以外的竞争性环节电价，有序向社会资本放开配售电业务，有序放开公益性和调节性以外的发用电计划。2017年出台的《关于深化石油天然气体制改革的若干意见》，明确了我国油气领域体制改革的指导思想、基本原则、总体思路和主要任务，包括有序放开油气勘查开采、进出口管理、管网运营、下游竞争性环节改革、产品定价机制、国企改革、油气储备、安全环保八个方面。随着改革的推进，我国能源领域市场化水平全面提升，营商环境不断优化，市场活力明显增强，市场主体和人民群众办事

创业更加便利。在我国进一步放宽能源领域外资市场准入的同时，能源领域的民间投资持续壮大，投资主体更加多元。在电力领域，随着发用电计划的有序放开、交易机构独立规范运行等改革措施的推进，我国电力市场建设不断深入。在油气领域，加快推进油气勘查开采市场放开与矿权流转、管网运营机制改革、原油进口动态管理等改革，完善油气交易中心建设。

中国能源发展从过去以扩张型保供为中心，转变为以高效节能为前提，以绿色低碳转型为战略方向，进入能源革命的新阶段。

二、坚持市场资源要素主导，协调建设开放竞争的能源市场体系

（一）充分发挥市场在资源配置中的决定性作用，更好发挥政府作用

党的二十大报告指出，充分发挥市场在资源配置中的决定性作用，更好发挥政府作用，这也是党的十八大以来我国在重点领域和薄弱环节深化改革的一个总体方向。由于能源行业不仅具有商业属性，还具有公益属性，是关系国计民生的基础性行业，因此需要推动有效市场和有为政府更好结合，强化政策协同。

第一，全面深化能源体制改革，需要继续坚持充分发挥市场在能源资源配置中的决定性作用。我国在能源市场化方面已经初见成效，但在很多领域，市场的决定作用仍受到各种限制。未来要继续坚持充分发挥市场在能源资源配置中的决定性作用不动摇，加快现代能源市场建设，放宽能源市场准入，有序放开能源竞争领域，支持各类市场主体依法平等进入负面清单以外的能源领域，让市场充分高效地配置资源。

第二，在充分发挥市场的资源配置决定性作用的同时，还要更好地

发挥政府作用。为了防止出现市场秩序不规范、不完善，以不正当手段谋取经济利益的现象，需要政府发挥作用弥补市场失灵，兼顾公平与效率。用政策引导预期，用规划明确方向，用法治规范市场行为，强化事中事后监管，促进市场竞争公平，持续优化营商环境。健全能源行业自然垄断环节监管体制机制，释放市场活力；健全完善财政、金融、税收等支持政策，优化能源市场监管，加强可再生能源电力消纳保障。

（二）完善煤炭、油气矿权管理与出让制度，吸引社会资本参与上游资源开发

推进油气勘探开发领域市场化，放开油气勘查开采限制。在中国境内注册，净资产符合规定要求的内外资公司，均有资格按照相关规定取得油气矿权。在放开油气勘查开采领域的同时，实行油气探采合一制度。根据油气资源的勘查开采技术特点，对于发现可供开采的油气资源的油气探矿权人，在向有登记权限的自然资源主管部门报告后，即可进行开采，签订采矿权出让合同，依法办理采矿权登记。

继续强化矿权退出与出让制度。加快推动油气、煤炭矿权流转市场建设，全面推进矿权公平流转。全面推进矿权竞争性出让体制改革，除协议出让外，对其他矿权均以招标、拍卖、挂牌的方式进行公开竞争出让。严格控制协议出让，积极推进“净矿”出让，加强矿权出让前期准备工作。实行同一矿种探矿权和采矿权出让登记同级管理制度，解决之前同一矿种的探矿权和采矿权由不同层级自然资源管理部门进行管理带来的问题。在管理职责划分上，自然资源部负责石油、烃类天然气等重要战略性矿产的矿权出让和登记；省级自然资源主管部门根据矿产资源规划的管控规定，负责战略性矿产中的大宗矿产的矿权出让和登记。规范财政出资地质勘查工作，不再新设置探矿权。对于已设探矿权的，在完成规定的勘查工作后应当注销探矿权，并由自然资源主管部门通过公

开竞争的方式面向各类市场主体出让矿权。调整探矿权期限，探矿权申请延续登记时应扣减一定比例的首设面积。

加快有序放开发用电计划。分步放开跨省跨区发用电计划，探索非化石能源发电企业与售电公司或大用户开展跨省跨区点对点交易。通过建立优先购电制度保障无议价能力的用户用电，保障清洁能源发电、调节性电源发电优先上网。跨省跨区送受电的优先发电计划在受电地区优先消纳，允许优先发电计划指标有条件市场化转让。通过直接交易、电力市场等市场化交易方式，逐步放开其他的发用电计划。对于参与市场交易的电力用户，不再执行目录电价，主要由用户、售电主体与发电企业通过自主协商、市场竞价等方式确定。在保证电力供需平衡、保障社会秩序的前提下，实现电力电量平衡从以计划手段为主平稳过渡到以市场手段为主，并促进节能减排。在电力市场体系比较健全时，全部放开上网电价和公益性电量以外的销售电价。

（三）完善油气管网运营与监管机制，加快推动管输服务和销售业务的完全分离

加快推动管道运输服务和销售业务的完全分离。组建国有资本控股、投资主体多元化的石油天然气管网公司，推动形成上游多主体多渠道供应、中间统一管网集输、下游销售市场充分竞争的“X+1+X”油气市场体系，提高油气资源配置效率，保障油气安全稳定供应。国有大型油气企业在省级管网公司中所持股权全部纳入国家管网公司；鼓励地方以省级管网资产入股国家管网公司；按照“全国一张网”的思路，国家管网公司成立后，积极引导和推动省级管网公司以市场化方式融入国家管网公司。通过这种模式，实现区域性天然气市场建设，促进实现“X+1+X”油气改革目标。不断完善油气管网运营机制，持续推进国家油气管网公司平稳运行。深化油气管网建设运营机制改革，引导地方管

网以市场化方式融入国家管网公司，支持各类社会资本投资油气管网等基础设施，制定完善管网运行调度规则，建立健全管容分配、托运商等制度，促进形成全国“一张网”。

完善油气管网公平接入机制，实现油气管网设施的公平开放。将包括油气干线管道、省内和省际管网在内的油气管网设施全部向第三方市场主体公平开放，加快油气市场多元竞争，提升资源接续保障能力和集约输送能力。在保障现有用户现有服务并具备剩余能力的前提下，油气管网设施运营企业应无歧视地与符合开放条件的用户签订服务合同，按照合同约定，向用户提供油气输送、储存、气化、装卸、转运等服务。油气管网设施运营企业定期公布下一自然年度各月油气管网设施剩余能力，每月更新本年度剩余各月度的油气管网设施剩余能力。

探索建立独立的电力系统运营机构，实施输电网与配电网业务和资产的有效分离，深化电网主辅分离。逐步形成“中央政府管输电，地方政府管配电”的输配分开格局，实质也是在电网领域的最大限度放权，为增量配电业务提供更为广阔的发展前景，为社会提供更多的就业岗位，进一步激发社会经济的最大活力。促进电网企业落实国家对深化电力体制改革的部署，加快完成电力装备制造辅业与输配电主业的分离，进而助推电网企业更好聚焦输配电主业发展壮大。

（四）推动多元主体参与的销售市场改革，完善可再生能源并网机制

支持鼓励更多社会资本进入电力领域。持续深化配售电侧改革，激发存量供电企业活力，进一步向社会资本有序放开售电和增量配电业务，成立售电公司，向用户提供购售电业务、合同能源管理和综合节能等多种服务。进一步完善包括省级电网、区域电网、跨省跨区专项工程和增量配电网在内的各类价格形成机制，加快理顺输配电价结构。推动

落实增量配电企业在配电区域内拥有与电网企业同等的权利和义务。完善售电主体准入和退出机制，推动售电主体参与各类市场交易，理顺购售电电费结算关系。建立和健全电网企业代理购电机制，有序推动工商业用户直接参与电力市场交易，完善居民阶梯电价制度。

尽快建立和完善可再生能源、分布式能源系统并网规则和机制。实现碳达峰目标的关键在于促进可再生能源领域的发展，促进可再生能源发展的关键在于可再生能源的消纳，而保障可再生能源消纳的关键则在于对可再生能源发电的并网、调峰和储能。风电、太阳能发电的发展不能搞大跨越，必须与电力系统灵活性资源建设相匹配。在电网企业承担可再生能源保障性并网责任的基础上，采取各种方式鼓励发电企业自建或购买调峰储能能力，以增加可再生能源的发电装机并网规模。积极推进分布式发电市场化交易，健全分布式电源发展新机制，推动电网公平接入。支持分布式发电与同一配电网区域的电力用户就近交易，完善支持分布式发电市场化交易的价格政策及市场规则。建立可再生能源消纳责任权重引导机制，实行消纳责任考核，研究制定可再生能源消纳增量激励政策，推广绿色电力证书交易，加强可再生能源电力消纳保障。

支持新模式新业态发展。培育壮大综合能源服务商、电储能企业、负荷集成商等新兴市场主体。创新有序推动工商业用户直接参与电力市场，促进非化石能源发电的消纳，推动非化石能源发电参与电力市场交易，以市场化方式拓展消纳空间，积极开展绿色电力交易试点。创新电力源网荷储一体化和多能互补项目规划建设管理机制，推动项目规划、建设实施、运行调节和管理一体化。

（五）有序推进全国煤炭、石油、天然气、电力等交易系统建设

推进交易机构独立规范运行。推动全国性和区域性煤炭交易中心协

调发展，加快建设统一开放、层次分明、功能齐全、竞争有序的现代煤炭市场体系。优化电力市场总体设计，健全多层次统一电力市场体系。推动建成主体规范、功能完备、品种齐全、高效协同、全国统一的电力交易组织体系。

尽快完善原油期货交易市场，建立成品油、天然气期货交易平台，有序推进全国性和区域性石油、天然气现货市场建设。持续优化原油期货运行机制，深化期现结合，不断提升期货市场价格影响力，加快构建完善的能源衍生品体系，尽快推出原油期权，抓紧研发上市成品油、天然气等期货产品。健全油气期货产品体系，规范油气交易中心建设，优化交易场所、交割库等重点基础设施布局。

吸引更多国内外投资者参与，建立具有一定国际影响力的油气交易市场。推动交易品种齐全、期现相互联动，通过油气现货优化资源配置、油气期货、发布价格指数和开展衍生品交易等扩大价格影响力，在制度建设、交易规则、产品设计、交易便利性、透明度、合法权益保护等方面进一步优化完善，吸引更多交易商、投资者来参与，从而提升我国在国际油气市场的话语权和定价权。

着力推进电力中长期市场和辅助服务市场发展，加快深化电力现货交易平台建设，研究完善电力跨区域市场交易机制和规则。推动各地制定修订电力中长期交易规则。鼓励和推进符合条件的各类市场主体参与交易。丰富电力交易品种，优化交易组织流程，缩短交易周期，增加交易频次，建立分时段签约交易机制，健全偏差考核机制。同时，稳妥推进电力现货市场建设。对于具备条件的试点地区，推进其转入长周期运行，有序扩大电力现货市场的试点范围。建立健全跨省和跨区的电力辅助服务市场机制，推动送受两端电力辅助服务的资源共享。丰富辅助服务交易品种，推动储能设施、虚拟电厂、用户可中断负荷等灵活性资源参与辅助服务。

研究建立兼容期货与双边合约、中长期交易和现货交易相结合的能源市场与绿色金融体系。通过期货交易引入更多的市场参与主体，实现中长期交易的价格发现功能，稳定价格，规避价格波动风险。有序推进现货市场建设，增加市场灵活性。稳步推进上海、重庆等石油天然气交易中心及环渤海、华南、华中等现货市场建设，最终建成由期货交易平台和若干个现货交易平台组成的统一开放、竞争有序的能源市场体系。构建绿色金融体系，加大对节能环保、新能源、二氧化碳捕获利用与封存等的金融支持力度，完善绿色金融激励机制。

三、借鉴国外能源市场进化轨迹，探寻特色改革道路

（一）美国：天然气自由市场

1.市场化程度高，市场化运作成熟

由于天然气在交易和运输以及存储等方面都具有一定的特殊性，目前国际上还没有建立起全球统一的天然气市场，国际天然气市场呈现出较为突出的地域化特征。现阶段国际天然气市场主要包括三个区域性市场，分别是亚太市场、欧洲市场以及北美市场。三个区域市场中，成熟度最高的是北美市场，其最为主要的参与方和引领者是美国。经过长达40年的天然气市场的改革与发展，特别是页岩气革命后，北美地区非常规的天然气产量快速增长，北美天然气市场呈现出迅猛的发展态势。在这一过程中，美国发挥了极为关键的引领作用。美国之所以能够发挥引领作用，与其天然气市场具有较高的市场化水平密不可分。美国天然气市场最突出的特征就是自由价格与充分竞争。

（1）天然气市场发展迅速，供给与消费市场竞争充分。20世纪90年代之后，特别是页岩气革命之后，美国的天然气市场呈现出快速的发

展态势，行业的竞争也越来越激烈。从天然气供给的角度来看，美国的天然气产量和储量都非常庞大，同时天然气生产经营企业也比较多，这是美国可以实现充分竞争市场的重要原因。从天然气的消费来看，美国天然气市场规模的持续扩大，天然气消费与煤炭、石油等一次能源消费间的竞争逐步加剧，这些在一定程度上也促进了天然气消费市场充分竞争机制的形成[①]。

（2）定价模式高度市场化，天然气金融市场完善。在20世纪70年代后期的《天然气政策法》实施之后，美国的天然气价格呈现出市场化的趋势。目前，美国已经建立起基于天然气市场交易中心的天然气价格形成机制，也是当前全球范围内一种较为成熟的定价模式。

根据美国联邦能源监管委员会给出的定义，天然气市场交易中心指的是天然气运输管道相互连通且可能产生天然气交易的地点，能够以最低的价格提供物流、贷款、仓储及产权转让等商品交易服务。随着美国国会放开对天然气价格的限制，以及联邦能源监管委员会对天然气管道系统的监管进行改革，美国在20世纪90年代初期正式建立起全球首个天然气市场交易中心。到90年代中期，美国天然气市场交易中心数量不断增长，截至目前，美国共有24个天然气市场交易中心在正常运转。其中，最核心的是位于路易斯安那州（墨西哥湾附近）的亨利天然气市场交易中心。美国所有天然气市场交易中心的价格基本都是以亨利天然气市场交易中心的期货合约与天然气价格指数作为依据而形成的。

不管是美国的天然气市场，还是整个北美的天然气市场，都建立在市场交易中心的基础之上。天然气市场交易中心的建立也在很大程度上

① 参见李扬：《美国天然气产业体系与政策新变化》,《中国石化》2019年第4期，第67—72页。

促进了天然气金融市场的发展。这对美国多层次天然气交易体系的建立具有极为重要的意义。天然气市场交易中心的作用在于实现卖方与买方的聚集，使相关主体能够基于市场供需条件彼此竞争和博弈，进而形成相应的天然气交易价格。天然气的交易价格往往与交易合同期限有着密切的关系。一般来说，现货市场价格主要体现在短期合同交易中，价格的未来变化趋势则主要体现在长期合同交易中。最初美国建立的天然气交易中心只能支持短期现货市场交易，但是天然气存在较为剧烈的价格波动，所以在短期现货交易过程中存在非常高的价格风险。直到20世纪90年代初，为了规避短期价格波动产生的风险，同时达到套利保值的目的，纽约商业期货交易所针对天然气市场推出基于现货交易价格的天然气期货合约交易和天然气期权合约交易①。现在美国已经拥有非常丰富的天然气金融产品，而且很多市场主体都会参与天然气的交易与定价，包括消费者和对冲基金、投资银行和贸易商、运输商和生产商等。所以，目前美国天然气市场已形成以天然气市场交易中心为核心，现货市场和期货市场等各种金融衍生品市场共同调节高竞争度的市场化定价机制，建立了多层次天然气交易体系。

2.美国天然气市场监管体系完善，监管机制健全

美国对于天然气市场的监管主要是基于职能互补且层次明晰的监管机构来开展的。美国联邦层面的天然气监管机构主要有四个。

首先是能源部。能源部作为美国管理能源的最高行政机构，其职责主要是制定并实施各项国家能源发展战略，研究能源发展相关政策。能源部下设化石能源办公室，管理天然气等化石能源的发展事务。

其次是联邦能源监管委员会（Federal Energy Regulatory

① 参见李扬：《美国天然气产业体系与政策新变化》，《中国石化》2019年第4期，第67—72页。

Commission，FERC，以下简称委员会）。委员会作为天然气行业的监管机构，是独立于行政机构存在的。委员会基于各项法案的框架，对石油天然气和电力的州际运输进行管理，具体包括天然气存储设施、天然气管道、天然气终端设施的设计建设和运营方案的审议和批准。此外，委员会的职责还包括确定州际管理公司的费率制定方法和商业管理规则的制定等。现阶段委员会的工作重点是监督评审天然气管道的新建与改建项目。

再次是交通运输部下设的管道与危险材料安全管理局（Pipeline and Hazardous Materials Safety Administration，PHMSA）。在美国，油气管道在建设过程中必须遵守该管理局发布的安全规定，而且需要接受该管理局的监督管理。

最后是环境保护署（Environment Protection Agency，EPA）。在建设能源管道的过程中，环境保护署的职责主要是进行环境评估，从而确保相关工作符合环境保护的要求。

从州层面来看，美国各个州的政府行政部门都会设置公共事业管理委员会或公共服务管理委员会，对联邦能源监管委员会监管之外的其他能源、交通和电力等基本公共服务进行监督管理。现在美国的50个州以及维尔京群岛和哥伦比亚特区等都设立了公共事业或公共服务管理委员会，其职责主要是敦促各个州的公共事业与公共服务委员会，根据所在州的法律框架不断提升监管效率和改善监管质量，从而保证公共服务价格的公平合理，尽可能保障消费者权益。

在美国天然气产业的监管中，最为重要的部分是社会监督。美国在天然气产业方面具有较高的信息化水平，同时信息公开程度也比较高，这为充分发挥社会监督的作用提供了基础。现阶段美国各个相关机构都制定了专门的公众监督程序，利益相关方以及广大社会公众都能够对天然气建设项目进行监督。例如，在联邦能源监管委员会针对天然气管道建设的申请和审议流程开发的信息系统中，在不同的环节都设置了公众意见采集功能，便于听取来自各方主体的意见建议。

经验启示：美国天然气市场的特点主要表现为市场化程度高和监管体系完善两个方面。广泛的市场参与以及灵活的价格机制使得价格能够实现资源优化配置，同时完善的政府监管体系也发挥了规范市场行为、弥补市场失灵的功能。美国天然气市场的案例是市场与政府在职能和作用上互相配合的成功案例。

（二）欧洲：天然气开放市场

在欧洲各国最初建立天然气市场时，主要方式是建立纵向一体化的大型能源企业。此时，这些大型能源企业对储气设施与输气设施形成了自然垄断。20世纪80年代，欧洲正式开始整合内部能源市场，同时推进能源市场化改革。1988年正式通过《内部能源市场法案》，为欧洲之后的改革提供了指导和依据。此后，欧盟分别在1998年和2003年颁布了燃气指令，明确天然气市场化的目标和进程，并且制订了较为具体的操作计划。目前，欧盟正在实施的是2009年制定并颁布的第三套能源法案。

1.市场结构多元化

随着天然气市场化改革的不断推进，欧洲逐步打破了大企业的自然垄断，建立起若干具有一定独立性的储气、配气以及输气公司。同时，欧洲建立并严格落实了无歧视的第三方准入机制，让终端用户可以选择不同的燃气销售商，这些措施使得天然气市场的竞争程度显著提升[①]。随

① 参见国际燃气网：《欧盟天然气市场化进程及启示》，https：//gas.in-en.com/html/gas-2291157.shtml。

着市场化改革的深入，欧洲天然气产业链也从单纯的串联结构逐步转变为更为复杂的并联结构。不仅如此，欧洲推行的纵向一体化能源企业的拆分政策，使天然气市场上出现了大量新参与主体，天然气的流动呈现出明显的多元化趋势。在众多新参与主体中，最主要的包括以下四类。

第一类是天然气的销售商或供气商。这类参与主体一般是天然气的所有者，其参与市场的方式主要是从贸易商以及生产商等处购买天然气，然后将天然气销售至终端消费者。一般而言，销售商或供气商会与管道运营公司签订专门的输气合同，并根据输气的实际情况支付运输费用。

第二类是天然气贸易商。贸易商只参与天然气的买卖交易，与管道运营商和客户之间没有直接的交易关系。

第三类是输气和配气公司。此类市场主体主要负责运营输气与配气管道，为其他市场主体提供天然气的运输服务，而不直接参与天然气买卖交易。输气或配气公司通过提供输、配气服务获得相应的盈利。

第四类是储气库运营公司。储气库运营公司主要负责储气库的运营，为市场各方提供储气服务。其经营收入主要来自收取储气库的使用费。

除了上述市场参与主体，欧洲天然气市场还包括天然气现货与期货交易中心，以及国家监管机构。其中欧洲天然气交易中心与德国的虚拟交易点（Virtuelle Handelspunkte）和英国的国家平衡点（National Balancing Point）比较相似。

2.供气渠道竞争化

从燃气销售商的角度来看，随着天然气储运设施第三方准入机制的实施，天然气管道使用权的公平竞争环境得以充分保障。而且欧洲规定，燃气销售商不能与用户签订长期合同，从而为更多的销售商进入天然气市场提供了机会。随着欧洲天然气市场化的持续推进，天然气的供给模式越来越多样。消费者能够基于实际需求对各种价格和气源的天然气进行组合，从而实现用气成本的最小化。

一般来说，传统的天然气市场通过签订长期合同来满足用户需求。这类长期合同中，供气方的主要责任是为用户的基本负荷和调峰需求提供保障，通常来讲，供气方收取的费用也较高。而在天然气供给充分市场化的情况下，市场供气模式呈现多元化，形成了周、月度、季度负荷等不同形式的供气合同。通常，基本负荷合同的价格比较低，短期负荷合同的价格则相对较高。在充分市场化的市场中，用户不仅可以通过多种渠道购买天然气，而且可以根据实际情况对各种供气合同进行自由组合，有利于实现用户经济效益的最大化。

3.管输模式标准化

随着欧洲天然气市场化的逐步推进，管道运营公司是天然气运输服务的提供者，并不参与天然气的直接贸易。市场中，天然气销售商通过生产商或贸易商对天然气进行采购，然后与管道运营公司签订合同，将天然气委托给管道运营公司进行输送。通常来讲，销售商会要求运输服务商在指定的站场将天然气交付用户。天然气管道的生产以及运行成本都体现在管输费中，由委托方进行支付。

随着天然气管道和管网的不断发展，运输服务商在市场交易中的角色也在发生变化，随之产生的是天然气管输的计价模式的改变。在最初推进天然气市场化时，天然气运输主要采取“点对点”模式。这种模式下，管道公司基于管网的工艺特点事先制定相应的输气合同。各个输气合同都明确天然气进气以及下载的站场，并确定具体的流经管线。销售商只需要从固定的路径中选择即可。现阶段欧洲的很多国家已经转变了管输计价模式，较为普遍采用的模式是“入口/出口”模式。这种模式下，管道公司会对不同站场的进气和出气能力进行公布，销售商可以自行选择相应的进气点以及下载点，根据自身的需求对进输气能力进行预定，形成相应的输气合同。

对于销售商来说，预定的进气量和下载量都应当确保总量相等，这样才能实现管输系统的物理平衡。管输费不仅取决于输送距离，还包括预订相应站场进出气能力的费用。销售商可以根据公布的信息自由选择从各个气源将天然气运输到相应的市场，因此这种模式具有较高的灵活性。然而这种模式下短距离的输气费用明显升高，因此对于短距离的运输而言并不经济。

管道运营企业一般会在“入口/出口”系统中对各个站场的分输以及进气能力进行公布，为客户预定提供参考。客户只能在自己预定的范围之内按日进行指定，而且销售商往往会指定次日进入管道和提出的气量。若是超出预定范围，那么管道公司不仅可以对超出部分拒绝运输，还会针对客户预定额和日指定额之间存在的差值进行惩罚性收费。

经验启示：欧盟天然气市场的成功经验可以总结为充分的市场竞争机制。通过主动打破垄断，欧洲在天然气从供气、储备、管输，再到消费的各个环节建立竞争机制，提高能源利用效率，降低能源使用成本。

（三）巴西：市场化改革的同时兼顾国家能源安全掌控

20世纪70年代，巴西曾是石油进口国，对进口石油的依赖高达80%以上[①]。由于近年来原油产量不断增加，巴西成为世界性石油生产

① 参见贺双荣：《巴西能源市场化改革启示及中巴能源合作》，《中国能源》2021年第7期，第63—72页。

大国和净出口国。大力推行市场化改革，打破国家石油公司垄断，是巴西迅速成长为世界性石油生产大国的重要因素。

巴西的石油市场化改革，是多轮协商、逐步放开、循序渐进的，同时还兼顾了国家对能源安全石油战略资源的掌控。1995年，巴西修改宪法，从法律上终止了巴西国家石油公司（Petrobras）对石油行业的垄断。很多人担心改革会影响国家的石油安全，决策者综合考虑利弊因素，对改革方案不断进行调整。比如，基于稳妥考虑，新政策方案设定了36个月的过渡期①。总统也亲自承诺，国家将继续控股巴西国家石油公司，强调不会让国家资产流失。

经过多轮协商与调整，1997年，巴西颁布新的石油法，成立隶属于矿业能源部的国家石油署（ANP），代表国家行使对石油天然气资源的管理权，全面管理石油勘探开发的招标和授权，巴西国家石油公司不再拥有对巴西石油行业的管理权和垄断权，实行企业自主经营。但政府仍保持了对巴西国家石油公司持有的股份，最小将不低于50%外加一个投票权。并且巴西国家石油公司的董事会主席，在改组初期也由能源与矿产部长兼任。

巴西的市场化改革措施也是逐步实施的，并不都是一步到位。比如，巴西国家石油公司对原油和成品油进出口的垄断权利，延续到2002年初才真正停止。为了保护巴西国家石油公司的利益，对于巴西国家石油公司已经确有商业发现或较大投资的勘探区块，不用参加公开招标，巴西国家石油公司继续持有3年勘探权。

出于“维护主权”和对“财富的控制”，2010年，巴西政府确定了巴西国家石油公司作为“唯一作业者”的垄断地位，要求所有盐下油田

---

① 参见《巴西石油体制改革介绍》,《中国石油和化工标准与质量》2008年第9期，第43—46页。

开发必须有巴西国家石油公司的参与并占有项目30%以上股份[①]。作为“唯一作业者”，意味着巴西国家石油公司将在投资上出大头，并负责开发与生产全部事宜。联合体的其他合作者事实上仅为参股人，并无多少发言权。

2016年，巴西政府颁布新法案，放松了对开发盐下油田的管制，巴西国家石油公司将不再作为唯一作业者，但对开发油田新区块仍然拥有优先权。新法案还保留了开发联合体需要向巴西上缴石油的比例，即原油产量的40%[②]。

根据要求，巴西国家石油公司需要在部长批准盐下油田拍卖30日内，向巴西许可证颁发机构表明其打算行使这些优先权，并获得所选区域30%的作业权。即使决定不行使优先权也并不妨碍巴西国家石油公司为其他区域投标。

巴西的石油市场化改革，充分平衡各相关方的利益，让国家、企业和社会都能从中受益。石油市场化改革后，巴西政府作为石油资源的所有者，除原有的企业所得税外，在石油资源费等方面净增四大收益：签字费、矿税、特别参与权和土地使用费。在1999年的首次公开招标中，巴西政府就收取签字费1.4亿美元，其后招标的签字费也是节节攀升[③]。矿税是产量的10%，对地质情况复杂的勘探者则优惠减税到5%。对于预期收益特别好的项目，巴西政府还另外通过特别参与权收取更高收益。如果是陆上勘探开发的区块，则要收

① 参见中新网：《巴西政府掌控石油开采 30%油气须上交国营公司》，https：//www.chinanews.com/cj/cj-gjcj/news/2009/09-02/1846265.shtml。

② 参见国际石油网：《巴西通过石油法修正案 打破石油垄断》，https：//oil.in-en.com/html/oil-2572487.shtml。

③ 参见《巴西石油体制改革介绍》，《中国石油和化工标准与质量》2008年第9期，第43—46页。

取0.5%～1%的土地使用费，付给土地的拥有者，以保障各方利益。所有这些收益，法律都会详细规定在政府各部门和地方之间如何进行分配。

经验启示：巴西的石油市场化改革，是多轮协商、逐步放开、循序渐进的，同时兼顾国家对能源安全石油战略资源的掌控。在市场化改革过程中，应充分平衡各相关方的利益，让国家、企业和社会都能从中受益。

第二节　加快完善科学化价格机制

一、能源价格改革取得显著成果，稳步向市场化定价推进

（一）能源价格改革对国家能源安全供应和建设资源节约型社会至关重要

能源价格改革有利于国家能源安全供应。能源低价政策的初衷是降低能源使用成本，促进经济和保障民生，但实际上，利用行政手段压低能源价格的做法不仅会造成能源使用的浪费，甚至会导致能源供应短缺，不利于保障能源的安全供应。以电力和天然气为例，夏季电力需求量大，而天然气在冬季需求量大，如果采用低价策略，而没有通过价格机制引导消费和供给行为，则会造成用能方以较低的价格就能获取大量电能和天然气，从而加剧能源供应紧张，甚至导致频繁地发生气荒、电荒等现象。另外，能源的供应往往存在垄断，能源低价政策使供应方无法通过增加供应来获得更高的利润率，因此没有增加能源供应的动力。不仅如此，能源供应方凭借对市场的垄断，将“能源荒”作为与政府谈

判的筹码，以获得更多的财政补贴或迫使政府提高能源产品价格。这种非市场行为的结果是，能源供应方不需要增加供给或提高技术水平便可以获得大量垄断利润，长此以往不利于能源产业的可持续发展，更不利于保障能源安全。

能源价格改革有利于实现建设资源节约型社会的战略目标。我国能源定价由政府直接定价或间接管制，因此包括天然气和电力等在内的能源领域价格长期低于市场均衡价格，不利于能源资源的有效配置。根据市场供求规律，能源价格长期低于市场均衡价格一方面会导致能源使用成本降低，造成能源需求增加，降低能源使用企业节能的内在动力，不利于我国经济结构的转型和我国建设资源节约型社会战略目标的实现；另一方面会降低能源供应企业在增加供给数量和提升供给质量方面的动力，导致能源供给减少，严重阻碍我国能源使用效率提高和开采技术进步，不利于能源产业的可持续发展，甚至威胁我国能源安全。随着能源供应的日益紧张，能源市场价格也在不断走高。在这种背景下，单纯依靠行政手段实行的低价能源策略已经不可持续，必须进行市场化改革，以市场为主实现能源资源的有效配置。当然，由于能源市场客观存在缺陷，完全交给市场定价可能会存在价格难以反映环境污染等外部性成本的问题，因此能源价格市场化改革在以市场为主的同时，也离不开政府适度的干预与引导。

（二）能源价格改革持续深化，市场化水平逐步提升

回顾我国能源价格改革历程，可分为完全政府定价、政府指导定价和市场化定价三个阶段，不同能源品种价改阶段和过程有所不同，见表5-1。

表5-1　我国主要能源价格改革历程

能源类型	时间	定价方式
煤炭	1953年至1984年	国家制定煤炭价格
	1985年至2012年	市场价和计划价格并存
	2013年至2015年	自主协商定价
	2016年至今	新价格双轨制
电力	1949年至1985年	电力价格由政府制定
	1985年至2002年	电价机制由计划管制松绑，实行多种电价制度
	2002年至2015年	引入竞争机制，采用燃煤标杆上网电价
	2015年至今	政府定价与市场化定价并存
石油	1949年至1997年	政府完全定价
	1998年至2009年	政府指导价格
	2009年至2013年	政府指导下最高限价
	2014年至今	政府指导下最高最低限价相结合
天然气	1956年至1993年	高度集中的政府定价
	1993年至2005年	价格双轨制
	2005年至今	政府指导价格

1.完全政府定价阶段

煤炭价格由国家完全制定（1953年至1984年）。为保证煤炭市场稳定，这个时期我国对煤炭采用低价政策，制定全国统一的计划价格指数。煤炭定价的依据是煤炭与其他主要生产资料的比价关系，这种比价关系是基于计划经济而设定的，并没有与市场发生联系。在煤炭低价政策下，煤炭企业长期处于微利或亏损状况，使企业丧失了长远发展的能力。

石油由国家完全定价（1997年以前）。在成品油定价机制改革实施之前，我国成品油价格由政府根据市场运行情况统一制定，具有很强的计划性。

天然气采取高度集中的政府定价（1956年至1993年）。1981年之前，为了鼓励使用天然气，我国制定了十分低廉的天然气价格水平，且天然气供应量由国家统一管理。这一阶段，我国天然气价格长期偏低，导致天然气勘探、开采等相关技术进步缓慢，阻碍了整个天然气行业的发展。1981年至1993年，我国天然气进入常数包干、以气养气阶段。

电价由国家制定（1949年至1985年）。新中国成立初期的电力建设和电价管理采用了高度集中的计划管理体制。以1952年全国主要电力企业由地方上划中央管理为标志，我国电力工业开始实行中央统一管理，实行计划建设、计划发电、计划供电的体制。

2.政府指导价格阶段

煤炭采取市场价和计划价格并存（1985年至2012年）。这个阶段又可以细分为三个时期，包括统一的煤炭价格双轨制（1985年至1992年）、电煤的价格双轨制（1993年至2001年）和煤电市场化改革探索后的价格双轨制（2002年至2012年）。在2002年至2012年的煤电市场化探索后的价格双轨制时期，国家停止发布电煤政府指导价格，煤炭定价机制开始进入市场化改革的探索阶段。由于煤炭市场仍处于市场化改革初期，因此电煤价格双轨制以及电煤由政府指导定价的形势并没有得到根本性的改变。例如，政府每年仍然会发布一个具有参考性的协调价格；对于运输企业和煤炭终端用户价格协商不一致的情况，国家发改委仍会对电煤市场价格和运输进行直接干预。

石油采取政府指导价格（1998年至2009年）。这一阶段，石油领域从完全政府行政定价转变为基于国内外价格联动的政府指导价格。1998年，我国开始对成品油价格形成机制进行改革。改革后的成品油价格以新加坡、纽约和伦敦三地成品油市场价格的加权平均值为定价基础，形成国内成品油的中准价格。同时扩大中石油、中石化两大石油集团公司在中准价格基础上的调价幅度至8%，改革的结果是国内成品油价格的变动幅度进一步扩大[①]。

天然气价格机制市场化步伐加快，处于政府定价与市场化定价并存阶段（1993年至今）。价格双轨制时期（1993年至2005年），国家出台了一系列政策措施对天然气出厂价进行调整。政府指导价时期（2005年至今），我国从2005年12月实行天然气政府指导价，此后，国家对天然气价格市场化改革的力度不断加大，政府对天然气价格的管理权限逐步缩小，同时天然气生产企业的定价自主权逐渐放宽，这对调动油气生产企业的积极性发挥了重要作用。在出厂价方面，自2010年6月起，我国全面取消天然气价格双轨制，同时适当提高了国产陆上天然气出厂基准价格，常规国产气实行政府指导价，非常规国产气实行市场定价；在管输价方面，2016年，国家发改委发布通知，将管输价格由“一线一价”调整为“一企一价”，遵循“投入成本加合理收益”的原则确定管输价格，采取“一部制”收费；在储气调峰价方面，2020年，国家发改委在《关于加快推进天然气储备能力建设的实施意见》和《中央定价目录》中提出，对于独立运营的储气设施，储气服务价格、天然气购进和销售价格均由市场形成；在门站价方面，采取市场化定价与政府指导价并存，页岩气、煤层气、LNG、直供用户用气及2015年以后建成使用的进口管道天然气，以及个别试点省份天然气的门站价格，由市场形成，其余国产陆上管道气及2014年以前建成使用的管道气门站价格仍实行现行价格机制，并适时放开。

传统电力价格机制市场化改革稳步推进，现行的电价机制逐步由计划体制转向市场模式，呈现计划与市场并存的局面。初始调整阶段

① 参见《国家发改委关于调整成品油价格的通知》，http：//jjs.chinadevelopment.com.cn/index.php?s=Policy/Index/detailprint/id/9363.html。

（1985年至2002年）。为了解决建设资金不足、电力供应紧张的矛盾，1985年，国务院出台《关于鼓励集资办电和实行多种电价的暂行规定》，提出电力投资主体多样化，实行了多种电价制度。改革过渡阶段（2002年至2015年）。2002年，第一次电力体制改革主要瞄准"打破垄断，引入竞争，提高效率，降低成本"的目标。国务院颁布《电力体制改革方案》，开始进行以"厂网分开、主辅分离"为主要内容的电力工业管理体制改革，引入竞争机制，采用燃煤标杆上网电价。全面改革阶段（2015年至今）。2015年以来的新一轮电力体制改革主要针对电力行业市场交易机制缺失，电价机制未能理顺，电力成本无法疏导的实质性问题。中共中央、国务院于2015年下发《关于进一步深化电力体制改革的若干意见》，确定了"三放开、一独立、三强化"的改革基本路径以及"管住中间、放开两头"的体制框架，政府定价与市场化定价并存。

3.市场化定价阶段

煤炭价格机制改革取得重要进展，处于完全市场化定价完善阶段。我国煤炭价格的定价机制受市场和政策影响，完全市场化定价可初步划分为初级阶段和完善阶段。完全市场化定价初级阶段（2013年至2015年）的自主协商定价。2012年12月印发的《国务院办公厅关于深化电煤市场化改革的指导意见》提出取消重点合同，取消电煤价格双轨制，煤炭企业和电力企业自主协商确定价格，鼓励双方签订中长期合同。但由于这一时期煤炭价格处在下行通道中，长协合同无法执行年初价格，因此，2016年之前，经煤电双方商定的煤炭长协价格并未实际严格执行。完全市场化定价完善阶段（2016年至今）的新价格双轨制。自2016年11月国家发改委、国资委印发《关于加强市场监管和公共服务保障煤炭中长期合同履行的意见》以来，我国煤炭定价机制进入"新双轨制”阶段，即长协价与市场价并行的双轨制阶段。2022年，国家发改委发布《关于进一步完善煤炭市场价格形成机制的通知》，提出煤炭价格在市场形成的基础上，明确价格合理区间、强化区间调控，引导煤炭价格在合理区间运行，合理区间为570～770元/吨。

石油价格机制处于政府指导定价下的企业定价阶段。经过多次改革后，目前的成品油定价机制可以用“有限接轨，政府调控，市场引导”来形容。政府指导下最高限价（2009年至2013年）。由政府指导价格转变为政府指导下最高限价。以迪拜、布伦特和米塔斯三地原油价格为基础来确定政府最高限价，并给予企业一定的定价自主权。政府指导下最高最低限价相结合（2013年至今）。我国设立每桶40美元的调价下限，并且取消了4%的价格变化幅度限制，将成品油调价周期调整为10个工作日，以此来反映成品油市场供求和确保成品油市场的供应稳定[①]。

（三）能源价格管理制度亟须加强，配套政策改革有待完善

能源价格管理制度不够规范，多种价格定价形式并存。在我国能源价格领域中，既有由市场决定的价格，也有由国家制定或指导形成的价格。而且不同能源产品价格在形成机制上各有不同，导致能源市场的割裂，不同能源产品之间价格难以互相影响和调节。对于政府制定的能源价格，不仅是各类能源的定价机制不同，而且在实际执行中还存在价格调整因素，使得价格标准难以得到刚性执行，造成能源价格不够规范。

配套政策改革有待完善。提高新能源和可再生能源等清洁能源在能源使用结构中的占比是我国能源结构调整的基本方向。但是与传统化石能源相比，新能源和可再生能源等清洁能源在开发、利用上还存在着开

① 参见《国家发改委关于进一步完善成品油价格形成机制的通知》，http://www.gov.cn/zwgk/2013-03/27/content_2363601.htm。

发利用成本高、用户承受力弱等方面的问题。而且，由于我国在环境保护、税收等方面的政策还不够完善，煤炭等传统化石能源产品价格并不能完全反映环境污染带来的外部性成本，这也降低了清洁能源的优势，阻碍了清洁能源的推广，因此，我国能源价格改革还需要其他配套政策的支持。以税收政策为例，我国针对能源领域的税收制度和政策体系尚不完善，对能源的稀缺程度和环境污染成本考虑不够充分，难以发挥税收在这些方面的调节作用。在征收方面，能源相关税收的征收对象范围相对较窄，不利于税收调节作用的发挥。上述税收政策方面的不足都会对能源价格的市场化改革带来影响。

（四）能源价格传导机制有待进一步完善，交叉补贴矛盾尚未根本解决

能源价格传导机制尚未理顺。国内一次能源价格受国际能源价格波动等因素影响，经常出现大幅波动的情况，我国能源价格传导机制尚未完全理顺，导致价格传导不畅，下游能源企业承受亏损压力。例如，煤电价格联动机制执行不力，当上游煤炭价格上涨时，下游火电价格出现调整滞后或调整不到位的情况，火电企业的亏损显著增加。此外，天然气发电价格和居民用气价格调整滞后问题仍未解决。能源价格传导机制长期未能理顺，增加了能源价格改革的复杂性。

交叉补贴矛盾较为突出，尚未建立合理的成本分担机制。我国在天然气定价和电力定价领域都存在较为突出的交叉补贴问题。交叉补贴是指我国通过对工商业用户实行高气价、高电价的方式，补贴较低的居民气价和电价。事实上，工商业用户在天然气和电力方面的用量大、成本低，其气价、电价理应低于居民气价、居民电价。由于交叉补贴的存在，造成能源产品价格水平不能完全反映用户实际应负担的成本，也在一定程度上抑制了价格机制作用的发挥。因此，未来推进能源价格改

革，需要进一步理顺能源价格体系，妥善解决不同用户之间交叉补贴问题，建立合理的成本分担机制。

（五）比价关系协调性不足，难以对能源消费结构进行合理性优化

在能源实际定价过程中，还存在国内价格和国际价格之间的不协调问题，表现在国内能源的市场价格通常要比国际市场更低，造成国际和国内比价关系的失衡。在目前我国能源结构中，国内煤炭资源定价通常较低，在电力销售方面也存在交叉补贴的状况。当国际市场的能源需求量极速上升时，会刺激国际能源的价格持续上涨。与此同时，由于我国多数能源采用政府统一定价，因此难以及时对国际市场价格变化作出及时的反映，造成国内价格与国际价格之间比价关系的失衡。如果这种失衡长期存在，会导致国内能源过度开采，并以低于国际价格的价格水平将国内资源出售，造成国内资源供应不足，同时也造成本国资源的市场价值难以充分实现。同时，国内和国际能源比价关系的不协调还会影响到国内能源消费结构，不利于国内能源供需关系的稳定，难以对产业结构进行合理性优化。

二、坚持“管住中间、放开两头”价改思路，建立主要由市场决定的价格机制

（一）“管住中间、放开两头”总体思路，兼顾各方利益

按照“管住中间、放开两头”总体思路，稳步推进能源价格改革。习近平总书记指出，全面深化改革是一项复杂的系统工程，需要加强顶层设计和整体谋划。因此，能源价格改革也应当遵循“坚持统筹谋划，以顶层设计为引领，增强改革的系统性、整体性、协同性”的原则，按照“管住中间、放开两头”的总体思路进行推进。其中，“管住中间”

指的是针对能源领域的自然垄断进行改革，通过政府有效的管控，创造出公平的竞争环境。具体措施包括：将网络服务等具有自然垄断特点的业务与能源商品销售业务进行分离；完善对自然垄断领域和环节的第三方准入监管等。“放开两头”则是指开放竞争性领域投资准入，为民营资本提供投资机会，促进市场主体多元化竞争；同时放开竞争性环节的市场定价，充分调动各方积极性，促进能源生产技术和供应能力的提高，在国际市场中展现出竞争力。积极推进建立开放统一的能源消费市场体系，以公平竞争为基础，推动能源价格市场化改革的全面展开。

统筹兼顾生产者、经营者、消费者利益。我国的能源定价策略侧重保护消费者利益，而对生产者的激励不够，长此以往不利于能源领域生产者扩大投资，进而影响能源供给的稳定。进一步推进能源价格改革需要处理好消费者利益保护与生产者激励二者的关系，实现能源行业的持续健康发展。2016年，为了兼顾保护消费者利益与稳定生产者预期，国家发改委规定当国际油价每桶低于40美元时，汽、柴油最高零售价格不降低；当国际油价高于每桶130美元时，国内汽、柴油最高零售价格不提高或少提高；当国际油价在40～130美元之间运行时，成品油价格则按原有规则运行[①]。从国际上来看，40美元的价格，已经低于很多国家的开采成本，当然也低于我国的开采成本。因此，设定40美元的“地板价”，不仅是保障国内石油价格、成品油价格保持相对平稳的需要，也是保证国家石油安全的需要。

（二）体现顺畅的能源价格联动机制，有效传导上下游成本

完善煤、电价格传导机制，制定煤价合理区间。2022年2月，国家发改委发布《关于进一步完善煤炭市场价格形成机制的通知》，提出要

① 参见《国家发改委关于进一步完善成品油价格形成机制有关问题的通知》，https：//www.waizi.org.cn/law/8159.html。

积极完善煤、电价格传导机制，鼓励在电力中长期交易合同中合理设置上网电价与煤炭中长期交易价格挂钩的条款。当前，煤电产业链上存在着价格信号不对称传递的问题，煤电企业对煤价和电价的影响力偏弱，在高煤价时候煤电企业受“高市场煤、低市场电”价格的“两头挤压”而大面积亏损，经营面临两难困境。煤、电上下游价格传导机制的完善，其核心在于煤炭和电力都位于合理的价格区间，从而推动形成一个相对稳定的煤炭价格。目前，燃煤发电已经由执行目录电价转为“基准价+上下浮动”的市场化电价机制，而现在又将煤炭从市场化交易转为设立价格合理运行区间，这无疑提升了煤价与电价的衔接空间。目前燃煤发电企业可以在基准价上下浮动不超过20%，高耗能不限价，加之煤炭这一主要燃料成本实现价格锁定，则煤与电价格之间将可以比较顺畅通过市场机制实现有效传导①。这与此前政府出台的“煤电联动”政策有比较大的差异，“煤电联动”政策更多的是基于传统政策定价的框架，完善煤、电价格传导机制更加强调了市场“无形手”的资源配置和价格发现作用，是改革的亮点。政策的逐步贯彻落实，将有助于建立健全煤炭价格与电力市场价格的联动机制，减少煤炭和电力两大市场的改革和管理成本，进而降低能源转型成本和提高能源转型效率。

（三）构建灵敏的能源价格调节机制，反映能源供求平衡

过去几十年，我国稳定的能源价格和越来越安全稳定的能源供应，给工商业企业创造了相对稳定的能源供应环境，也在一定程度上提升了这些企业的国际竞争力。政府的调控保证下游的企业有相对稳定的预期，也可以减缓市场冲击对企业的影响。不过这种稳定也导致工商业企业经营时容易忽略能源费的成本变化。当一般工商业用户进

① 参见《国家发改委关于进一步深化燃煤发电上网电价市场化改革的通知》，https://www.ndrc.gov.cn/xxgk/zcfb/tz/202110/t20211012_1299461.html?code=&state=123。

入能源价格市场后，他们需要直面市场价格波动，承担市场价格波动带来的不确定性。因此通过市场机制让价格反映稀缺资源的价值非常有必要。

进一步完善分时电价制度发挥市场机制的决定性作用。分时电价旨在确保电力供求平稳运行，运用峰谷电价机制，平抑高峰需求，将用电需求转移到低谷时段，解决了高峰时段电网满负荷运转无法满足用电需求，以及非高峰时段电网设备利用率不高的问题，从而实现节约电网扩建成本，降低电网运营维护费用以及提高电网设施利用率的效果。保障电力供应与需求平衡运行的意义重大，必须供给和需求两端同步发力，最终实现社会总效益的提高，达到提质增效的目的。

实施非居民用气季节价格调整，促进天然气削峰填谷。根据天然气季节性用气特点，对于非居民用户的价格建议实施淡季、旺季两个价格，一年调节两次，促进用户削峰填谷。以当年4月1日至次年3月31日为一个年度用气周期，其中的用气淡季为当年4月至当年10月，用气旺季为当年11月至次年3月。由城市燃气企业根据与上游供气企业签订的气源采购年度合同、自身用气量市场预测，结合往年的实际情况，合理预测淡季、旺季非居民的用气价格，报政府相关部门备案或核准后，分别于淡季、旺季开始前公布实施，从而以价格为导向，促使用气企业合理安排生产，自觉参与城市燃气企业淡旺季用气量的调节，降低城市燃气企业气源采购成本。对于实际情况与预测气价存在的偏差，则在下一个年度周期中进行合理调整。

（四）建立合理的成本分担机制，妥善解决交叉补贴问题

优化阶梯价格政策促进解决交叉补贴问题。首先应最大限度消除由于交叉补贴引起的价格扭曲，尽快全面理顺气价、电价，建立合理的成本分担机制。将价格管制在成本以下而导致业务亏损，需要其他业

务的补贴才能继续经营，这是我国电力、天然气等能源行业交叉补贴存在的问题。当前我国居民的用电用气价格均低于工商业企业的用电用气价格，同时，居民用电用气价格不能高于政府制定的价格上限，电力和天然气的销售企业需要依靠工商业销售业务的盈利来补贴居民业务的亏损。通过两个方面的措施，可从根本上解决电价气价中的交叉补贴问题：首先，清晰测算交叉补贴并公开，依据输配价格形成机制，厘清不同地区、不同用电用气类型的成本差异，并制定不含交叉补贴的输配价格，通过计算用户实际承担的输配价格（或购销价差）和其应承担的（不含交叉补贴的）输配价格之差来测算其享受（或贡献）的交叉补贴，在各类电价气价中明确列出其享受（或贡献）的交叉补贴；其次，逐步完善销售价格内部结构，适当提高居民电价气价，减少工商业用户电价气价负担，阶梯价格将只允许居民使用一定量的低价电力和天然气，直接限制了浪费的额度，如果阶梯的数目越多，使用量的价格区间划分得越细，那么更多的电力和天然气就能以较高的价格出售给居民，而互联网技术的快速发展，将大大降低执行多区间的复杂阶梯价格系统的成本；最后，建立普遍服务制度，完善对低收入群体的综合补贴政策，建立补贴标准随电价气价调整而调整的机制。此外，完善阶梯价格方案，应该与经济社会发展水平相适应，与地方人均收入和人口数量相适应。具体应遵循如下原则：一是遵循动态调整原则，针对经济社会情况及时调整，保持阶梯价格的动态变化；二是遵循因地制宜原则，根据当地经济社会发展水平、人均收入和人口数量等因素合理确定价格水平，第一阶梯的用电用气量和价格调整应考虑地区差异和城乡差异，满足居民消费需求，保障民生。

（五）促进绿色发展价格机制，优化能源产业结构实现绿色转型

“十四五”时期深化能源价格改革将紧紧围绕“双碳”目标，发挥

价格机制的激励、约束作用，促进经济社会发展全面绿色转型。建立健全能够充分反映市场供求和资源稀缺程度、体现生态价值和环境损害成本的绿色发展价格机制，将生态环境成本纳入经济运行成本，撬动更多社会资本进入生态环境保护领域，不断满足人民群众日益增长的优美生态环境需要，这是推进绿色发展价格机制改革的基本取向。

促进能源供给结构低碳转型，推动能源消费结构优化。在能源供给方面，持续深化天然气发电等上网电价市场化改革，完善风电、光伏发电价格形成机制。继续推进输配电价改革，理顺输配电价结构，提升电价形成机制的灵活性，促进新能源就近消纳，实现电力资源在更大范围内的优化配置。在能源消费方面，完善针对高耗能、高排放行业的差别电价、阶梯电价等绿色电价政策，强化能源价格机制与产业、环保政策之间的协同，加大实施力度，促进节能减碳。对于电能替代潜力较大的供热、交通、岸电等，通过降低岸电使用服务费，推动长江经济带沿线港口全面使用岸电，实施支持性电价政策，尽快推动电能替代，减少直接使用燃煤、天然气、石油，减少碳排放。完善居民阶梯电价制度，引导节约用电，优化电力消费行为。促进电力市场、绿色电力证书市场、碳交易市场的有效衔接，合理反映零碳电力的环境正外部性、高碳电力的环境负外部性。完善天然气管道运输价格的形成机制，稳步推进天然气门站价格市场化改革。

三、借鉴特色经验，构建科学合理的能源价格机制

（一）德国：可再生能源的电价补贴

1. 可再生能源补贴的背景

根据企业发展生命周期理论，可再生能源产业的发展过程可以划分为创业期、成长期、成熟期和衰退期。在创业期，可再生能源的生产、

利用和储藏等技术还不成熟，市场规模也比较有限，相关配套制度缺乏。在这一阶段，政府补贴和政策支持是非常必要的，能够帮助初创企业缓解财务压力，顺利度过创业期。随着可再生能源产业的不断发展和成熟，企业自身的技术实力和财务盈利能力都在增强，对政府补贴的依赖程度不断降低。此时，政策补贴便可以进行相应调整，逐步减少和降低，让市场机制发挥更大的作用，促进企业依靠自身实力的壮大来参与市场竞争。可以说，市场机制是可再生能源产业健康发展的必然要求，政府补贴是可再生能源早期发展的关键保障。

2000年，德国通过了《可再生能源法》(EEG2000)，规定在德国全国范围实施平均化措施向开发可再生能源的企业提供相应的补贴。2004年，德国修改并形成了《可再生能源法》(EEG2004)，明确规定了相应的补偿和补贴等激励措施。2009年的修订中扩充了发展路径与设计，新增了市场化相关的条款。2012年的修订首次将可再生能源电力的长期目标写入了法律文件。2014年的修订限制了可再生能源补贴范围，将部分可再生能源发电投入市场直接销售。2017年的修订全面引入投标机制，结束了固定上网电价制度，增强市场竞争力。

2.可再生能源补贴内容

(1)可再生能源产业补贴。德国针对可再生能源产业发展的不同阶段建立了补贴递减机制。补贴递减是指设计固定上网电价的递减周期和递减率，分产业类型、产业减排潜力等渐进式削减，促进可再生能源技术发展，逐步降低可再生能源生产成本。例如，水力发电产业补贴按照每年1%的比例递减，海上风电产业补贴按照每年7%的比例递减(从2018年开始)，陆上风电产业补贴按照每年1.5%的比例递减(从2013年开始)。政府补贴对可再生能源发电的支持效果也是显著的。例如，2004年德国生物质能电价为9.9欧分/千瓦时，5年之后的2009年，该价格降至9.18欧分/千瓦时。生物质能电价的降低离不开技术的不断进步与市场和产量的不断扩张，而德国政府产业补贴也在其中发挥了重要作用。

针对可再生能源补贴，德国政府制定了一整套从实施到评估监管的流程。德国在2009年重新修订了《可再生能源法》，规定环境、自然保护和核反应堆安全等部门必须每隔4年向联邦议会报告发电成本、发电设施流入市场的情况，同时依据技术进步和市场发展状况对新能源电价标准和年递减率作出相应调整。这不仅有助于缓解财政补贴压力、降低民众生活用电成本，同时也在一定程度上激励可再生能源产业技术发展，稳定可再生能源价格，促进电力市场的消费结构改革。同年，德国又建立增长通道机制，将新能源发电固定上网电价补贴的递减机制与装机规模挂钩，随着装机规模的增加而相应减少上网电价补贴。之后德国不仅规定了装机规模的上限，还提出了补贴电量的上限。如2012年，光伏发电装机规模限定为每年250万至350万千瓦，补贴电量上限为5200万千瓦时。这一限制措施出台的主要原因是光伏装机增长速度过快，导致社会成本过高，产业需要合理控制光伏发电发展节奏。德国《可再生能源法》规定，政府相关部门经过调查后可以就补贴效果提出相应报告，根据新能源科学技术发展状况和市场变动情况及时调整电价，同时交联邦议会作出评估。为了使价格补贴政策更加稳定公开透明，德国法律规定相关补贴政策及法律法规在出台之前，可以在《可再生能源法》框架下，由政府部门组织对多方利益进行磋商协调，界定各方权利和义务，并将达成一致的价格补贴对象和内容以公开文件的形式进行公开，并以此为依据制定相关政策法规。

（2）竞争溢价补贴。德国的另一重要的价格补贴机制是基于竞争的溢价补贴。2014年，德国要求新建地面光伏发电项目产生的电量直接进入电力市场进行销售，政府以招投标的方式为单个项目提供固定溢价补贴。从2017年起，除水电、地热能和小型光伏屋顶发电项目外，所有陆上和海上风电、大型光伏发电和生物质能新建项目的电量都要直接进入电力市场进行销售，政府通过竞争性招投标的方式决定市场价格之外的“固定溢价补贴”。按照规定，电价竞价中出价最低的项目中标。中标的发电商除了获得正常的电量销售收入，还按照市场售电的电价和中标价格之间的价格差获得政府提供的溢价补贴，补贴期限为20年。为了让这项政策能够得到有效执行，避免企业为了中标而虚报价格，同时也确保中标企业能够履行合同义务，发电商在参加竞标之前必须缴纳高额的履约保证金。如果中标发电商无法履行合同约定，将会被没收保证金。这种通过招投标获得溢价补贴的方式，不仅有利于可再生能源利用其边际成本低的价格优势实现优先入网，也在一定程度上刺激了电网运营商、电力供应商与可再生能源发电商之间的交易，最终实现降低补贴、提升可再生能源发电市场竞争力的目的。

（3）新能源附加费。在消费端，2011年至2020年的10年间，德国居民电价上涨超过20%。电价构成中，发电成本稳中有降，输配电费上涨约40%，在电价中的占比稳定在20%左右，《可再生能源法》附加费几乎翻倍，电价中的占比由2011年的14%升至2020年的21%，成为居民电价增长的主要因素[①]。2021年9月，德国经济和能源部部长表示从2022年初开始，计划将附加费税降低约三分之一，削减部分通过国家进行政府补贴。到2021年11月，政府的口径已经转变为计划在2023年初，随着煤炭资源的逐步淘汰和太阳能/风电的产能进一步扩

① 参见中国发展网：《德国电价机制对我国的启示》，http://www.chinadevelopment.com.cn/fgw/2022/01/1763966.shtml。

大，将随之取消附加费税[①]。虽然提前取消附加费税，但政府仍然会通过自有资金对相关产业进行补助，因此并不会实际影响到对可再生能源产业的扶持态度和政策，只是将这部分压力从普通企业和消费者身上转移出来，促进电力产业的需求进一步扩大和发展。

3.补贴效果

可再生能源是德国能源转型的核心，通过市场激励与价格补贴等措施，德国在可再生能源方面取得了令人瞩目的进展，特别是在电力部门，可再生能源发电量的增长一直由风能主导，且屋顶太阳能光伏和沼气发电的发展也居于世界前列。2017年，可再生能源在德国终端能源消费总量中的份额为15.5%，实现了可再生能源发电的2020年目标[②]。

德国国内的能源供应变化也侧面凸显出可再生能源的发展成果。2008年至2018年期间，德国化石燃料产量下降了三分之一，而核能产量几乎下降了一半。由于可再生能源产量的大幅上升，这期间德国国内能源总产量仅下降16%。2018年，德国国内能源总产量为1.12亿吨油当量，略高于一次能源供应总量的三分之一。煤炭在国内能源总产量中占比最大，生物能源和废物利用能源产量位居第二。可再生能源产量的增长使德国的能源自给率维持在40%左右[③]。

经验启示：德国政府的扶持政策在可再生能源发展过程中发挥着非常重要的作用。在现有价格机制条件下，如果没有政策支持，与传统能源相比，可再生能源不具有成本优势。通过对新能源产业和发电价格的补贴，德国促进了新能源发电的应用。而德国在补贴退出机制以及财务

① 参见贸法通:《德国政府决定停止收取电费EEG附加税》，https://www.ctils.com/articles/4913。

②③ 参见国际能源署:《2020德国能源政策评估》，https://www.iea.org/reports/germany-2020。

平衡机制方面的设计也是其重要的经验之一。

（二）英国：竞争性天然气定价机制

1.天然气市场化背景与历程

英国天然气市场改革主要可以分为三个阶段：1986年前垄断时期、1986年至2002年市场化阶段，以及2002年以后有干预的市场化阶段。

1986年前，英国天然气市场由国家通过英国燃气公司垄断控制，运输、储存和批发零售环节完全由英国燃气公司所垄断。

1986年至2002年，英国天然气市场化的主要举措是通过管网去垄断、第三方准入打破垂直一体化格局。1986年，撒切尔政府颁布了《天然气法案》，主要内容包括：对英国燃气公司实行私有化；放松对天然气市场供应的管制，建立管网准入机制；建立独立的监管机构——天然气监管办公室（后并入天然气和电力市场办公室）。1996年，英国政府颁布《天然气管网准则》，明确规定了英国天然气管网使用者的权利和义务，成为管网第三方准入的基础。

2002年至今，英国天然气与电力监管办公室取消了对天然气供应商的价格限制，消费者可以直接与上游供应商签订合同，这标志着英国天然气领域的完全市场化。在完全放开消费环节的同时，英国天然气与电力监管办公室仍然保留对天然气输配环节的管制，实现政府监管与市场的协调分工。

2.平衡点定价机制

英国首创的国家平衡点（National Balancing Point，NBP）开创了以虚拟交易枢纽为核心的定价机制，并以此建立天然气现货市场。

英国国家平衡点的应用范围覆盖英国国土范围内的整个输气管

网。在平衡点范围内，输气管网互相连通，管网内天然气的气质和气压保持一致，可以在平衡点内自由流动。天然气管输费用采取“入气口+出气口”的定价机制。当天然气注入或流出平衡点时将会收取运输费用，而在平衡点内流动则不需要支付运输费用。平衡点内，天然气通过“气一气竞争”形成枢纽价格。枢纽价格包含入气口费用，不包含出气口费用。英国国家平衡点由第三方公司Xoserve Limited负责运营，托运人在将天然气注入与流出平衡点的过程中，向Xoserve Limited公司的在线系统UK-LINK提交入气或出气指令①。国家平衡点采取日平衡机制，首先由托运人负责平衡，未平衡的天然气量在当日完成现金清算，其中，托运人未平衡量的计算公式为：未平衡量=入气量-出气量+买入量-卖出量②。整个平衡点内的不同托运人的未平衡量可以相互对冲，总体净余量再由国家电网来平衡。此外，国家平衡点也是天然气批发市场的交割点，同时承担着期货与现货的交割功能，是洲际交易所天然气期货交割地之一。它也是欧洲流动性、交易性最强的天然气交易市场。国家平衡点巨大的市场交易规模和市场化定价机制，决定了英国国家平衡点天然气价格是欧洲乃至全球天然气价格重要标杆。

3.零售端竞价机制

英国天然气市场改革不仅在批发与大宗天然气交易市场上建立了有效的竞争机制，同时在全部零售市场也引入了竞争机制。英国天然气的批发市场按照交易方式可分为场外交易和交易所交易。

---

① 参见徐婧、孙泽生:《国外三种天然气交割模式比较研究》,《国际石油经济》2015年第23卷。

② 参见周璇、董秀成、周淼等:《英国天然气市场运行机制及其对我国市场化改革的启示》,《天然气工业》2018年第38卷。

场外交易的特点是自由灵活，便于实物交割。但由于场外交易存在交易对手风险，因此需要通过保函、信用证等操作方式来规避风险。2008年国际金融危机后，传统的双边清算模式逐渐被中央对手方清算模式所替代，天然气场外交易市场走向标准化和高效。

英国目前最大的天然气交易所是洲际交易所。与场外交易相比，交易所交易在政府严格的监管下运作，具有交易标准化程度高、交易量大、市场参与者多等优势。目前英国天然气批发市场有包括供气方、用气方、中间商和库存商在内的120多家参与者，共同构成了竞争充分的天然气批发市场。

天然气零售市场上，随着市场化的发展，运输等中间成本的下降使得天然气零售业务利润不断提高，吸引众多中小型供气商进入市场。2011年市场中还只有6家大型供气商（BG Group、EDF、EON、RWE Power、Scottish Power、SSE），而到2018年已有46家中小型供气商参与其中，市场占有率达到14%[①]。

经验启示：英国天然气市场改革主要有三个方面重要经验。一是政府采用立法先行、管网独立、纵向分拆垄断机构业务、强制让出市场份额和培养新的市场主体等方式，推动了改革和竞争性市场的建立。二是英国建立了以国家平衡点这种虚拟交易枢纽为核心的天然气定价机制。尽管国家平衡点在监管和输配气费率核算方面比较复杂，但这种机制有效避免了交叉补贴，大大简化了市场交易流程，有利于提高市场的运行效率、透明度、流动性和公平性。三是通过金融工具建立有效竞争的零售市场，在批发市场和消费市场开放交易，但严格监管交易流程及标

① 参见周璇、董秀成、周淼等：《英国天然气市场运行机制及其对我国市场化改革的启示》，《天然气工业》2018年第38卷。

准，规避潜在的金融风险。

第三节　不断健全法治化监管体系

一、能源法治建设稳步推进，能源法律体系日臻完善

（一）推进能源法治建设，提高依法治理水平，推动能源行业高质量发展

依法治国是党领导人民治理国家的基本方略。党的二十大报告指出“坚持走中国特色社会主义法治道路，建设中国特色社会主义法治体系、建设社会主义法治国家”。能源是人类赖以生存和发展的基础，是经济的驱动力，加强能源法治建设，是我国经济与社会发展的需要，是我国建成法治社会必不可少的重要一环。

加强法治建设，加快能源立法步伐，不断提升依法行政能力和水平，促进能源立法与发展改革相协调，努力实现能源治理体系和治理能力现代化，为推进能源生产和消费革命，构建清洁低碳、安全高效的能源体系提供法治保障，同时能源法治建设是进一步提高能源行业依法治理水平、推动能源行业高质量发展的重要保障。

（二）我国单行能源法律顺应时代要求，法律体系不断拓展和重复修订

我国自20世纪80年代开始逐渐建立能源相关法律法规，最先在电力领域出台了3部法规，分别是《电力设施保护条例》、《电网调度管理条例》和《电力供应与使用条例》。1995年，《中华人民共和国电力法》问世，这是我国能源法律法规体系中的第一部能源法律，此后，我

国在1996年颁布了《中华人民共和国煤炭法》，1997年颁布了《中华人民共和国节约能源法》，2005年颁布了《中华人民共和国可再生能源法》，2010年颁布了《中华人民共和国石油天然气管道保护法》，2017年颁布了《中华人民共和国核安全法》。

我国能源单行法律顺应时代要求，不断地丰富和完善。目前已经建立了包含电力、煤炭、可再生能源、核能等能源品种的单行法律，油气领域颁布了《中华人民共和国石油天然气管道保护法》，但《中华人民共和国石油天然气法》还在立法研究中。我国能源法律法规在颁布实施过程中，结合经济社会发展的需要，进行了多次的修订，如2009年全国人大常委会对《中华人民共和国可再生能源法》进行了修正，2016年和2018年对《中华人民共和国节约能源法》进行了两次修订。

此外，我国在资源节约、能源储备、能源监管等领域也进行了大量的立法工作，出台一些新的法规，如2008年颁布了《民用建筑节能条例》《公共机构节能条例》等，2016年，《国家石油储备条例（征求意见稿）》由国家能源局向社会公开征求意见，2022年，《核电管理条例》向社会公开征求意见。目前，国家能源局正在准备对《中华人民共和国石油天然气法》《能源监管条例》等法律法规进行立法研究和起草修改工作。

（三）我国已开展基础能源法的立法研究工作，但颁布实施还需时日

建立以能源法为基础和统领，以煤炭法、电力法、石油天然气法等为主干，以能源行政法规、部门规章、地方性法规和地方政府规章为配套和补充，以标准和规范为技术支撑的能源法律法规体系是我国能源法律体系建设的重要任务。但是当前我国能源基础法的立法工作尚未完成，能源法的统领和指导功能仍然缺位。

我国能源法的立法研究工作起步较早，但是历经波折。2005年，温家宝总理对研究起草能源法作出重要批示，2006年正式启动能源法起草工作，由国家能源办、发改委、国务院法制办等15家单位共同起草《中华人民共和国能源法》，2007年面向社会征求意见，2008年国家发改委将《中华人民共和国能源法（送审稿）》提请国务院审议，但是此后立法工作有所停滞。

2017年，国家发改委向司法部提交《中华人民共和国能源法（送审稿）》修改稿，2020年，国家能源局公布《中华人民共和国能源法（征求意见稿）》。多位专家表示，与2007年版本征求意见稿相比，新版征求意见稿已有很大进步，内容更为全面系统，篇章结构布局更加严谨。与此同时，新版征求意见稿仍有很大改进空间，距离落地施行还有很长一段时间。对于能源法的定位，应该包括的内容，以及与我国能源单行法之间的协调关系，不同学者仍然存在很大的分歧，这也是能源法立法多次迟滞的重要原因。

（四）我国能源监管体系得到加强和完善，但是能源监管法律体系仍缺位

“十三五”期间，我国能源领域“放管服”改革工作整体有序推进，能源监管得到加强和完善。2021年以来，我国继续深化能源领域“放管服”改革工作。国家能源局印发《能源领域深化“放管服”改革优化营商环境实施意见》，继续深入推进能源领域“放管服”改革。能源监管体系进一步完善，先后出台创新能源监督管理机制、强化后续监管、核准权限下放后加强规划建设等政策文件，明确事中事后监管的重点任务、监管标准、工作流程和监管措施；积极推进信用监管、“互联网＋监管”建设，“双随机、一公开”监管制度得到完善，并在85%以上的市场监管执法事项中有效实施。但是，当前我国《能源监管条例》

的立法工作还处于起步阶段，虽然国家能源局已经将《能源监管条例》立法工作列入了《2021年能源监管工作要点》，但要完成立法、普法、执行等工作，仍然任重道远。

二、坚持“科学民主、公平公正”原则，进一步健全能源法律和监管体系

（一）坚持在党领导下，科学、民主、依法立法，公平公正执法

党的二十大报告指出，我们要坚持走中国特色社会主义法治道路，建设中国特色社会主义法治体系，建设社会主义法治国家，围绕保障和促进社会公平正义，坚持依法治国、依法执政、依法行政共同推进，坚持法治国家、法治政府、法治社会一体建设，全面推进科学立法、严格执法、公正司法、全民守法，全面推进国家各方面工作法治化。

能源法治建设是我国践行依法治国基本方略的重要一环，加强能源行业法治建设，必须要坚持党的领导，坚持以人民为中心，坚持科学立法、民主立法、依法立法，坚持公平公正的原则，切实提升运用法治思维和法治方式的能力，促进能源依法治理实践不断深入，为经济社会发展和人民美好生活提供坚实法治保障。

坚持加强党对依法治理的领导。坚持实现党领导能源立法、保证执法、带头守法，健全党领导能源行业依法治理的制度和工作机制，通过法定程序使党的主张成为国家意志、形成法律，通过法律保障党的能源政策有效实施，确保能源依法治理正确方向。

坚持以人民为中心。能源依法治理要体现和维护公民、法人的合法权益，及时回应人民的新关切，要牢牢把握社会公平正义这一法治价值追求，努力让人民群众在每一项能源法律制度、每一个执法决定、每一宗司法案件中都感受到公平正义。

坚持科学立法、民主立法、依法立法。坚持开门立法，注重发挥专家、法律顾问和社会公众在依法治理中的作用，凝聚各方共识；任何立法都要以上位法为依据，着力提高立法质量，以良法促进发展、保障善治。

坚持公平公正的原则。坚持民主立法、阳光执法，将公平公正原则贯穿依法治理的全过程；加强垄断环节监管，确保电网、石油天然气管网无歧视开放；能源企业、行业协会要加强合规性管理，严格遵守能源市场规则，确保市场公平竞争。

（二）积极推进能源立法，健全能源法律制度体系

加快推动《中华人民共和国能源法》立法进程，完善能源单行法体系及配套的法律法规，建立以能源法为统领，以单行法律为支撑，相关配套规章为补充的能源法律法规体系。大力推进《中华人民共和国能源法》《中华人民共和国电力法》《核电管理条例》《国家石油储备条例》的立法审查工作；加快推进《中华人民共和国煤炭法》《中华人民共和国石油天然气管道保护法》《中华人民共和国可再生能源法》《电网调度管理条例》《电力供应与使用条例》《电力设施保护条例》的修订工作；研究制定《能源监管条例》，制定和完善能源监管规则、规定、方法、程序；积极做好《中华人民共和国石油天然气法》等法律法规的立法研究和起草修改工作。全面推进科学立法、民主立法、依法立法。坚持开门立法，注重发挥专家、法律顾问和社会公众在依法治理中的作用，凝聚各方共识；着力提升决策的科学性、民主性，提高立法质量，以良法促进发展、保障善治。

（三）加强法治队伍建设，创新执法方式，提高执法效能和水平

加强法治队伍建设，提升能源行业法治化水平。加大对能源行业法治人才队伍的培养力度，推进能源法治队伍正规化、专业化；推动建立

法律顾问、公职律师、公司律师制度，形成公职律师与外聘法律顾问联动工作机制；充分发挥法律顾问在重大改革、重大投融资、重大决策中的参谋作用；建立健全能源法治专家库，为能源依法治理提供智力支撑。创新行政执法方式。积极探索推进“互联网+”的行政执法新模式，建立执法全过程记录制度，明确具体操作流程，规范行政执法行为；充分发挥社会监督作用，进一步畅通投诉举报渠道；加强信用监管，在行政执法中应用信用信息，发挥信用监管的惩戒作用。强化行政执法力度。要全面落实行政执法责任制，按照执法程序严格执法，规范自由裁量权，建立责任追究机制，确保执法责任落到实处。强化立案审查工作，对符合立案条件的要坚决立案调查，着力解决行业反映强烈、人民群众普遍关心的突出问题。

（四）深化“放管服”改革，加强能源监管，构建公平竞争的能源市场规则体系

深化“放管服”改革，创建高效能源监管体制。继续完善行政审批，规范简化审批程序，建立有效的能源监管体系，推动“政监分离”改革，探索设立独立、统一、专业化的监管机构；创新监管方式，健全以“双随机、一公开”监管为基本手段、以信用监管为基础、以重点监管为补充的新型监管机制，加快“互联网+监管”等大数据平台建设，用好失信惩戒、舆论监督等重要手段，切实提高监管手段的权威性、实效性。综合运用规划、政策、标准等手段，对行业发展实施宏观管理。根据绿色能源产业发展、科技和设备创新需要，强化国家与地方和专项能源规划的衔接性、统一性、落地性和权威性，尽快建立和完善绿色能源发展政策体系。

加强合法性管理，构建公平竞争的能源市场规则体系。加强合法性审核工作，建立合法性审查机制，规范审查程序，严格审查内容；扎实做好公平竞争审查和反垄断工作，将公平竞争审查作为合法性审核的重要内容，严格把关，要加强反垄断案件审查工作，及时提出行业审查意见；企业依法做好合规性管理，要按照《中央企业合规性管理指引（试行）》的规定，尊重契约精神和国际规则，建立有效的合规性管理机制，最大限度地减少违规行为的发生。

三、吸纳先进能源法治建设经验，完善我国能源法治与监管体系建设

（一）美国：能源独立战略立法与监管立法

美国作为世界上能源市场化程度最高的国家，其能源法律及监管体系均比较完善。美国通过加强能源立法，设定独立监管机构等措施，助力国家实现了“能源独立”，同时实现了市场化条件下的有序运行。

美国能源立法体系完整、层次清晰，关注“能源独立”。美国能源立法主要有三种模式、三个层次，构成了金字塔式的法律体系，主要包括综合性能源立法、专门性能源立法及配套性能源立法。综合性能源立法主要是关于能源状况和能源经济关系的一般性规范和全面的原则性规定，其中大型综合性能源立法包括《1992年能源政策法》、《2005年能源政策法》和《2007年能源独立与安全法》三部，综合性能源立法内容涵盖面广，涉及能源各主要领域，立法内容具有很强的内在逻辑顺序，条文结构相对紧凑。《2005年能源政策法》涵盖内容广泛，法案共有18篇，长达1720多页，它涉及能源的生产、节约、技术、税收管理，传统能源，清洁能源，可再生能源等众多领域。专门性能源立法，是针对单一品种能源或一类能源的专门性立法，针对性强，包括《1990年太阳能、风能和地热能发电生产激励法》《2000年生物质研究开发法》等。配套性能源立法，主要是针对前两种法律中规定的原则

或条款制定的实施细则，或是对没有明确规定的具体内容作出补充，如《2009年美国复苏与再投资法》对《2007年能源独立与安全法》中智能电网的相关内容作了修改完善。“能源独立战略”是美国能源立法的重要内容，美国自《1978年国家能源法案》制定以来，每一部综合性能源法案都涉及“能源独立”与“减少对外能源依赖”等内容，其中《2007年能源独立与安全法》旨在推动美国减少能源依赖性和实现供应安全，推动了美国走向更大的能源独立和安全。

美国通过能源立法以及设定独立监管机构的形式建立了完整的市场化监管体系。1973年石油危机前，美国政府对能源的管理权分散在多个机构手中，石油危机发生后，联邦政府采用法律、政策和监管措施大规模干预能源领域。1977年，美国颁布了《能源部组织法》，建立了内阁级的政府部门——能源部，以解决能源宏观管理问题，并把联邦电力委员会改名为美国联邦能源监管委员会（FERC），专门负责市场监管职能。FERC制定美国能源领域的主要市场规则，并负责联邦层面的市场监管，同时，美国是联邦制国家，能源监管权力采用分权管理模式，监管权分属于联邦政府与州政府。FERC负责跨州的能源市场监管工作，各州的公用事业委员会负责各州的能源市场监管工作。

为满足能源战略与能源安全的需要，美国联邦政府从20世纪30年代开始制定能源监管立法。美国的《能源部组织法》《天然气政策法》《公用事业监管法》《能源政策法》，这些法律法规构建了完整的监管框架，对政府和监管机构的职权、监管的实施作出了明确规定，为能源行业健康有序发展提供了坚实的法律基础和可靠的制度保障。例如，《2005年能源政策法》赋予FERC更多职权，这些新增职权包括监管跨州转售贸易的天然气的运输和销售，监管跨州贸易中的石油管道运输，批准跨州的天然气设施的选址和关闭，保证液化天然气接收站的安全运行和可靠等职权。

经验启示：美国较为完整的能源法律体系，立足实际、结合国情，通过加强能源安全立法，改善国家的能源安全格局，实现能源独立。此外，完善的法律、制度、组织体系以及非常明确细致的监管职责，是美国能源监管体系的重要特点，也是完全市场化的有力保障。

（二）日本：能源立法改善国家能源安全格局

日本通过能源立法，调整能源产业、供需结构，发展成为能源多样化的国家。日本是能源短缺国家，能源安全问题关系到国家经济、社会的全面发展。日本能源利用的一个突出特点是注重运用法律对相关能源产业、能源供需制度进行调节和监管。日本通过制定正确有效的能源政策和与之相对应的能源法律制度，迅速调整其过于依赖石油的能源政策，并在顺利实施后，发展成为能源多样化的国家。以石油立法为例，虽然日本本国几乎不产石油，但是日本仍将石油炼制、石油贸易等环节作为石油法律规制的重点，以此保证国内的石油市场秩序和石油的有效供给，日本于1962年颁布了《石油业法》，之后进行了多次修改，并补充颁布了《石油储备法》《石油业法施行规则》《石油供给适当化法》《挥发油销售业法》等法律规范。通过石油立法，日本顺利完成了战略石油储备，调整了石油在能源中的结构，发展了石油业，保证了在世界范围内展开寻找和开发石油的活动，实现了石油进口渠道多元化目标，确保了石油的稳定供给。

日本先制定能源专门法，再完善能源基本法，形成金字塔式能源法律体系。日本在能源立法初期主要针对石油、天然气、煤炭、水力等资源的开发利用进行规范管理，20世纪70年代到90年代，相继出台了《石油业法》《替代石油能源法》《电力事业法》《天然气事业法》《原子能基本法》《能源利用合理化法》《节约能源法》等。在这之后，为了顺应国家能源发展的需要，2002年出台了《能源政策基本法》，该法简明扼要，全文仅有十四条，主要目的在于揭示能源政策的大方向，提出了“确保稳定供给”“符合环境要求”“活用市场原理”三项基本方针，该法很好地贯彻了日本能源政策一贯的“与环境保护和高效率要求相对应，同时实现能源的稳定供给”的基本目标。《能源政策基本法》一直是日本能源法律制定的原则，之后相继对包括《能源利用合理化法》《电力事业法》等多部以基本法为指导的能源专门法进行了修订。目前，日本已形成以能源基本法和能源专门法、单项产品法为核心，以相关部门法律法规等为补充的金字塔式的能源法律体系。

经验启示：首先，日本是世界上排名靠前的能源消费国，油气资源严重依赖进口，日本通过石油立法，完善了石油的开发、进口、炼化、储备等规范，形成了完善的法律保障体系，金字塔式能源法律体系与我国的能源法律体系十分相似，对我国能源法律制度的构建具有重要的借鉴意义。日本多个能源部门负责能源的管理活动，通过国家的整体规划实现对能源的统一管理，能源政策中对主体权责义务进行明确，避免部门之间冲突，很好地解决了职责不清的问题。日本在能源市场方面实行能源市场自由化政策，在能源市场自由化的基础上统一对能源集中管理，并通过《能源政策基本法》和相关部门法律明确规定能源企业与国家能源发展的关系。这一点与我国当前正在倡导建立的公平公正、自由竞争的现代能源体系相符合。

（三）德国：能源立法与时俱进

德国拥有较为丰富的煤炭资源，但石油、天然气资源相对贫乏，大部分依赖进口。20世纪70年代石油危机发生后，德国努力调整能源消费结构、降低能耗，鼓励开发和使用水能、风能、太阳能及生物能等可再生能源，扩大进口渠道，减轻对进口石油的依赖程度。在这一过程中，德国注重用法律手段确认、规范、指引能源政策和能源产业的发展，建立了较为完善的能源法律体系，保障了德国经济的可持续发展。

德国优先制定能源基本法，在基本法的引领下，建立并完善专门立法体系。早在1935年就制定了《能源经济法》，标志着德国有了独立、系统的能源法律规则，具有历史性意义。在能源基本法的引领下，德国建立了以能源类别及制度为立法对象的能源专门立法体系，主要包括煤炭、石油和天然气、可再生能源与核能、节约能源、能源生态税等立法。目前，德国已形成了以2005年新修订的《能源经济法》为核心，由煤炭、石油、可再生能源、节约能源、核能、生态税收等专门立法为主体内容的完善的金字塔式能源立法体系。

《能源经济法》在1997年和2005年进行过2次修订，结合时代的发展，增加了新的内容。1935年颁布的《能源经济法》是在德国能源被企业垄断的背景下制定的，该法的目的在于确保“尽可能安全和廉价地”组织能源供应，并授权有关部门负责能源的监管、市场准入、退出和投资控制。之后，在全世界市场化趋势不断发展的前提下，以及欧盟内部市场化改革的政策下，德国政府于1997年重新修订了《能源经济法》，重新修订的《能源经济法》彻底否定了之前的规定，新法明确规定将“保障能源供给安全，更低廉的能源价格和能源发展与环境保护协调”作为立法核心目的，在法律中享有同等的重要性，彼此冲突没有优先考虑的一方。新法打破了能源工业的市场垄断结构，并引入了良性竞争机制，促进能源产业和能源市场的健康发展。为了顺应欧盟在2003年发布的《关于加快欧盟能源市场开放的指令》,《能源经济法》在2005年进行了第二次修订，修订内容在于将能源网络费用和接入条件由原来的自由协商和事后监管模式，改为政府事先管制模式。

经验启示：德国制定了一部能源基础法——《能源经济法》作为纲领，然后以基础法为指导，迅速完善相关的专门法律立法活动。德国通过立法改变能源行业的监管格局、促进市场化竞争，实现保证能源供应安全和效率、保护能源消费者利益等目标。德国能源立法与时俱进，顺应时代的潮流，在1997年《能源经济法》修订版中，增加了“保障能源供给安全，更低廉的能源价格和能源发展与环境保护协调”等立法内容条款，近年来，德国不断完善可再生能源法立法工作，颁布了《可再生能源优先法》，该法在德国可再生能源法规体系中处于核心地位，是与时俱进、顺应全球能源转型趋势的重要立法成果。

第六章

开放型能源国际合作

全方位加强国际合作，是实现开放条件下能源安全、不断提升全球能源治理水平、有效应对全球气候变化的必由之路。全方位加强国际能源合作，也是我国在不断变化的国际能源局势下保障能源安全，更好地利用国际能源资源，打造国际能源合作利益共同体、责任共同体和命运共同体的必由之路。在“四个革命、一个合作”能源安全新战略的指引下，我国能源行业积极在国际合作内容、机制、途径、对象等方面进行创新和实践，不断拓宽合作领域、不断提升合作水平、不断创新合作模式，合作从以传统的油气等化石能源为主进一步向新能源领域合作转变，深度参与全球能源治理和全球气候治理，实现油气行业绿色低碳发展。我国的国际能源合作经历了“引进来促进内生动力发展”“走出去加大国际资源利用”“共建‘一带一路’提供中国方案”的长期探索和实践，为我国引进先进急需的技术、人才和资金，充分利用国内外两种资源和两个市场，获得和增加海外权益产量以保障国家能源安全，推动“一带一路”沿线国家的能源合作，拉动这些国家的经济持续发展和转型以实现共同繁荣发挥了重要的作用。我国通过“引进来”、“走出去”和共建“一带一路”，深度参与国际能源合作，国际能源事务话语权逐步增强。

第一节 “引进来”战略

一、“引进来”战略是开放性经济和可持续发展的必然要求

自1978年实行改革开放政策以来，我国的国际能源合作走过了从

“引进来促进内生动力发展”“走出去加大国际资源利用”，到“共建‘一带一路’提供中国方案”的不同历程，我国的国际能源合作实现了跨越式发展，成就非凡，令人自豪。

党的十一届三中全会提出“我们要在自力更生的基础上积极发展同世界各国的平等互利的经济合作，努力采用世界先进技术和设备”。邓小平同志也曾深刻分析当今时代的特征和世界大势，指出“现在的世界是开放的世界”“经验证明，关起门来搞建设是不能成功的，中国的发展离不开世界”。这些都为我国的现代化建设和开放合作指明了方向。

20世纪70年代是世界海洋石油工业快速发展时期。我国具有较丰富的海洋石油资源，但当时缺乏勘探开发的装备和资金，因此，如何加快海上石油的勘探开发成了一个突出问题。我国油气领域的国际合作是从海上勘探合作率先打开局面的，然后逐步转向陆上低勘探程度区，并进一步扩大到其他区域。

1978年至1992年，我国能源国际合作的主要特征是“引进来”，以引进外资和技术为主，主要形式为海上勘探开发合作、人员技术培训合作和引进海外技术与设备。在海上勘探合作过程中，中方人员较为系统地学习了国外先进的钻井施工技术与管理经验，提高了钻井质量和经济效益。合作的成功也为保障我国不断增加的油气需求和出口创汇作出了贡献。

1978年，赴美考察后的中国石油代表团向党中央和国务院提出了利用国外资金和技术开发我国海上石油资源的建议，党中央和国务院领导随之作出了在独立自主、自力更生的原则下，以平等互利的贸易方式，在我国指定的海域，直接和外国石油公司建立商务关系，加快勘探开发我国海上石油资源的战略决策。从此，我国海上石油勘探开发对外合作全面展开。

在引进勘探资金和技术方面，1978年，中国石油天然气勘探开发公司与法国石油公司集团签订了南黄海北部地球物理普查的联合备忘录，这是我国海上对外合作的第一个意向性协议；1979年，中国石油代表团赴英国和美国等地，分别与英国石油公司，美国阿科、美孚、德士古、埃克森等石油公司，以带风险性、分阶段合作方式签署了在中国南海和南黄海进行地球物理勘探的意向书和意向性备忘录；同年，石油工业部和日本石油公司合作，在渤海1万平方公里海域进行地球物理勘探；1981年至1992年，我国开展了四轮海上石油对外合作招标；1984年至1988年，我国与外国公司共签订了39个石油合同协议，外方钻探了预探井和评价井134口，探明石油地质储量2.98亿吨，形成了中国海上石油对外合作的第一个高潮。

合作地区和区块方面，在海上石油对外合作的先导和示范下，我国陆上的石油资源也逐步对外开放。1985年，我国的南方11省区（苏、浙、皖、闽、粤、滇、黔、桂、湘、赣、琼）先行开放；1993年，我国的《对外合作开采陆上石油资源条例》颁布，对外开放的省区扩展到北方10省区。

在引进设备方面，1978年，南海石油勘探指挥部从挪威引进了我国第一座半潜式钻井平台"南海2号"，并在莺歌海钻探莺2井，首次钻获天然气；1983年，大庆油田从美国和加拿大引进了25台车载钻机；1987年，新疆油田从美国引进了2台7000米电驱动钻机；胜利油田也先后从美国引进了高效钻头和低成本的聚晶金刚石复合片钻头；等等。

除了油气领域的国际合作，我国与其他发达国家也开展了领域更为广泛的合作，如1978年，我国和日本签署了《长期贸易协议》，形成了以石油、煤炭交换技术与设备为主要形式的能源合作；1979年，中美就水力发电与有关水资源利用的合作，将清洁能源合作主要集中在水能领域；1981年，我国通过全套购买国外的设备和技术，建成了第一条500千伏交流输电线路，以解决武汉钢铁厂一米七轧机的电力稳定问题；20世纪80年代，我国从美国西屋电气公司引进了30万千瓦和60万千瓦的发电装备技术，使得我国的发电设备制造技术上了一个新的台阶。

通过“引进来”为主的国际合作形式，我国迅速融入了国际能源市场，了解了许多发达国家在能源领域的先进技术、优良装备和运行管理经验，获得了大量我们急需的资金、设备和技术专家的指导，而且通过派遣技术人员进修、跟班学习和联合经营等方式，使我国技术人员迅速接触和学习掌握了先进的理论基础和操作、制造技术，为以后我国能源行业的发展和超越奠定了扎实基础。

世界和中国的历史经验反复证明：开放带来进步，封闭必然落后。党的十一届三中全会以后，中国人民的思想不断解放，理论不断创新，从引进国外资金和先进技术到利用国内国外两个市场两种资源，探索出一条中国特色的对外开放道路，开放已成了当代中国的鲜明标识。当前，世界多极化、经济全球化进一步发展，国际政治经济环境深刻变化，创新引领发展的趋势更加明显；中国的经济结构深度调整，各项改革全面推进，经济发展进入新常态。面对新形势新挑战新任务，我国扩大高水平开放的决心不会变，同世界分享发展机遇的决心不会变，推动经济全球化朝着更加开放、包容、普惠、平衡、共赢方向发展的决心不会变。持续坚定不移地实施“引进来”战略，是我国继续实行开放性经济和可持续发展的必然要求。

二、“引进来”战略的定位及意义

《中共中央关于党的百年奋斗重大成就和历史经验的决议》指出：

“我国发展要赢得优势、赢得主动、赢得未来，必须顺应经济全球化，依托我国超大规模市场优势，实行更加积极主动的开放战略。”这既是对过去经验的总结，更是对未来发展的指引。

实施“引进来”战略是顺应经济全球化的客观要求。经济全球化是世界经济发展的必然趋势，经济全球化主要表现为资本、技术、信息、商品、服务人才的自由流动和优化配置，使各国经济相互依存、相互影响，成为一个有机联系的不可分割的整体。我国是全球最大的发展中国家，发展仍然是我们的第一要务，而外来的投资能缓解我国经济发展过程中的资金瓶颈，从而助推我国经济的持续快速增长。科学技术是第一生产力，我国通过引进先进技术与装备进行消化吸收与自主创新依然是一条需要坚持的路。我们只有顺应世界经济发展的全球化趋势，发展开放型经济，通过积极参与国际分工、国际合作、国际交流，并充分发挥自己的比较优势，才能促进社会生产力跨越式发展，实现建成富强民主文明和谐美丽的社会主义现代化强国的第二个百年奋斗目标。

实施“引进来”战略是发展市场经济的内在要求。市场经济本质上是开放性的经济，市场主体在为获得更多利润的内在动力和为避免在竞争中失败的外在压力推动下，市场要素就会从本地到外地，从国内到国外自主流动。只有充分利用了国内国外两个市场、两种资源，才能实现资源的合理配置和高效利用。

实施“引进来”战略也是实现可持续发展的内在要求。可持续的发展既要满足当代人的需要，又不对后代人满足其需要的能力构成危害。可持续发展强调的是生态、经济和社会三者协调发展。生态方面，在发展的同时，必须保护环境，控制污染；经济方面，不仅要重视增长数量，更要追求增长质量；社会方面，要改善人类生活质量，提高健康水平。我国仍然是世界上最大的发展中国家，许多资源种类的人均占有量低于世界平均水平，社会生产力总体水平仍不高，高投入、高消耗的增长方式尚未得到根本改变，科技创新能力仍有明显不足，防治环境污染、建设美丽中国的任务还很重，这些都只能依靠发展才能加以解决和改变。发展是能够使发展得以持续的前提条件，而发展需要相应的资金、技术、管理、人才、产品和信息等，要克服这些方面对我国社会经济发展的制约，关起门来是难以解决的，只有面向世界不断扩大对外开放，我们才能真正地实现可持续发展。

（一）实施“引进来”战略打造国际能源合作利益共同体

“引进来”战略是我国开放战略的重要组成部分。2016年，国家发改委、国家能源局在《能源生产和消费革命战略（2016—2030）》中提出，我国要按照立足长远、总体谋划、多元合作、互利共赢的方针，加强能源宽领域、多层次、全产业链合作，构筑连接我国与世界的能源合作网，打造能源合作的利益共同体和命运共同体。

在我国迈向第二个百年奋斗目标、建设社会主义现代化强国的征途上，能源领域还面临着诸多挑战，如：煤炭等传统化石能源消费比例过高，电力供需矛盾突出，碳达峰碳中和以及环境污染治理任务繁重，清洁低碳能源开发利用要求迫切等。要切实加快能源转型，提高我国在能源领域的国际竞争力，注重从国外“取经”，与全球掌握先进技术的企业加强合作，无疑是一条切实可行的道路。此外，中国经济在平稳健康发展的过程中，需要有能源安全的保障，在我国油气资源需要大量进口，且对外依存度逐年上升的情况下，十分需要有长期可靠的合作伙伴和安全稳定的供应渠道，在互利共赢的合作中，一起来打造能源合作利益共同体和命运共同体。作为利益共同体和命运共同体，我们在合作中要充分照顾合作国的现实利益，把我们的能源合作战略利益与资源国经济发展和改善民生的需求充分结合起来，负有“引进来”责任的“走出去”企业也要切实履行当地的社会责任。在“一带一路”倡议的实施过程中，中国将秉承共商、共建、共享的原则，以开放包容、平等互利的方式，增强与沿线国家之间的政策沟通、设施联通、贸易畅通、资金融通和民心相通，这将促进油气输出国与油气进口国之间的优势互补，形成平等互惠、相互依存的油气供需市场。进一步来看，随着利益共同体、责任共同体、命运共同体意识在沿线国家落地生根，沿线国家之间的政治关系将更加友好，经济纽带将更加牢固，安全合作将更加深化，人文联系将更加紧密。

（二）实施“引进来”战略更好保障国家能源安全

能源是人类社会发展的物质基础，能源安全是国家安全的重要组成部分。我国经济总量将持续扩大，人民生活水平和质量也将全面提高，能源所起的保障生态文明建设、社会进步和谐、人民幸福安康的作用更加显著，能源消费也将持续增长，这种刚性需求将长期存在。我国人口众多、人均能源资源拥有量相对较低，随着经济规模不断扩大，资源约束日益趋紧，我国2021年的原油对外依存度达70%以上，天然气对外依存度达45%左右，反映出油气供应安全的形势严峻。我国除了顺应国际能源发展新趋势，加快能源转型和清洁低碳发展，当务之急还要加大国内油气勘探开发力度，以及建立和稳定海外油气供应链。

2021年，我国石油消费量约71500万吨，其中从海外进口原油51298万吨；我国天然气消费量约27000万吨（按1380立方米≈1吨折算），其中从海外进口12136万吨。从海外进口的原油主要来自沙特阿拉伯（8757万吨）、俄罗斯（7964万吨）、伊拉克（5708万吨）、阿曼（4482万吨）、安哥拉（3916万吨）、阿联酋（3194万吨）、巴西（3030万吨）、科威特（3016万吨）、马来西亚（1854万吨）、挪威

（1319万吨）[①]。全方位的国际合作，海外油气资源的多元稳定，为保障我国的能源安全和经济发展起到了重要作用。

三、“引进来”战略在能源领域的实践及成就

改革开放以来，伴随着经济不断发展和综合国力不断提升，我国能源领域的国际合作战略经历了与时俱进、应势调整，合作理念不断更新升级，合作成果不断扩大的非凡历程。

（一）引进资金和技术，促进国内能源产业链的完善与发展

改革开放初期是中国石油行业开展国际合作与交流的探索期，这一时期开展国际合作的主要形式是“引进来”，邀请外国专家来华开展科技交流，并利用外资、技术和装备进行国内油气区块的勘探开发合作。我国先后于1982年2月和1985年3月开始探索国内海上和陆上区块的对外油气勘探开发合作，除了1981年至1992年我国开展的四轮海上石油对外合作招标，1993年，中国陆上的塔里木盆地东南部5个区块、准噶尔盆地12个区块、渤海湾盆地辽河坳陷和塔里木盆地库车坳陷的23个区块进行对外公开招标，不仅实现了良好的经营效益，而且通过对外合作，学习了先进的管理经验，培养了人才队伍，并引进了西方先进的石油勘探开发技术，包括地球物理地震采集、数据处理解释软件，以及测井、录井、试井的仪器和装备，极大地促进了我国石油能源上游产业的技术进步，提升了我国的油气勘探开发水平。2020年1月，自然资源部表示，我国将向符合条件的内外资企业全面放开油气勘查开采市场，这意味着，油气产业链中的上游环节迎来全面开放。

在油气开采方面，特别是非常规油气开采方面，由于非常规油气在

① 参见腾讯网：《2021年中国主要从这十个国家进口原油》，https：//new.qq.com/rain/a/20220323A0623C00。

地下形成后无法自行剥离生油层，而需要通过开采设备，在使用固井、水平钻井及压裂等技术后方可进行后续采油。在20世纪，我国的这些固井设备、钻井设备和压裂设备大多从国外引进，现随着中国科技发展和油气开采技术的不断提高，开采设备的国产化趋势明显，进口设备在中国市场的占有率已不足10%。

在新能源产业发展方面，我国通过政策、法律来鼓励和引导外资进入该产业，为产业带来了大量资金和先进技术。仅2005年至2011年，我国新能源产业利用外资项目就达105个，总金额约250亿美元。至2019年，法国道达尔公司在华合资在建和运营的太阳能项目总装机量达150兆瓦；2020年，德国博世公司投资的首期太阳能光伏项目竣工，两期项目完成后，每年可供应清洁光伏能源达1000万千瓦时以上，能节约巨额能源成本、减少碳排放。2019年，法国电力集团签署了有关海上风电的合作协议，入股江苏东台总装机规模为50万千瓦的海上风电项目；2020年，法国电力集团投资的广西融水风力发电项目一、二期顺利并网发电；同年，东方电气与（法国）法马通德国公司签署了氢能项目合作协议，合作双方计划投资15亿元在成都建设西部氢能产业园，园内配套建设制氢加氢一体站。

在天然气供应，特别是LNG的供应方面，对于手握上游资源的一些外资能源企业而言，投资LNG接收站是打通中国天然气全产业链的重要一环。2006年，英国bp参与建设的广东大鹏LNG接收站投产，开启了中国使用进口LNG的新纪元；2009年，美国埃克森美孚公司分别与中国石油和中国石化签署了LNG长期购销协议；2018年，埃克森美孚公司签署了广东惠州LNG接收站项目共同合作备忘录；2020年与韩国SK集团合资建设的山东威海LNG接收站和热电联产项目正式签约。截至2021年，中国投产运行的LNG接收站已达22座。2021年，中国接收进口LNG数量为7893万吨（约1089亿立方米），超越日本成为全球最大的LNG进口国，进口的LNG占中国天然气消费量的30%左右，它们在保障供应和市场调节方面发挥了重要作用。

（二）引进理论和理念，加快国内非常规及新型能源的开发

在我国海上石油开采率先开放的示范下，我国陆上早期的国际能源合作也主要采用“引进来”形式。一方面，随着改革开放，我国经济持续快速发展，能源消费量逐年攀升，但当时国内生产技术难以保障产能有效增加，需要引进国外的先进技术和人才，来提升我国东西部油田的开采量。另一方面，随着先进技术的引进，我国的原油产量大幅增加，石油自给又有余，20世纪80年代中期，石油出口一度还成了创汇的主要来源。到1985年，我国原油产量达到1.25亿吨，位居全球第六，当年，我国石油出口量达最高峰（3600万吨），创汇占全国外贸出口总额的四分之一。

引进先进理论和理念，在21世纪加快我国非常规油气的合作勘探开发中也发挥了重要作用。2007年，我国学者引入美国页岩气概念，在地质评价的基础上，明确了四川盆地两套页岩是中国页岩气的工作重点，找到了四川长宁、威远和云南昭通页岩气有利区，并启动了产业化示范区建设。同年，中国石油勘探开发研究院与美国新田石油公司联合开展了“威远地区页岩气联合研究”。自2010年起，受美国页岩气开发巨大成功的鼓舞，一些国际能源企业在中国也掀起了一股合资勘探页岩气的浪潮，包括壳牌、bp、康菲、埃克森美孚、雪佛龙等石油公司在内的多家外企纷纷与中国石油、中国石化签订页岩气合作项目，挪威国家石油公司、意大利埃尼集团等也和中国的石油企业进行了合作开发页岩气的谈判，一些外国独立石油公司也先后介入我国页岩气勘探开发。但是在地质因素复杂与企业利润低迷的双重压力下，2015年之后，这

一阵页岩气热已经退去，各大外企纷纷撤离了中国页岩气市场。

在这一热潮的起落之中，有一些页岩气的项目合作规模较大、合作程度较深。2012年，壳牌公司与中国石油签订了四川富顺－永川区块产品分成合同，这是中国石油与外方签订的第一个页岩气产品分成合同，壳牌公司在上述项目中的投资规模超过了20亿美元。2012年12月，康菲石油公司与中国石化签订了《四川盆地綦江区块页岩气勘探、开发和生产的联合研究协议》，联合研究区块面积3900平方公里，康菲公司将在合作区内部署二维地震600公里及2口钻井，此次合作未涉及产品分成。2013年，康菲公司与中国石油签订了2000多平方公里的内江－大足区块产量分成合同。2016年，bp与中国石油先后签署了四川盆地荣昌北区块、内江－大足区块页岩气勘探、开发和生产的产品分成合同。其中，内江－大足区块合同是bp在中国签署的第一个页岩气产品分成合同，区块总面积约1500平方公里；荣昌北区块合同总面积约1000平方公里。此次页岩气合作由bp全额投资，中国石油担任作业者。

通过与国外石油公司的合作，以及我国地质工作者10余年的勘探开发攻关，我国以四川盆地及其邻区为重点，实现了海相页岩气资源的有效开发，2020年全国的页岩气产量达200亿立方米。

除此之外，在引进人才方面也作了大量实践并取得较大成就，填补了国内部分能源领域“高精尖缺”人才的需求。比如，引进外籍专家，助力清洁能源产业发展；引进国外团队，完善高校能源科研体系；引进高尖人才，聚焦突破重点产业领域；等等。

四、“引进来”战略对国家能源安全治理的作用

能源安全是关系国家经济社会发展的全局性、战略性问题，对国家

繁荣发展、人民生活改善、社会长治久安至关重要。能源安全包括能源供应的可获得性、持续性和经济性等。能源安全了，就不能出现因能源问题而引起的经济持续发展受阻、人们生活水平降低、生活成本提高、社会民心不稳（如冬天无法取暖，有车开不起）。能源安全还包括能源使用的无害性、环保性。能源安全了，就不能因能源消费和使用而对人类自身的生存和发展环境构成威胁。国家能源安全还包括不能因能源问题而使本国的政治、经济、外交、军事等受制于他国或外部势力。“引进来”战略对保障国家能源安全起到积极的促进作用。

从能源消费的角度来看，据中能传媒能源安全新战略研究院发布的《中国能源大数据报告（2022）》的计算，从2012年至2021年10年间，我国的国内生产总值（GDP）从53.9万亿元增长到114.4万亿元，年增速为6.7%。同期，我国的能源消费总量从2012年的40.2亿吨标准煤增加到2021年的52.4亿吨标准煤，年增速为3.1%。也就是说，每亿吨标准煤可产出的GDP由2012年1.34万亿元增加到了2021年的2.18万亿元。虽然我国以较低的能源消费增速支撑了经济的中高速发展，且能源的产出率得到了较大提高，但毕竟我国经济较快发展的稳定趋势对能源需求的压力仍然较大，因此必须推动能源消费革命，坚持节能优先，控制能耗强度，大力使用绿色能源，加快形成能源节约型社会。而在此之中，要节能，要降耗，要能源低碳化（如煤炭），要能源绿色化（如氢能），那么，引进国际上先进的理念、技术、资金和设备是十分必要和有效的。

从能源供应的角度来看，我国石油的产量从2012年到2021年基本稳定在2亿吨上下，而我国的原油进口则从2012年的27103万吨增加到了2021年的51298万吨，石油的对外依存度持续加大；我国天然气的产量从2012年的1106亿立方米逐步增加到2021年的2076亿立方米，增加了近1倍，而天然气的进口量则从2012年的421亿立方米快速增加到了2021年的1675亿立方米，增加了近3倍。我国国民经济持续稳定增长，对油气的需求也增长强劲，国内的原油产量要保持稳定须下很大功夫，虽然天然气产量保持了较高的增速，连续5年增产超过100亿立方米，但这5年的天然气对外依存度依然从2017年的38%增加到了2021年的45%，因此，继续稳定和开拓海外油气来源渠道，充分利用海外油气资源以保障我国能源供应安全，仍然是重要选择。

第二节 “走出去”战略

一、“走出去”战略是深度融入世界经济的必由之路

随着我国经济和科技的快速发展，以及能源需求的大幅增加和石油企业国际化能力的提升，我国的国际能源合作形式在早先的依靠“引进来”，吸收利用国外资金、技术与设备的基础上，又逐步形成了通过“走出去”，加大对国外油气资源的合作勘探，大力进军海外市场的局面。

1978年以来，我国的石油产量一直保持在1亿吨以上，且又保持了十多年的石油出口国地位。但随着我国经济的高速发展，国内石油消费量急剧增加，而国内的石油产量却处于缓慢增长期，于是到了1993年，我国成了石油净进口国。自此之后，我国的石油对外依存度逐年增大，油气能源供应和安全保障的严峻性也日益显露。

面对这样的能源形势，我国的能源安全战略思路随即转变。1993年，江泽民同志提出了“稳定东部，发展西部，国内为主，国外补充，油气并举，节约开发并重”的能源发展方向。1996年，江泽民同志又

提出“要加紧研究国有企业如何有重点有组织地走出去，做好利用国际市场和国外资源这篇大文章”。这是首次明确提出了“走出去”战略思想。

在“走出去”战略的指导下，我国石油企业海外的油气合作实现了从无到有、从小到大、从弱到强的跨越式发展。

1993年3月，中国石油中标泰国邦哑区块项目，首次获得海外油田开采权益。同年10月又获得秘鲁塔拉拉油田第七区块的石油开采服务作业权，在这个已经开发百年、资源几近枯竭的老油田，不仅恢复了617口废弃井和停产井，而且还找到了新的油藏，打出多口千桶井，被秘鲁当地媒体称为“20世纪秘鲁石油界的最大新闻”。1996年至1997年，中国石油抓住欧美石油公司纷纷撤出的机会，成功进军苏丹，在被国外油气公司认为没有经济效益而抛弃的穆格莱德盆地区块中，通过艰辛努力，最终于1999年运回了第一船60万桶由该盆地区块生产的原油。2002年，中国石油在研究建立了苏丹迈卢特盆地的油气聚集成藏模式后，调整了先前作业者的勘探思路，部署了风险探井Palogue-1井，发现了世界级大油田——Palogue油田。苏丹勘探的成功也极大地鼓舞了我国的海外勘探者，随后在尼日尔、乍得、哈萨克斯坦等陆上区块也陆续获得突破，发现多个亿吨级油气田，建成了两个千万吨级原油产区。20世纪90年代以来，全球的深水油气勘探开发得到快速发展，我国石油公司也积极参与其中，2013年中国石油成功中标巴西里贝拉项目（作业水深2000米，由中国石油、中国海油、巴西石油、壳牌、道达尔组成联合体），开启了走向深蓝、筑梦深海的首航，实现了走进全球深海高端油气市场的新突破；2019年中国石油又一举中标全球最大的深水油田——巴西布兹奥斯油田项目（由中国石油、中国海油、巴西石油组成联合体），并于2021年首次提取了14万吨份额油，且在当地对份额油进行大船过驳和出口销售，实现了中国石油份额油运作的新突破。

除了走出去在海外直接投资参与油气勘探开发项目，资产并购也是获得海外项目的一个重要途径。我国石油企业高度重视资产并购，由此获得了一批大油气田。据不完全统计，在2008年至2014年高油价期间，中国石油、中国石化和中国海油在并购方面共花费约1400亿美元，并购了60几个可采储量较大的油气田。此外，中化集团、振华石油等公司亦在巴基斯坦、伊拉克、埃及等国进行了油气资产并购和勘探开发。

加快推进“走出去”战略后，我国石油企业在国际油气行业的参与度和竞争力不断提升。海外五大油气合作区（美洲、非洲、中东、俄罗斯—中亚、亚太）和引进油气资源的四大战略通道［东北（中—俄）通道、西北（中国—中亚）通道、西南（中—缅）通道、海上通道］基本建成，全球战略布局逐步完善。截至2020年底，中国大型石油公司在全球51个国家有油气勘探开发项目320个，海外权益油气产量也取得一定规模，2021年达1.6亿吨油当量以上，其中，中国石油1亿吨油当量、中国石化超3500万吨油当量、中国海油超2500万吨油当量、中化集团超300万吨油当量。

在全球化大趋势推动之下，解决能源安全问题，不可能脱离国际市场。我们要认真贯彻党中央、国务院提出的“利用国内外两种资源”的方针，将国内国际两个循环紧密结合起来，扩大对外开放，加强国际合作。开放才能发展，合作才能壮大，保守封闭毫无出路。我们要深度融入世界经济，树立全球资源配置思想，建立全球资源配置机制，提高全球资源配置能力，全面提升能源国际合作质量。要根据国际油气市场的变化，继续“走出去”，优化海外资产结构，积极参与全球能源治理，坚持互利共赢，广泛建立利益共同体，形成多元、多点、多渠道海外能源供应的格局，确保我国能源供应安全。

二、“走出去”战略的定位及意义

（一）中国能源企业已成为国际油气行业重要力量

1993年以后，我国的油气产业发展开始逐渐关注国内和国外两个方向，油气来源开始提出由自给自足到以国内为主、国外补充，这促使我国的能源国际合作进入了一个新阶段。我国要在更大范围、更广领域内参与国际合作和竞争，这也给我们实施“走出去”战略提供了更多的机遇。之后，我国的能源国际合作领域逐渐开始多元化，除了加强与国外的能源勘探合作，我国还在能源资本运作、清洁能源利用和可再生能源利用方面也加强了合作，同时还开始与国际能源署等组织机构开展合作与对话。随着合作的不断扩大和深化，我国对世界能源市场的参与能力逐渐增强，国际地位有所提升。

拓展海外石油勘探业务。1993年，我国首次在泰国获得海外油田开采权益，同年又获得秘鲁石油开采服务作业权；1993年，在美国和加拿大设立办事处，并在加拿大生产出中国历史上第一桶海外原油；1996年，以占40%的股份与马来西亚、加拿大、苏丹的3家石油公司联合中标苏丹项目，成为我国石油企业第一个与外国石油公司联合投资超过10亿美元的共同作业海外大型项目，并在短时间内发现6个新油田，新增地质储量14亿桶。截至2020年底，我国油气企业在海外共发现5个地质储量达10亿吨级、5个地质储量达5亿吨级和8个地质储量达亿吨级的大油气田，业务布局全球五大油气合作区，形成了中非合作、中伊（朗）合作、中俄合作等样板。

积极参与能源市场运作和资本运作。为推动“走出去”战略的实施，我国加快了国内能源市场管理机制改革，重组了中国石油和中国石化，加上中国海油和中国中化集团公司（中化集团），初步形成了国内石油石化行业的产业格局，推动了我国能源市场机制的形成。我国能源企业除了赴海外参与勘探开采合作，还开始正式参与国际资本运作，中国石油于2000年先后在纽约证券交易所和香港联合交易所挂牌交易，中国石化于同年分别在香港、纽约和伦敦上市，中国海油则分别在香港（2001年）、纽约（2001年）、多伦多（2013年）上市。

加快清洁能源的开发利用合作。为应对能源和环境问题，推动技术创新、高效清洁能源的应用和应对气候变化的技术应用，2008年，我国与美国签订了《中美能源与环境十年合作框架》。2010年，中美两国就双方面临的能源可持续发展和应对气候变化的重大挑战和共同责任，期望通过交流合作促进可再生能源的发展，共同启动了《中美可再生能源伙伴关系》合作，这是中美两国在能源和全球气候变化方面合作的重大举措。美国是全球可再生能源技术发展的重要力量，在技术研发和产业化方面具有明显的优势。中国拥有全球增长最快的能源市场，规模和潜力巨大，市场优势明显。中美双方在发展可再生能源和先进生物燃料方面有着相同的意愿，也各具优势。

加强与国际能源组织合作。在我国开始实施“走出去”战略、积极开展能源国际合作后，国际能源组织也开始认识到我国在全球能源市场上的重要作用。通过双边的相向努力，我国逐步参与国际能源组织的合作。我国和国际能源署都逐渐意识到建立联系、加强能源国际合作有着共同的利益和必要性。就我国方面而言，我国工业进入工业化中期，能耗攀升，能源供给压力增大，石油对外依存度在提升，需要一个安全的能源供应环境；同时，我国能源产业中一次能源过度依赖煤炭（当时为70%左右），高耗能、煤炭洁净利用技术跟不上等问题暴露出来，高速度、高消耗、高污染、低效率的经济增长方式亟须转变；因而我国存在着加强与国际主要能源组织合作甚至加入某些国际能源机构的动力。此外，国际能源署也希望加强同我国的能源合作：一则因为我国经济发展迅速，能源需求量剧增，对国际能源市场影响力不断加大；二则因为能源消费与环境问题关系密切，故而希望我国在环境问题上承担责任；三则考虑到我国国际能源地位的改变，可以在能源国际合作中发挥更多作用。国际能源署在石油危机应急机制、集体协作应对挑战、提高能源利用效率、新能源新技术开发等方面具有很大的优势。因此，加强与国际能源署的合作，成了我国解决能源供应安全和消费安全的有效手段之一，同时，这也能提升我国在国际能源领域的大国地位和话语权。

（二）增加全球油气供给，增强国家油气供应安全保障

我国油气企业“走出去”，通过合作竞争，参与世界油气开放区的勘探开发活动，不仅给相关油气区的勘探成功和油气产量提升增加了可能性和动力，由此增加的产量也相当于增加了全球的油气供给，而且部分勘探开发项目还获得了直接的权益油气，这也相当于增加了我国的油气产量，这对于保障我国的油气供给安全也具有直接意义。据统计，2009年至2018年，我国石油企业在海外主导或参与运营的油气作业产量由2.4亿吨油当量提高到7.1亿吨油当量，作业产量占当年全球油气总产量的比例由3.7%逐步提高到9.0%。这10年，中国石油企业参与建设运营的海外油气田，其产量的年均增量贡献了全球油气年均增量的43%。我国石油企业不断加大海外油气勘探开发的投资力度，增加了全球油气供给，这对平衡油气供需格局、抑制油价上涨、直接或间接保障国家油气供应安全发挥了重要作用。

（三）增强中国在油气贸易中的全球资源配置能力和灵活度

国际油气贸易和对外投资自主开发油气资源，是我国利用国外油气资源来保障国家能源安全的“两驾马车”，这“两驾马车”相辅相成。在全球范围内，特别是一些主要油气资源国和油气战略咽喉通道的地缘政治和宗教冲突、恐怖活动等，给国际油气贸易带来较大的不确定性，也对中国的油气供应安全构成了潜在威胁。强大的国际油气贸易能力要有相当规模的自主开发资源作为“压舱石”和“稳定器”。境外自主开发资源只有达到一定规模，才能显著增强油气贸易企业的全球资源配置能力，进而构建稳定、灵活的多元化能源供应渠道。同时，全球化的贸易体系对扩大境外油气资源自主开发具有极大的推动作用。据统计，2009年至2018年，中国境外自主开发资源（油气权益产量当量）占中国油气进口总量的比例年均为36.9%，这表明我国的海外油气权益产量对我国建立稳定安全的能源供应渠道发挥了重要作用。

（四）实现油气进口运输渠道的多元化

从我国2021年十大原油进口国的构成来看，有将近一半（49%）的原油来自中东5国（沙特阿拉伯、伊拉克、阿曼、阿联酋、科威特），其他还有来自欧亚的俄罗斯、非洲西南部的安哥拉、南美的巴西、东南亚的马来西亚、北欧的挪威等。沙特阿拉伯和俄罗斯是我国原油进口的主要国家。我国原油通道较为集中，且海上通道的进口量占比较高。来源于中东、非洲和东南亚的原油均需途经马六甲海峡的海上通道运往我国。在全球地缘政治紧张、世界范围内博弈加剧的背景下，我国原油资源对外依存度高所带来的供应不确定性加剧。

中国的石油进口量80%以上需经过马六甲海峡，38%需经过霍尔木兹海峡，对主要海上石油运输咽喉要道的过度依赖，对国家能源安全供应构成了极大威胁。为了改变这一局面，我国积极加大投资，推进陆上油气进口战略通道的建设。近15年来，我国石油企业已累计投资近300亿美元，在中国东北、西北、西南三大方向上基本布局完成了陆上能源进口战略通道。截至2018年底，这几条能源进口通道已累计向国内输入原油9.3亿吨、天然气3430亿立方米，2018年油气输入量分别占当年中国油气进口量的20%和58%，为实现中国油气进口运输渠道多元化、供应方式多样化，保障中国的能源供应安全作出了重大贡献。

此外，加大海外油气资源开发和战略通道投资建设，还有利于我国加快培育具有全球竞争力的世界一流跨国能源企业，培养一批既懂专业又熟悉国际经营的人才队伍，为中国石油工业的发展拓展了广阔空间，并带动了国内上下游相关产业“走出去”。

三、“走出去”战略的发展历史及成就

（一）“走出去”战略的发展历史沿革

我国石油企业迈开“走出去”的步伐近30年来，油气勘探开发活动遍布全球，涉及陆上、深水、常规油气和非常规油气等多个领域，已成为国际油气行业的一支重要力量。我国的对外合作油气勘探，主要经历了探索发展、快速发展、规模发展和优化调整4个阶段。

1.探索发展阶段

1993年至2002年，先后获得了秘鲁、委内瑞拉、苏丹、哈萨克斯坦等国项目，该阶段主要是熟悉国际环境、学习国际规范和培养高端人才。

1993年10月，中国石油企业“走出去”签订了第一个油气区块——秘鲁7区，1995年又签订了秘鲁6区。该区块处于世界上开发最早的油田之内，其作业面积为184.1平方公里，已有近150年的开发历史。中国企业进入后，发挥中方陆上油田勘探开发优势，通过老油田滚

动挖潜，不但快速提高了石油产量，而且还增加了含油面积15.8平方公里，新增石油探明可采储量175.5万吨，新井累计产油92.7万吨。

1995年至2002年，中国石油企业又签订了哈萨克斯坦阿克纠宾油气股份公司购股、委内瑞拉英特甘布尔油田和卡拉高莱斯油田开发、印度尼西亚多个区块和油田、伊朗卡山勘探、阿尔及利亚阿扎尔扎亭油田等项目合同，海外石油的权益产量有了大幅度提升。

2.快速发展阶段

2003年至2008年，先后获得了尼日尔、乍得、缅甸等国项目，以及土库曼斯坦阿姆河项目，该阶段重点是注重获取作业者项目、发挥中方技术优势和效益提升。

2006年签订了乍得H区块项目，原始勘探面积达44万平方公里；2008年签订的尼日尔项目，原始勘探面积为15万平方公里，这些区块均是中方进入前，曾被西方石油公司勘探过几十年而退出的区块。中国石油2002年中标的哈萨克斯坦区块，面积超3000平方公里，中方工作权益占90%，为作业者，多家石油公司曾在该区块开展过多年勘探，在钻18口探井后未获发现而退出。中方接手后，研究认为滨里海盆地东缘具有良好的储集层和其他石油地质条件，经过地震技术攻关，发现了北特鲁瓦构造，2006年重新部署了一口探井，在多个层位获得高产工业油流，从而发现了北特鲁瓦整装大油田。

3.规模发展阶段

2009年至2013年，先后获得了一系列非常规项目和深水项目，该阶段注重发达国家非常规和深水前沿领域，获取了一批“所占股比少、投资金额大、非作业者”的油气项目。在此阶段，中方在非洲拿到的一批勘探区块开始获得规模发现，并开始规模进入发达国家的非常规项目和非洲—拉美地区的深水领域，主要包括美国页岩油、加拿大油砂和澳大利亚煤层气，以及莫桑比克、安哥拉、加蓬和巴西的深水区块，在这4个深水区块中，中方均是非作业者。

2010年，中国石油企业在尼日尔项目获得重要勘探进展。前作业者埃克森美孚等公司对该地区勘探了近40年，发现3个小油田，认为不具有商业开发价值后退出。中方进入后，通过综合地质研究，创造性地提出了地质成藏模式，在主要和次要成藏组合中均取得突破，发现了4个地质储量达亿吨级的区带，探井成功率达到72%，已经建成年产能百万吨的油田，二期年产450万吨的扩建项目也已经启动。

2013年，中方在乍得的Bongor盆地，通过多年的石油地质综合研究，建立了盆地的地质模式和成藏模式，快速发现了15个油田，现已建成年产600万吨的石油生产区。

4.优化调整阶段

2014年以后，在中东、俄罗斯、巴西、圭亚那等地获得一系列项目，并签约了一些LNG项目，该阶段更加注重战略引领、创新发展和资产组合的规模效益。

中国石油和中国海油于2013年进入巴西里贝拉区块，各获得10%的工作权益。区块面积约为1500平方公里，水深1900～2200米。原作业者壳牌公司在钻探井失利后退出该区块。之后巴西石油在该区块钻探后获油气发现。中方进入后，配合作业者对碳酸盐岩发育范围、油气成藏条件和资源潜力进行评价，成功落实探明和控制地质储量超16亿吨油当量，具备建成产能5000万吨的资源基础。

2014年，被中国海油收购的尼克森公司获得圭亚那Stabroek区块25%的工作权益，该区块面积有2.7万平方公里，水深1000～3000米，之前没有钻过探井，2015年在该区块钻探发现利萨大油田，控制可采储量达3.9亿吨油当量，后连续钻探数十口探井，发现近20个油气田，合计控制可采储量达17亿吨油当量。

（二）石油能源企业“走出去”战略的巨大成就

1.勘探发现了一批油气田

截至2020年底，中国石油企业在海外共发现18个地质储量亿吨级以上的油气田，其中陆上的重要发现以中方作业者项目为主，分布在中西非裂谷系和中亚含盐盆地；海上的发现主要是深水项目，包括巴西、圭亚那、莫桑比克、刚果（金）、加蓬等国。另外，我国除三大石油公司外，还有许多其他公司积极“走出去”参与海外油气勘探，取得了丰硕成果。

2.实施了一批并购项目

资产并购是获得海外项目的一个重要途径。1995年至2019年，中国石油、中国石化和中国海油在海外进行了多起油气资产并购。据不完全统计，2008年到2014年高油价期间，中国三大油公司在并购方面花费约1428亿美元。在可采储量超过5亿桶（约6850万吨）的大型油气田中，中国石油并购了30个（最大的是伊拉克鲁迈拉油田，Rumaila），中国石化并购了15个（最大的是阿尔及利亚扎尔则油田，Zarzaitine），中国海油并购了18个（最大的是圭亚那利萨油田，Liza）。中国石油的并购超过三分之二是从资源国直接获得，中国海油有二分之一为从资源国直接获得，中国石化则主要从其他油气公司手中购买。此外，包括中化、振华、联合能源、保利协鑫、洲际油气等公司，也在巴基斯坦、伊拉克、埃及、埃塞俄比亚、厄瓜多尔等国进行了油气资产的并购和勘探开发。

3.建成了一批油气合作区

中国加大了与重点国家的油气合作开发力度，着力推进了中亚—俄罗斯、中东、非洲、美洲、亚太五大油气合作区的开发建设。在这些油气合作区的建设中，中非油气合作堪称范例。2000年，中国石油在苏丹、乍得、尼日尔和莫桑比克等地相继进行风险勘探，取得了一系列重大发现，为在非洲提升油气产量夯实了资源基础。中方在乍得H区块成为独资作业者后，短短5年多时间，便建成了年产100万吨规模的油田。2009年，中国石化通过全额收购瑞士Addax公司从而持有该公司在尼日利亚的主要资产，包括7个区块和7.5万桶/日的产量。中国石化通过在苏丹、埃及、安哥拉、尼日利亚、阿尔及利亚、加蓬和喀麦隆等国开展油气投资，不仅拥有大量勘探开发项目和权益油气产量，而且已初步形成了安哥拉、尼日利亚、埃及3个规模性海外石油生产区。中国海油通过资产收购等形式在尼日利亚、乌干达、赤道几内亚、刚果（布）、阿尔及利亚和加蓬等地获得了部分勘探区块的权益。中非油气合作，一方面，中国油气企业通过组织实施风险勘探和其他直接间接投资的方式，在非洲发现了大量石油地质储量，在整个非洲发现高峰的2013年发现储量50多亿桶、2014年发现储量近90亿桶，其中就包含了中方的贡献；中国油气企业不断增加对非洲投资，也为非洲国家和地区创造就业、促进经济增长、提高持续发展能力带来了新的动力。另一方面，中非油气合作也使得我国获得了大量的权益油气产量，仅中国石化就从非洲每年获得了1600多万吨的权益油气产量，为我国建立稳定安全的能源供应渠道发挥了重要作用。

4.海外权益产量大幅增加

截至2020年底，中国四大国有石油公司在51个国家有油气勘探开发项目320个，合计区块权益面积为28.7万平方公里。其中，中国石油在29个国家有油气勘探开发项目70个，合计区块权益面积21万平方公里；中国石化在25个国家有项目150个，面积1.9万平方公里；中国海油在24个国家有项目75个，面积5.1万平方公里；中化集团在7个国家有项目25个，合计区块权益面积7000平方公里。在这种享有权益的区块中，我国获得了大量的权益油气产量。其中，中国石油获得的年度权益油气产量已连续几年超过1亿吨油当量；中国石化的年度权益产量在4000万吨上下；中国海油的年度权益产量也连续几年超过2500万吨；中化集团的年度权益产量则超过了300万吨。我国从一些国家所获得的权益产量数额较大，如在伊拉克、哈萨克斯坦、土库曼斯坦的年度权益产量均超过了1000万吨油当量，在加拿大的权益产量则达800万吨，在安哥拉、巴西、澳大利亚、俄罗斯、美国、尼日利亚、英国等国的权益产量也都超过了400万吨。

5.建设完善了油气进口通道

为了保障我国能源进口的多元化和稳定性，我国除了保证海上油气运输通道的畅通，已经和一些周边邻国合作建成了三条经陆地的油气运输通道，即东北（中—俄）通道、西北（中国—中亚）通道和西南（中—缅）通道。这些通道经过长期规划、分期实施，都已具备了输送油和气的能力，有的通道沿同一方向分设A线、B线，有的通道沿不同方向分设东线和西线。最早完成建设的是中国—中亚（中—哈）原油管道，自哈萨克斯坦阿特劳到新疆阿拉山口，2006年通油；中国—中亚天然气管道自阿姆河右岸几个国家到新疆霍尔果斯，2009年管线全线通气。之后，中俄原油管道自俄罗斯远东分输站到我国大庆，2011年正式投入运行；而中俄东线天然气管道自俄罗斯东西伯利亚到我国黑河市，则在2019年12月，投产通气。中缅天然气管道自缅甸皎漂港到广西贵港，2013年投产通气；中缅原油管道自缅甸马德岛到天然气资源较丰富的重庆，于2015年投入运行。我国陆上油气进口通道的建设，不仅能通过能源进口多元化以保障我国的能源安全，而且，开辟了更安全的内陆石油通道，可减少对马六甲海峡的依赖，同时还可缩短距离，节省运输费用。对于油气输出国或途经国而言，油气运输通道的建立，有利于将资源优势转化为经济优势，促进经济发展，促进通道沿线的基础设施建设，拉动相关产业的发展，增加就业机会。

四、“走出去”战略对国家能源安全治理的作用

习近平总书记指出，坚持战略协作，推动全球能源治理体系协调发展。要推动建设更加公平公正、均衡普惠、开放共享的全球能源治理体系，为全球能源治理贡献更多方案。油气企业“走出去”要统筹国内国外多种政策，统筹国内国际战略协作，加强资本运作方式和风险规避，利用国内国际两个市场来保障国家能源安全。

持续实施“走出去”战略，不仅是我国积极稳妥推进碳达峰碳中和的必然要求，也是保障我国经济发展所需的能源安全的必然选择。2020年，中国向世界宣布：中国将力争于2030年前使二氧化碳排放达到峰值，努力争取2060年前实现碳中和，引发了国内国际社会的广泛关注。《中华人民共和国气候变化第二次两年更新报告》显示，能源活动是我国温室气体的主要排放源，约占我国全部二氧化碳排放的86.8%。能源活动中，化石能源又占重要地位。中国石油国家高端智库于2021年发布的《2060年世界与中国能源展望》预测，2040年前石油天然气仍将维持世界主体能源地位，占一次能源比重将保持在50%左右，其中油、气占比分别处于18%～30%和25%～28%；中国方面，石油和天然气消费将分别在2030年和2040年达峰，总量分别是7.8亿吨和6500亿立方米。2021年，我国的石油产量2亿吨，已连续几年稳定在这个台阶，在一次能源中的占比为6.6%，石油对外依存度超过70%；天然气产量为2076亿立方米，已连续几年保持了年增100

亿立方米以上，在一次能源中的占比为6.1%[①]，天然气对外依存度超过40%。

未来我国企业“走出去”以获取海外油气资源，仍将面临诸多外部挑战：石油地缘政治的影响将长期存在，特别是大国关系的影响；实现“双碳”目标和能源转型难以快速降低油气消费总量；勘探开发难度不断加大；等等。面对这些挑战，我们应着力发展与各国的友好合作，拓展平等、开放、合作的伙伴关系，秉持真实亲诚理念和正确义利观，致力于扩大同各方利益的汇合点，深化同合作国家和业务伙伴的友好互信和利益融合，推动构建能源利益共同体、责任共同体、命运共同体。

我国几大石油企业要充分发挥综合性国际能源公司的核心竞争优势，包括国内上下游市场一体化优势、油气工业基础优势、技术优势与人力资源优势、资金优势等，突出战略聚焦，强化效益优先，加大海外油气资源自主开发投资的规模，加快建成具备规模效应、多元化、可对冲风险的若干海外油气生产与供应基地及战略通道，实现与油气贸易协同，切实保障国家油气安全稳定灵活供应。我们也可通过积极竞购海外优质资产，扩大油气储量，增强国家油气供应安全。

第三节 “一带一路”倡议

一、“一带一路”倡议开启了能源国际合作新时代

自1978年改革开放以来，中国经济已经和世界经济高度关联，改革开放各项事业均取得了巨大成就，但如何进一步加强顶层设计，着力

---

① 参见国家统计局：《能源转型持续推进 节能降耗成效显著》，http://www.stats.gov.cn/xxgk/jd/sjjd2020/202210/t20221008_1888971.html。

改善国际发展环境，全面统筹和促进国内各领域的改革发展，构建全方位开放新格局，深度融入世界经济体系，仍然是中国面临的一大使命。2008年国际金融危机以后，世界经济缓慢复苏，发展分化，各国面临的发展问题依然严峻，但加强区域合作已成了推动世界经济发展的重要动力，并且已经成为一种趋势。在这些背景下，为了使各国经济联系更加紧密、相互合作更加深入、发展空间更加广阔，习近平总书记于2013年9月和10月，先后提出共建“丝绸之路经济带”和“21世纪海上丝绸之路”(简称“一带一路”)的倡议和构想，得到了国际社会的高度关注和有关国家的积极响应。

“一带一路”倡议采用创新的合作模式，以点带面，从线到片，逐步形成区域大合作；倡导“和平合作、开放包容、互学互鉴、互利共赢”的“丝路精神”；依靠中国与有关国家既有的双边多边机制；借助既有的、行之有效的区域合作平台；高举和平发展的旗帜，积极发展与沿线国家的经济合作伙伴关系，共同打造政治互信、经济融合、文化包容的利益共同体、命运共同体和责任共同体。“一带一路”倡议打造了当今世界上最广阔、最具开放性的新型合作平台，截至2022年9月，已有149个国家和32个国际组织同中方签署了200余份共建“一带一路”合作文件[①]。

在“一带一路”的建设中，我国与沿线国家的能源合作是一个重要组成部分和有效载体。古代丝绸之路源于发达的丝绸贸易，以丝绸为媒介，带动了东西方的贸易和人员往来，促进了沿线国家的经济发展和商业繁荣，推动了生产力的相互促进和文明的广泛传播。在当今新时代，能源就是推进“一带一路”建设的一个切入点和载体。能源资源是世界

① 参见公丕萍：《推动经济全球化不断向前》，https：//news.cnr.cn/dj/sz/20221126/t20221126_526074826.shtml。

上最大宗的贸易和投资品种，沿线国家在这一领域利益契合度最高、开展长期稳定合作的愿望和基础也最强。“一带一路”沿线国家有许多是能源资源的主要贸易国，能源资源是其优势要素、支柱产业和财政收入的重要来源。同时，能源资源产业链条长，对上下游产业的辐射带动作用明显，这不仅将为“一带一路”建设形成巨大的外溢效应，还可促进各国在宏观政策、贸易投资等方面的全方位合作。

“一带一路”的中国方案，引导着我国的国际能源合作进入了新时代。

2013年9月，习近平主席在上海合作组织成员国元首理事会第十三次会议上提议成立能源俱乐部，建立稳定供求关系，确保能源安全，扩大成员国在能源战略、能源政策和能源安全问题上的交流，深化能源技术合作，培养能源专业人才。同年12月，能源俱乐部成立，它是上海合作组织框架下发展和扩大能源合作的开放性多边平台。

2016年5月，我国代表在博鳌亚洲论坛资源能源与可持续发展会议暨丝绸之路论坛上表示，能源是推进“丝路”建设的媒介，“一带一路”倡议为中亚国家带来新的发展机遇。未来只有沿线国家都实现了经济繁荣，才能使这条“丝带”真正变成一条璀璨夺目的珍珠项链。

2017年5月，我国国家发改委与国家能源局发布了《推动丝绸之路经济带和21世纪海上丝绸之路能源合作愿景与行动》，提出了开展“一带一路”能源合作的理念——开放包容、互利共赢、市场运作，以及开展“一带一路”能源合作的方向——安全（为各国构建安全高效的能源保障体系）、绿色（推动各国能源绿色低碳发展）、和谐（能源合作中积极履行社会责任，与当地经济、社会、人民和谐发展）。

2019年4月，为了推动能源互利合作，助力各国共同解决能源发展面临的问题，实现共同发展、共同繁荣，30个国家在北京共同发起成立了一个国际性行业合作组织——“‘一带一路’能源合作伙伴关系”。此后该组织开展了一系列项目对接和技术交流活动，取得了积极成效。

2021年10月，第二届“一带一路”能源部长会议围绕“携手迈向更加绿色、包容的能源未来”主题，发布了《“一带一路”绿色能源合作青岛倡议》，进一步凝聚了推动“一带一路”绿色能源发展的共识。绿色能源正在成为全球经济发展的重要引擎，并将为各国开展互惠合作创造前所未有的机遇。

在共建“一带一路”倡议的引领下，我国的国际能源合作已经取得了丰硕成果，一批重大能源合作项目落地实施，能源双边合作、多边合作的机制不断完善，能源政策交流还有技术交流日益频繁，对“一带一路”相关国家经济和社会的发展起到了积极作用。我国通过不断沟通磋商，与149个国家、32个国际组织签署了200多份有关加强能源各领域合作的谅解备忘录、联合声明等政府组织间文件，推动了与各国能源部门和有关国际组织的务实合作；与一些国家政府共同开展联合规划研究，并在规划的指导下有序推动能源项目实施，解决了部分国家能源供应紧张的问题；推动并实施了一批条件成熟的重大能源合作项目，如中巴经济走廊能源合作项目、中俄原油管道扩建项目、中俄东线天然气管道项目、亚马尔液化天然气项目、中英核电项目等；5个区域合作平台——亚太经济合作组织（APEC）可持续能源中心（2014年9月）、中国—中东欧能源项目对话和合作中心（2015年11月）、中国—东盟清洁能源能力建设计划（2017年11月）、中国—阿盟清洁能源培训中心（2018年7月）、中国—非盟能源伙伴关系（2021年10月）相继建成。

“一带一路”为全球治理提供了新的路径与方向；“一带一路”为新时期世界走向共赢带来了中国方案；“一带一路”为全球均衡可持续发展增添了新动力，提供了新平台。“一带一路”作为和平、繁荣、开放、创新、文明之路，将会行稳致远，惠及天下。加强“一带一路”能源合作有利于带动更大范围、更高水平、更深层次的区域合作，促进世界经济繁荣，这是中国与各国的共同愿望。“一带一路”能源合作是互尊互信、合作共赢之路。只要各国携起手来，精诚合作，就一定能够建成开放包容、普惠共享的能源利益共同体、责任共同体和命运共同体。

二、“一带一路”建设顺应全球能源发展新格局

能源资源等大宗商品是新时代“一带一路”建设的“新丝绸”。能源资源涉及开采加工、设备制造、工程建设、基础设施，产业链条长，对上下游产业辐射带动作用明显，可为“一带一路”建设形成巨大的经济外溢效益。同时，通过能源资源合作也可以促进各国之间宏观政策、金融货币、贸易投资、交通物流、标准规制等方面的全方位合作。

从全球能源产业的发展趋势来看，国际能源结构将发生深刻的变革。从石油需求的角度来看，全球石油需求即将达峰基本已成定局，有几家智库甚至提出了全球石油需求达到顶峰的具体时间为2026年（如高盛等），一些主要产油国也都在未雨绸缪地谋划转型；但多数石油公司认为需求达峰还为时尚早，但即便如此，像埃克森美孚、雪佛龙等超级巨头还是在大幅削减勘探等资本支出。从石油供应的角度来看，面对日益严重的气候变化危机，能源转型势在必行，国际能源署2021年发布的《2050年净零排放：全球能源行业路线图》，甚至建议停止批准石油和天然气领域新的投资项目，以便实现2050年净零排放目标。由于各方投资转向新能源领域，油气煤炭等化石燃料供应能力未来或将面临严重困难，而贸然停止对石油和天然气等上游投资必将对一系列的下游产品生产和供应产生致命影响，其深度和广度不容小觑。

面对油气产业的未来趋势，面对绿色能源、清洁能源的发展需求，

油气能源的资源国和生产国产生了要在更大的领域内、以更强的能力加以协调和应对的需求；而那些急需能源从而希望保持本国经济稳定同步增长的国家，也期盼着更广泛的合作以保障能源供应的安全。“一带一路”倡议正是顺应了这种需求，为这些沿线的能源主要贸易国提供了一个广泛合作的平台，因而受到这些国家的赞同和接受。油气合作是我国在“一带一路”建设中具有先发优势的产业，我国油气企业在20世纪90年代就开始在“一带一路”沿线资源国从事油气投资与合作。以油气合作为主的能源资源开发与基础设施建设，成为“一带一路”建设的重要领域。

（一）“一带一路”沿线国家优势互补、共同发展的意愿强烈

加强能源国际合作的最终目标是要建成能源合作伙伴关系，打造能源命运共同体。现有能源合作机制中，仅部分大国之间存在着双边或多边能源合作关系，以及个别利益关系密切的国家结成了伙伴关系。但对大部分国家，尤其是“一带一路”沿线国家，他们的经济发展水平参差不齐，能源资源条件也差异较大，且尚未建立起稳定的能源合作关系，更遑论建立全面伙伴关系。然而，“一带一路”沿线国家能源合作的现实需要却非常强烈，且合作潜力巨大。沿线国家中有的资源丰富，迫切希望把资源优势转变成经济发展优势；有的国家常规油气资源不丰富，但有可再生能源，却又苦于缺资金、缺技术、缺装备；有的国家能源资源丰富，是能源主要生产地和出口国，但对国际能源市场的影响力有限，迫切要求建立价格稳定机制和能源市场机制；而有的国家能源资源贫乏，且经济发展能力低，亟待通过国际合作来获取能源以提升国家经济发展水平。这些国家都真心希望加强能源国际合作，切实推动建立全面能源合作伙伴关系，这种伙伴关系既能使“一带一路”国家结成稳定的能源合作关系，保障能源供应，共享经济社会发展利益，又要帮助落

后国家提高能源治理水平、加强能源规划，培育相关人才。这种伙伴关系旨在以能源资源为纽带来加强沿线国家之间的联络，真正结成利益共同体、责任共同体、命运共同体。

（二）“一带一路”框架下的国际能源互利合作前景广阔

1.“一带一路”平台开放包容、利益共享，利于协调供需各方

当今全球能源供需的多极化格局不断演变，全球能源供需版图深度调整，进一步呈现出消费重心东倾、生产重心西移的态势，亚太地区能源消费占全球的比重不断提高，北美地区原油、天然气生产增量分别达到全球增量的80%和30%以上。国际金融危机前，西方发达国家一直是国际能源消费的主体，但随着新兴经济体国家的群体性崛起和西方发达国家的经济下行，这种全球经济格局的变化成为能源供需格局调整的基础和前提。美国页岩气革命使其“能源独立”，并成为重要的石油和天然气出口国。中国等新兴经济体对于油气能源需求的快速增长是油气能源供需格局调整的突出表现。亚洲逐渐成为能源消费增长最快的地区，太平洋西岸的中、日、韩等国已经形成新的能源消费群。“一带一路”沿线聚集着许多能源资源富集国家，也存在着不少能源需求国和能源贫困国，各国的经济发展水平高低不一。能源合作伙伴关系是我国与沿线各国之间、各国相互之间对接能源供需的平台。“一带一路”沿线国家中，有许多国家具有良好的能源资源优势，但是工业经济基础薄弱，尚处在通过出口能源资源来拉动GDP增长的阶段，他们具有将能源资源优势转化为经济优势的迫切需要；一些已有能源合作机制或平台的国家，则均以传统能源强国和发达的能源需求国为主；还有许多“一带一路”沿线国家则缺乏话语权。有了“一带一路”平台，在伙伴关系框架下，能源资源优势国家与能源需求国就可平等、自愿地协商供需，这样既能满足落后资源国的经济发展需要，也可保障能源需求国的能源

安全，从而达成一致利益。中国，作为“一带一路”的倡议国，作为能源需求最大的国家，在与资源国、沿线国平等协商时，可以在满足能源需求的基础上，根据资源国、沿线国的需要，帮助资源国、沿线国发展经济。此外，我国能源行业积累了丰富的技术、经验、人才和大量的基础建设产能，“一带一路”沿线国家也可以很好地承接中国的产业转移，解决制约本国经济发展的能源和基础设施的瓶颈问题。

2.“一带一路”平台平等互利，利于优化全球能源治理机制

当前，全球能源治理机构体系呈现碎片化，缺乏具有广泛代表性和权威性的全球能源治理机构。从供应国方面，OPEC并不具备操纵世界石油市场价格的能力，新成立的天然气输出国论坛（GECF）对天然气市场的影响力尚且不足。从消费国方面，国际能源署意识形态色彩较浓，其成员必须来源于经合组织国家。从综合协调方面，联合国下设的能源协调机制（UN-Energy）只是一个性质温和、供讨论和交流信息的论坛。国际能源宪章条约组织（IECT）是唯一一个包括油气生产国和消费国在内的能源治理机构，但它明显倾向于主要的发达经济体，至今尚未吸纳OPEC、俄罗斯、中亚国家加入，它对全球能源市场的实际影响非常有限。目前全球的能源治理机构各自为战，互不兼容，各有缺陷，对于当前世界能源格局的调整缺乏应对，难以平衡新旧能源供应国和消费国的利益诉求分歧，加之全球能源定价机制基本掌握在西方发达国家的能源期货市场和跨国能源咨询机构手中，新兴油气供需国无法获得相应的话语权，缺乏对市场的影响力，这对实现能源的安全稳定有效供给形成了阻碍。“一带一路”沿线一些国家虽然能源资源丰富，但是经济欠发达，铁路、公路、桥梁、港口、机场和通信等基础建设严重不足，无法依靠资源实现经济腾飞；而大多数国家能源无法自给，需要进口，但高成本又制约了国民经济效率的提升。因此，“一带一路”沿

线各国具有合作共赢、共同发展的巨大潜力。至于能源治理机制，由于亚洲地区国家多、民族主义泛滥、宗教关系复杂，难以寻求有效的治理机制。现有治理机制中缺乏亚洲区域组织，因而难以体现我国作为能源生产与消费大国的利益，亟须优化现有机制，探索出保障各国话语权和能源权益之路。"'一带一路'能源合作伙伴关系"是为了推动能源互利合作，助力各国共同解决能源发展面临的问题，实现共同发展、共同繁荣而成立的组织。"能源合作伙伴关系"充分体现平等自愿、互利互惠的原则，其目标是通过强国带动弱国、大国带动小国，通过对资源国、落后国在能源供给、技术装备、人才信息等方面的帮扶，帮助落后国摆脱旧的、靠卖资源发展的老路。沿线各国可探索建立区域性能源交易市场，通过平等行使议价权利来改变被动接受价格的状况，保障本国权益。同时，这种伙伴关系有利于沿线各国之间达成能源资源贸易，推动技术交流与合作开发等项目落地；有利于通过能源合作，提高各国经济关联度，形成利益共享格局。

3."一带一路"平台普惠民生，倡导新的能源发展和安全观

"一带一路"倡议中，能源合作的重要目标之一就是将能源发展、经济增长与各国民生发展相结合，让资源国人民享受资源开发带来的好处。各国要协调一致，共同保障能源安全，践行新能源安全观。我国的能源安全不是"自给自足"式的安全，能源安全既要拓展能源供给渠道，实现多元供应，保障通道安全，用好国内和国际两个市场；又要通过"引进来"和"走出去"实现企业间合作，加强内外资融合，实现共同开发。能源安全也不只是"自己"安全，在各国经济社会发展彼此联系愈加紧密的背景下，没有区域共同安全，一国自身也不会安全。"一带一路"的能源合作伙伴关系以能源发展带动民生发展，在项目选择、建设、运营等各个环节，都要充分考虑当地居民的就业、生活、用

能等需求。我国要在尊重相关国家主权和安全的基础上，与沿线各国共同推进主要交通和基础设施的建设，公路、铁路、管道、航空、航运等交通设施实现互联互通，切实改善居民生活水平，提供社会保障。能源合作活动要建立在保护生态、符合绿色发展趋势的基础上，不给后代造成不可持续或负面的影响，且符合联合国2000年提出的千年发展目标要求。

三、开放包容，构建“一带一路”国际能源合作新机制

在“一带一路”的合作建设中，能源合作是其重要领域之一。能源领域加强国际合作，构建开放、包容、互利、共赢的合作新机制，可为构筑更加紧密的能源命运共同体奠定坚实基础，同时为推动全球能源绿色可持续发展提供新模式、新机制。

（一）构建能源交易市场机制

能源交易市场是区域能源合作的重要基础。建立区域能源交易市场，形成统一的能源大市场，可以推动“一带一路”区域在国际市场上形成与自身体量相匹配的能源定价话语权，巩固区域能源安全，提供区域经济发展动能，同时，这对全球的能源市场稳定繁荣也可以起到积极作用。

建设区域能源交易市场，可为供需双方提供更加公开、公平、便捷的交易方式，有效规避价格波动风险，提高交易效率。以消费中心为核心的区域能源交易平台，有助于上中下游产业的有效联通，促进沿线国家资源的高效配置和市场的深度融合，极大提高“一带一路”沿线国家在全球能源格局中的地位。

建设区域能源交易市场，可为区域经济发展提供新的动能。能源是“一带一路”区域很多国家重要的竞争力，也是一些国家发展的短板，

解决这些国家的能源基础设施不足、能源短缺等问题，就是弥补其经济发展的短板。而建立统一的市场，形成公平的价格，对于供需双方都有利，既可保障双方的经济利益，也可保障能源供需的安全，给沿线国家稳定发展提供新动能。

建设区域能源交易市场，有助于推动沿线国家成为能源利益共同体。随着市场化交易规模的扩大，交易品种的多样化，价格可以真正反映出供需状况，能源供给国和消费国都可从市场化交易中获得便利和公平收益，这必然促使供给国和消费国加强跨国油气管网等基础设施建设，从而在能源合作中实现双赢。而基础设施建设一旦完成，沿线国家间的联系将更加紧密，特别是能源市场对于油气管道等基础设施的互联互通有很高的要求，有助于推动实现这些基础设施的网络化，这将进一步增强国家间的贸易和投资联结，推动沿线国家成为利益共同体，甚至会对全球政治经济格局产生深刻影响。

随着区域能源交易市场的建立，多个能源生产和消费市场将会在“一带一路”沿线形成，涵盖能源上中下游产业链，包括开发中心、炼化中心和市场中心，这将极大提高区域贸易和投资效率，形成区域经济发展新动能。各国在统一的区域能源市场开展油气现货交易、金融产品合约等，就会有资金的融通，这也有助于沿线国家开展金融领域的相关合作。

构建“一带一路”能源交易市场需要两个重要抓手，一个是能源交易平台，另一个是国际化的货币。只有具备这两个基础要素，才能形成区域共同市场。从全球来看，石油交易市场是历史最长、也是最活跃的能源市场。全球大部分的石油交易都是通过金融市场来完成的，石油市场已经成为金融市场重要的组成部分。“一带一路”区域内，现在有不少国家在致力于建设面向区域甚至全球的油气交易平台，比如新加坡、日本和韩国等。中国具备建设油气交易平台、形成区域油气基准价格的最好条件。随着人民币获得国际货币基金组织（IMF）的特别提款权（SDR），以及人民币离岸市场的建设，人民币的国际影响力显著提升。“一带一路”倡议与人民币国际化战略具有内在一致性，而能源是这两大战略协同发展、相互促进的重要工具。中国与沿线国家的能源贸易占比非常大，人民币国际化有利于加强沿线国家之间的货币流通，提高区域内使用人民币的比例，为沿线国家构建金融安全锚，维护区域经济金融稳定。把人民币打造成稳定可靠的国际货币，是中国希望向全球和区域提供的重要公共物品，也是中国作为世界第二大经济体和最大发展中国家的责任，这不仅符合中国的国家利益，也符合区域国家对于全球金融稳定和经济发展的要求，同时这也是对现行世界经济秩序和国际货币体系的完善。

（二）构建能源贸易投资合作机制

据统计，我国与“一带一路”沿线的64个国家共签署了约2000项双边、多边协定，其中有部分涉及能源合作的内容，这些双边或多边协定大致有三类：第一类是多边或双边的总体合作协定，其中涉及能源条款，如《中国与东盟全面经济合作框架协议》；第二类是双边投资协定，由于能源投资是重要领域，因此大多数双边协定会涉及能源合作内容，我国与64个沿线国家中的51个国家签订了双边投资协定；第三类是专门针对能源领域的合作协定，如中缅油气管道运输协议。

从我国已签订的各种协定来看，关于能源的专项合作协议多为双边协定，而且往往针对特定项目，比如某油气管道的建设运输等；其他国家的情况也大致如此。另外，“一带一路”沿线国家中，欠发达国家较多，这些国家本身的能源立法就较为落后，合作对于投资国来说存在较大风险，双边协定中也只是就某些领域作出规定，这为全面开展贸易和投资合作留下了隐患。随着“一带一路”建设的深入，考虑到能源在“一带一路”区域的重要地位，未来建立区域性能源贸易和投资准则，符合区域内国家共同利益。

“一带一路”沿线国家之间开展的能源合作现多为双边合作，即使是在上合组织等多边框架下的许多能源项目仍然是依靠双边方式来解决。“一带一路”是沿线国家开展能源合作的开放性平台，未来多边合作会越来越多，迫切需要制定出适应多边合作模式的区域能源贸易和投资准则，以优化区域贸易和投资环境，提高合作效率，降低合作风险。

制定“一带一路”能源贸易和投资准则，是区域能源合作的重要保障。这个准则，一是要解决跨境贸易问题，现今“一带一路”的能源合作已不仅仅是供应和需求两国，还涉及第三国，即过境国，而现有的双边协定无法解决跨境带来的风险问题。二是要建立争端解决机制，能源投资和贸易中出现争端在所难免，没有必要上升到外交层面，如果有完善的争端解决机制，只需要企业之间依法解决即可，能极大降低对两国关系的影响。在全球范围内，解决能源贸易争端的功能并不健全，如能在“一带一路”区域开展有效的能源贸易和投资争端解决机制的尝试，这对全球能源治理改革会有重要推动。三是制定“一带一路”能源贸易和投资准则需推动沿线国家完善自身能源立法和执法等相关工作。从国内看，随着海外能源贸易和投资大幅度增加，相关贸易争端及跨境运输问题也日益突出，而我国尚缺乏相关法律框架来保障海外能源投资的安全，其他沿线国家也是同样的状况。

“一带一路”区域内国家之间的对外能源合作将由双边走向多边，制定好多边治理的相关规则，符合“一带一路”开放合作、互利共赢精神。

（三）构建能源企业合作机制

企业是共建“一带一路”倡议下各国合作的最重要的主体，加强各国企业间的跨区域合作，对于各国的产业发展和产业链拓展有着积极的推动作用。2013年至2021年，我国对沿线国家直接投资累计1613亿美元，“一带一路”沿线国家已成为我国企业对外投资的首选地；沿线国家在华投资设立企业3.2万家，实际累计投资712亿美元。

国家发改委、国家能源局联合发布的《推动丝绸之路经济带和21世纪海上丝绸之路能源合作愿景与行动》中，鼓励企业以直接投资、收购并购、政府与社会资本合作模式等多种方式，深化能源投资合作；鼓励金融机构对能源合作项目全周期地深度参与，形成良好的能源“产业＋金融”合作模式。

“一带一路”倡议提出以来，我国能源企业与沿线国家开展了各种形式的合作，取得了丰硕成果。据统计，共有47家企业投资或共建了1600多个项目。其中在能源基础设施建设方面，我国企业在20多个沿线国家投资建设了油气、电源、输变电等领域的60多个能源项目；以中国石油、中国石化、中国海油为主的我国石油企业在海外50多个国家拥有200多个油气投资项目；特别是广泛开展的油气贸易、工程服务与石油装备产能合作，为我国和其他沿线国家加快形成了上中下游完整产业链，深化了利益融合。

中央企业是海外能源合作的主力军，在“一带一路”倡议下，民营资本的海外油气投资也发展迅速。尤其是2014年国际油价大幅下跌后，民营企业充分利用其机制灵活的优势，积极参与到海外油气资源布局中，在开拓海外能源市场上表现出不俗的实力。2016年，中国华信能源有限公司完成了对哈萨克斯坦国家石油天然气公司控股的哈石油国际的收购。洲际油气股份有限公司从2014年开始相继在哈萨克斯坦收购马腾公司和克山项目，前后投资近10亿美元。民营企业机制灵活、运行高效，在海外投资中政治阻力较小，是与沿线国家的企业和组织建成利益共同体的重要力量。

随着“一带一路”合作共建的不断扩大和深入，沿线国家的能源合作主体——企业的数量越来越多，类型越来越多样化，既有国家大公司，也有中小型企业，既有上游企业，也有中下游企业，甚至还有金融机构等；合作的领域也越来越宽，既有传统能源领域的，也有新能源、绿色能源领域的。面对如此格局的企业合作，构建一种各企业可以信赖、可以依靠、可以共同运行的合作机制就显得尤为必要。

企业是“一带一路”合作的实施主体，在政府层面达成共识的同时，需要各国企业和相关机构加强务实合作，形成上下游之间、行业之间、金融资本与实业资本之间的利益共同体，以共同实现能源合作目标。

四、“一带一路”倡议对国家能源安全治理的作用

当今世界正经历百年未有之大变局，能源领域也是如此，世界以前所未有的热情关注气候变化和绿色清洁能源，世界油气消费的达峰时间逐渐清晰化，美国页岩气革命改变了世界能源供需格局，局部地区的战争和冲突及制裁等敌对行为在人为地影响着世界能源供应的安全和能源消费的提供，这些都无时不在且持续长久地对国际能源安全产生着影响。面对国际能源局势的急剧变化，我们既要保持战略定力，又要积极地应对。

中国正在迈上全面建设社会主义现代化国家新征程，向第二个百年奋斗目标进军，以实现中华民族的伟大复兴。保持国民经济的长期稳定增长和人民生活水平的不断提高，需要有能源作为支撑和稳定动力。我

国的绿色清洁能源供应迅速增加；石油资源相对不足，稳产增产难度增大；天然气需求快速上升，产量大幅提高有赖于非常规天然气的重大突破；油气进口的运输依赖海运的比例较大。面对这样的供需局面，要保障国家的能源安全是一项严峻的任务。

合作共建“一带一路”是我国坚持对外开放、奉行互利共赢、以中国新发展为世界提供新机遇、更好惠及各国人民的伟大倡议，受到了世界上近150个国家的积极响应。“一带一路”沿线是世界上能源最富集的地区，在国际能源舞台上具有重要影响力。加强“一带一路”能源合作，不仅有利于我国的能源安全供应，而且也有利于能源资源国、过境国的经济稳定和发展。“一带一路”合作共建，有利于推动贸易和投资自由化便利化，推进双边、多边和区域合作，促进各国宏观经济政策协调，共同营造有利于发展的国际环境，共同培育全球发展新动能。

（一）夯实沿线国家参与国际合作的民意基础

自2013年中国提出共同推进丝绸之路经济带和21世纪海上丝绸之路建设的倡议以来，倡议受到了越来越多国家的积极响应。截至2022年9月，我国已经同149个国家和32个国际组织签署了200余份共建“一带一路”合作文件。这些签署的文件都是以国家政府层面的联合声明、合作文件、合作协议、谅解备忘录等形式出现的，代表了当时的政府的考虑、计划和安排，但这些考虑、计划和安排的后续实施，以及实施后所真正带来的实际效果和收益、受益，是需要由实施主体——产业、企业、民众来完成和感受的。因此，积极启动和运行一些互惠互利的合作项目，将平等合作、互利互惠的意图和设计从一开始就应让相关利益方有所了解，从而在实施中得到他们的支持和配合，以尽快推进合作的完成，尽可能地减少时间和成本的消耗，避免因信息不对称而造成对合作的阻碍。

通过合作让相关国家和人民切实感受到好处，中巴核电合作就是一个成功范例。2022年，我国具有自主知识产权、技术跻身世界前列的三代核电机组——华龙一号，两台机组在巴基斯坦卡拉奇全面建成投产，这是中巴两国人民持续深化新时代全面战略合作伙伴关系、坚持绿色低碳发展、共同应对气候变化、携手打造核能人类命运共同体的具体举措，它也向“一带一路”沿线国家充分展示了合作的巨大成果。华龙一号单台机组总投资约200亿元，可拉动产业链上下游深度融合发展，并可在全生命周期产生千亿元的产值，创造15万个就业机会。卡拉奇两台机组每年将为巴基斯坦当地提供清洁电力近200亿千瓦时，能够满足当地200万人口的年度生产和生活用电需求，相当于每年减少标准煤消耗624万吨，减少二氧化碳排放1632万吨，相当于植树造林1.4亿棵。这将助力巴基斯坦能源结构优化。

随着“一带一路”倡议的推进，中国油气安全建设日渐步入新的战略机遇期。但值得注意的是，“一带一路”沿线是世界上地缘关系最复杂、历史文化差异最大、宗教民族冲突最严重、国家和区域局势最动荡、大国关系最纠结的地理区域，我们必须予以全面认识和妥善经略。其中，尊重历史、注重民意是合作得以成功的重要基础之一。

（二）密切与沿线国家多层次合作降低政治经济安全风险

“一带一路”沿线国家的能源合作虽然主要是一种经济方面的合作，表面上只和能源资源国、消费国和过境国有密切关系，但实际上，由于能源在国际上是一种重要的战略物资（许多国家极其重视石油战略储备就是一个明证），能源与许多国际政治风云的兴起、经济危机的引发、局部战争的发生有着直接或间接的关系，因此国际上能源供需的平衡、能源价格的平稳、产油国消费国之间关系的平和，是世界和平安全的一种保障。

在国际能源合作中，除了要积极开展国家层面的合作关系建立、法律政策对接等领域的沟通交流，还应加强产业方向制定、中短期计划衔接、技术管理人员交流等领域的相互了解和对接，多层次、多领域的对接，可大大降低合作的政治风险和经济风险。

中土电力合作项目为这种对接成功提供了样本。由国电上海电力投资、中能建建筑集团承建的土耳其胡努特鲁电厂项目（总装机容量132万千瓦），是中土两国建交以来中资企业在土耳其的最大直接投资项目，也是中国“一带一路”倡议和土耳其“中间走廊”计划对接的重点项目。2022年第一台机组（66万千瓦）并网成功，整个项目建成后，每年可为土耳其供应电力90亿千瓦时，成为土耳其最稳定的能源保障。项目还为合作方利益着想，将利用厂区屋顶、空地、边坡以及周边丘陵地带建设新能源项目，将此电厂转型为混合电站，以增加清洁能源发电，有效降低厂用电率，提升电厂的竞争力和抗风险能力。这既有利于电厂在土耳其树立低碳、清洁的品牌形象，也有利于中国企业在土耳其的深耕发展。项目实施中，中国企业还采用多种途径与合作方协作，积极雇用当地员工，土耳其籍员工始终维持在600至850人，已有250余名土耳其电力人才在中方的培养下走上了电力运维岗位。两台机组全部投产以后，可常年为当地提供超过500个直接就业岗位。项目施工过程中大量采购当地原材料，本地化采购各类建设材料近130万吨。通过当地安保、差旅交通、后勤物业等服务也间接拉动了当地经济和就业，为当地经济社会发展作出了贡献。通过合作，项目中使用的工程主机及主要辅机均选用了中国产设备，国产设备供货率超90%，实现了中国设计、标准、设备、技术、管理和服务的全面“走出去”。项目运行中，还构建了适合中国企业“走出去”的创新融资架构，由中国国家开发银行作为牵头行的银团（参与行有中资银行和土耳其当地银行）提供融资支持[①]。这种合作，能有效地降低项目本身的政治经济风险，也能为深化中土交流合作，增进中土文化相融、民心相通发挥作用。

（三）逐步增加海外权益产量降低对外油气依存度

随着我国国民经济长期的持续稳定发展和对碳排放碳中和以及环境保护的高度重视，虽然煤炭作为直接燃料在短期内仍然是中国消费占比最大的能源品种，但它的占比逐步下降已是毋庸置疑的；低碳能源和绿色能源将会快速增加；作为传统化石能源的油气，其消费仍会较快地增长，对外的依存度仍会维持在一个较高的水平。

我国现今消费的油气主要由三部分组成：国内勘探开发、国外购买、在海外通过勘探开采或投资所获得的权益分成。国内勘探开发的油气，通过加大勘探开发力度，可以有一定的增长；国外购买的油气，受制于国际政治局势、油气价格波动、资源国过境国的政治经济稳定性、油气运输通道的畅通性等，具有较大的不可靠性和风险性；海外获得的权益油气产量，等同于国内生产的油气产量，因而这部分油气的获得没有过多的安全风险，问题只是在于所能获得的权益大小。

加大国内油气勘探开发，加大对国外油气资源的风险勘探和国外油气田的兼并收购，是提高我国油气能源保障水平的比较直接的方法，也是直接、间接降低油气对外依存度的可靠方法。在“一带一路”合作框架内，在“一带一路”能源合作伙伴关系之间，我国能源企业或其他企业有了“走出去”参与国际能源领域合作的良好平台，这将为我国获得更多的海外油气产量提供更多的机遇和更优越的外部环境。

（四）构建多边能源命运共同体促进能源资源合作共赢发展

“一带一路”合作共建的目标是合作共赢，打造人类命运共同体。

① 参见国家电投：《国家电投土耳其胡努特鲁电厂1号机组投入商业运行》，https://news.bjx.com.cn/html/20220621/1234684.shtml。

“一带一路”沿线国家与能源的关系特别密切，因此“一带一路”沿线国家之间的合作，在很大程度上就是能源的合作。“一带一路”能源领域的合作，其目标就是打造能源利益共同体、能源责任共同体、能源命运共同体。

如果各合作方（无论是双边的还是多边的）的利益是一致的，你想要的正是我想给的，你能从中得到好处，我也能从中受益，那么合作起来就会容易得多。如果各合作方的合作失败风险是相互关联的、损失是交叉承担的，那么各方为避免合作失败或受损，就会比较紧密地联合起来，加强合作。如果各合作方不仅在经济方面，而且在经济以外的其他方面，联结都十分紧密，一荣俱荣、一损俱损，那么，合作就有了成功的内在保障。

通过能源资源的合作，实现共赢发展，这时合作是起点；通过构建能源利益共同体、能源责任共同体、能源命运共同体，促进合作得以实现，这时合作是结果。这是两条时而平行时而交叉的、通往“一带一路”合作共建取得丰硕成果的光明道路。

中国在“一带一路”倡议的实施过程中，秉承共商、共建、共享的原则，以开放包容、平等互利的方式，增强了与沿线国家之间的政策沟通、设施联通、贸易畅通、资金融通和民心相通，促进了油气输出国与油气进口国之间的优势互补，形成了平等互惠、相互依存的油气供需市场。随着利益共同体、责任共同体、命运共同体意识在沿线国家落地生根，沿线国家之间的政治关系必将更加友好，经济纽带更加牢固，安全合作更加深化，人文联系更加紧密。

第七章

能源安全治理体系建设探索

党的十八大以来，“四个革命、一个合作”能源安全新战略与时俱进，能源安全与国家安全、高质量发展、绿色发展、改革开放、能源强国、全球能源治理的关系日益清晰，能源安全内涵不断丰富完善、关注重点不断变化调整，始终为建设更高水平的能源安全引领方向。我国能源安全治理体系也在坚持源头治理、综合治理、系统治理、依法治理的理念中不断完善，在补齐能源安全短板、筑牢能源安全防线、做强能源安全体系、做实能源安全保障中发挥越来越重要作用。10年来，我国能源安全治理始终全面、完整、准确贯彻新发展理念，在做强能源产业链、建设现代能源体系、推进绿色低碳转型、用好国内外两种资源、打造能源命运共同体等重点领域持续发力，为国家实力赋能。新时代、新征程，党的二十大吹响了党带领全国各族人民全面建成社会主义现代化强国、实现第二个百年奋斗目标的号角，我们一如既往坚持党的领导、坚持以人民为中心，全面贯彻新发展理念，与时俱进健全能源安全治理体系，久久为功强化能源安全治理能力，为中华民族伟大复兴贡献不竭的能源力量。

第一节　中国能源安全战略擘画

一、与时俱进的国家能源安全观

（一）中国能源安全形势演进

能源是国民经济和社会发展的重要物质基础，直接关系到国家发展的战略与全局，对国家繁荣发展、人民生活改善、社会长治久安至关重要。1993年我国成为石油净进口国之后，逐步将石油安全视为最重要的能源安全领域。对能源安全的担心主要集中在供应安全、价格安全、通道安全三个方面。进入新时代后，国际地缘政治博弈日趋激烈、逆全球化思潮蔓延、新一轮能源革命蓬勃发展、能源对环境的影响日益突出，中国能源发展面临“美国页岩油气革命重塑世界油气供应格局”“气候问题成为国际共识、低碳发展成大势所趋”“油气对外依存度高、安全风险大”“能源结构以煤为主、生态环境负外部性强”“新能源新产业蓬勃发展、竞争力逐步增强”“能源体制机制改革进入深水区、深化改革难度大”等一系列新形势，能源发展中长期积累的结构性矛盾和绿色低碳转型发展中的新问题日益凸显。面对中国能源发展的新旧矛盾与问题，党的十八大以来，习近平总书记统筹中华民族伟大复兴的战略全局和世界百年未有之大变局，从能源高质量发展和能源安全的战略高度，审时度势，提出“四个革命、一个合作”的能源安全新战略，为能源发展指明了方向。

（二）中国能源安全新战略及关注重点

“四个革命、一个合作”能源安全新战略呈现出以供应革命为核心、以消费革命为引领、以技术革命为动力、以体制革命为保障、以国际合作为依托的总体特点，回答了节能发展、绿色发展、创新发展、法治发展和开放发展的问题，为开创新时代能源安全新格局做好了顶层设计。10年来，党的重要报告中对能源安全的阐述逐年增多，呈现出递进、提升与升华的特点，能源在顶层设计中的分量日趋增加，实现了从“确保国家能源安全”、“构建清洁低碳、安全高效的能源体系”到“加快规划建设新型能源体系”的理论上的飞跃。党的十八大工作报告提出，推动能源生产和消费革命，控制能源消费总量，加强节能降耗，支持节能低碳产业和新能源、可再生能源发展，确保国家能源安全。党的十九大报告中，首次提出加快建立绿色生产和消费的法律制度和政策导向，建立健全绿色低碳循环发展的经济体系。推进能源生产和消费革命，构建清洁低碳、安全高效的能源体系。在党的二十大报告中，对能源的论述进一步加大，尤其对能源的安全性提出了新的要求：完善能源消耗总量和强度调控，重点控制化石能源消费，逐步转向碳排放总量和强度“双控”制度。深入推进能源革命，加强煤炭清洁高效利用，加大油气资源勘探开发和增储上产力度，加快规划建设新型能源体系，统筹水电开发和生态保护，积极安全有序发展核电，加强能源产销供应体系建设，确保能源安全。

10年来，在不断丰富完善能源安全新战略内涵、保持战略定力的同时，随着外部形势的不断变化，能源安全关注重点也在不断发展变化，习近平总书记作出一系列论述。在稳妥有序利用化石能源方面，能源结构、产业结构调整不可能一蹴而就，更不能脱离实际。在大力发展清洁能源方面，要把促进新能源和清洁能源发展放在更加突出的位置。在积极推进能源技术创新方面，推动能源技术革命，带动产业升级。在加快完善能源市场体系方面，构建有效竞争的市场结构和市场体系，形成主要由市场决定能源价格的机制，转变政府对能源的监管方式。在深入推进国际能源合作方面，在主要立足国内的前提条件下，在能源生产和消费革命所涉及的各个方面加强国际合作，有效利用国际资源。

二、加快建设更高水平的能源安全

（一）能源安全与国家安全的关系

能源安全是总体国家安全观的重要组成部分，共同构建集政治安全、国土安全、经济安全、社会安全、科技安全等于一体的国家安全体系。国家的安全离不开能源安全的强力支撑，同时国家总体安全也是能源安全的重要保障。能源安全关系着国家经济命脉和国防安全，是中华民族伟大复兴的重要基础。党的十八大以来，我国能源发展取得显著成就，能源供应保障能力不断增强，告别了过去多年能源短缺的局面，能源自给率一直保持在80%以上，能源供给和储备体系不断完善，安全保障能力持续增强，能源供需总体保持平衡，安全风险总体可控，有力保障国内经济社会发展需要，为总体国家安全打造了坚实的基础。

（二）能源安全与高质量发展的关系

高质量发展是全面建设社会主义现代化国家的首要任务。能源高质量发展是在完整、准确、全面贯彻新发展理念基础上，能源领域更有效率、更可持续、更加公平、更为安全的发展。能源安全是高质量发展的题中之义，也是高质量发展的重要基础，没有能源安全就不存在能源的高质量发展，也会影响经济社会的高质量发展。“十四五”时期，我国能源事业将迈向高质量发展新阶段，坚持先立后破、以立为先，促进新能源高质量发展，夯实对传统能源的安全可靠替代基础尤为重要。2022年,《“十四五”现代能源体系规划》等一系列关于促进能源高质量发展的规章接连出台，为能源高质量发展作出了制度上的保障。国家发改委、国家能源局《关于促进新时代新能源高质量发展的实施方案》明确提出7个方面、21项具体措施，为新能源高质量发展指明了方向。

（三）能源安全与绿色发展的关系

能源安全与绿色发展是能源高质量发展的不同层面，两者既有对立，又内在统一。能源安全是绿色发展的基础，百年未有之大变局下，我国面临复杂外部环境，甚至惊涛骇浪，能源安全要优先于绿色发展；在中华民族伟大复兴的全局下，绿色发展是更可持续的发展，是经济社会广泛而深刻的变革，能够从根本上扭转我国能源安全局面；同时，能源安全与绿色发展不是完全对立的，是不同时期、不同外部环境下的侧重点的差异。因此，要辩证地看待能源安全与绿色发展。党的二十大报告中，明确提出的“积极稳妥推进碳达峰碳中和，立足我国资源禀赋，先立后破，有计划分步骤实施碳达峰行动；深入推进能源革命，确保能源安全”是统筹绿色发展与能源安全的总体方针。我国能源发展是在保证能源安全的前提条件下，持续推进能源绿色低碳转型。能源低碳转型是能源安全发展的必由之路，需要把生态环境保护放在经济社会发展大局中考量，要大力推动煤炭产能布局优化和煤炭清洁利用，着力推进油气行业绿色发展，将“绿色低碳”“天然气与新能源融合”纳入发展战略，把新能源新材料纳入主营业务，实现“清洁替代、战略接替、绿色转型”三步走总体部署。

（四）能源安全与改革开放的关系

我国是能源消费大国、能源进口大国。保障能源安全不是也不能是闭关锁国条件下的能源安全，而是开放条件下的能源安全。“能源的饭碗必须端在自己手里”是底线思维下的能源安全，更是开放条件下把握主动权和自主权的能源安全。改革开放是对内改革能源市场与监管，通过多元化主体、市场化手段，加大勘探开发力度、提高能源利用效率，更好地提升能源安全保障能力；对外引入更多资本、更先进技术、更多的合作伙伴，利用全球能源资源，弥补供应缺口，确保充足供应。改革开放是提升能源安全的重要手段，但在改革的过程也要把握节奏，先立后破，保障能源系统和能源行业平稳运行。

我国深化油气体制改革的总体思路，就是坚持推进全产业链各环节的放宽准入与加强行业监管并重，重在释放竞争性环节市场活力和骨干油气企业活力，从而提升资源接续保障、国际国内资源利用、市场风险防范、集约输送和公平服务、优质油气产品生产供应、油气战略安全保障供应、全产业链安全清洁运营“七大能力”，实现保障安全、保证供应、保护资源、保持市场稳定的目标。

（五）能源安全与能源强国的关系

能源安全是建设能源强国的保障，建成能源强国能够实现更高水平的能源安全。2021年12月召开的中央经济工作会议提出“要深入推动能源革命，加快建设能源强国”，标志着中央对保障能源安全和能源绿色低碳转型发展提出了新的更高要求。在此背景下，凝聚各方智慧，汇聚各方力量，共同做好能源战略转型布局，推动能源创新和产业变革，高度契合全球能源转型发展大势，对于深入推动我国能源高质量发展，保障能源安全，促进能源绿色低碳转型，具有重要意义。能源安全是关系国家经济社会发展的全局性、战略性问题。加快建设能源强国，就要深入推动能源革命，促进能源消费、供给、技术、体制改革，加强国际合作，才能实现能源安全下的能源强国之梦。党的十八大以来，我国能源消费清洁低碳转型步伐加快，能源供给能力和质量显著提升，能源技术创新能力进一步增强，能源体制机制改革稳步推进，能源国际合作布局更加优化，为能源强国建设奠定基础。

（六）能源安全与全球能源治理的关系

各国能源安全问题是紧密相连的，每个国家都无法独善其身，强化全球能源安全治理，维护能源市场稳定，保障各国能源安全是实现我国能源安全的重要保障。习近平总书记提出的“打造人类命运共同体”倡议，彰显中国智慧的理念和方案。我国在改革开放以后才逐步参与全球能源治理。2006年起，我国提出要构建新能源安全观，倡导通过国际合作解决能源安全问题。党的十八大报告明确倡导“人类命运共同体”理念以来，我国主张权责共担，加强与其他国家在能源资源安全、气候变化等全球性问题上的对话与合作，这些都体现了我国希望参与全球能源治理的积极意愿。通过积极参与全球能源治理，谋求合理发展空间与权益，我国参与全球能源治理的目标将会逐步提升到相应高度。习近平总书记在二十大报告中强调，促进世界和平与发展，推动构建人类命运共同体。这是结合当下国际形势，把人类命运共同体的打造由倡议升华到推动构建的新阶段。

三、持续推进能源安全治理体系与治理能力建设

（一）坚持源头治理，补齐能源安全短板

百年未有之大变局下，全球能源治理呈现新局面，新能源和信息技术紧密融合，生产生活方式加快转向低碳化、智能化，能源体系和发展模式正在进入非化石能源快速发展的新阶段。能源治理从供、需两端积极推进能源结构、产业结构调整，强化节约能源制度和意识，源头治理观念日益凸显、手段日益丰富。在能源安全中，油气安全是显著短板，国内油气供应不足、油气储备能力和应急调节能力较为薄弱。“十四五”期间，面对国内油气资源劣质化和勘探难度加大的现实，以把握能源安全主动权和自主权的视角，从源头治理入手，通过体制机制改革提升制度效率，通过科技创新提高技术贡献率，推动“七年行动计划”高质量实施，提升我国国内油气供应能力；同时，加强产供储销体系建设，提升储备水平和应急调节能力，补齐我国能源安全的短板，从根本上解决矛盾。

（二）坚持综合治理，筑牢能源安全防线

我国坚持把能源治理体系和治理能力现代化建设作为能源安全的根本保障。“十四五”时期，能源发展必须坚持市场化改革方向，着力完善能源发展法治保障，破除制约能源高质量发展的体制机制障碍，全面提升能源综合治理效能。筑牢能源安全防线迫在眉睫，需要统筹发展和安全，强化综合治理，从单一手段向多种手段综合运用转变。持续提升

油气勘探开发力度，强化科技创新引领，稳定勘探开发资金投入，持续加大重点领域、重点盆地勘探和产能建设力度，不断加强新区新领域风险勘探。同时，加快风电光伏发展，稳步推进水电核电建设。大力提升新能源消纳和储存能力，发展抽水蓄能和储能产业，加快推进储能示范项目建设，通过降成本、建机制、强技术、扩规模等举措，切实走出储能商业化应用的新路子。此外，大力发展清洁能源替代技术、可再生能源替代技术和新能源技术等替代技术；通过降低能耗来提高能效和减少二氧化碳排放，采用清洁生产和其他技术来提高能源效率，特别是煤炭的清洁利用技术。能效技术不仅可以通过技术转让发挥更大的潜力，还可以降低能源利用率、减少排放、提高成本效益。

（三）坚持系统治理，做强能源安全体系

能源系统治理是由相互作用、相互依赖的若干组成部分结合而成的、具有特定功能的有机体，要从事物的总体与全局上、从要素的联系与结合上研究能源系统治理的演化与发展，找出规律、建立秩序，实现整个能源系统的优化，构建新的能源安全体系。“十四五”时期需要增强安全意识，坚持底线思维，防范化解能源发展面临的各类风险挑战，重点加强“两个能力、一个体系”建设。一是提升能源战略安全保障能力。通过加大国内油气勘探开发力度、提升储备能力、加强能源国际合作、建立煤制油气产能和技术储备等途径，多措并举增强油气供应保障能力。二是增强能源系统平稳运行能力。在严格合理控制煤炭消费增长的前提下，发挥煤炭的主体能源作用，做好煤炭稳产稳供，加强产能和产品储备建设。研究完善供需平衡预警机制，化解电力、天然气等区域性、时段性供需矛盾，确保能源系统平稳有序运行。三是健全能源安全风险管控体系。针对近年来频发的极端天气等自然灾害，完善应急预案体系。防范化解非传统安全风险，强化网络安全关键技术研究。

（四）坚持依法治理，做实能源安全保障

近年来，我国能源法律体系不断健全完善，为我国能源的开发、生产、加工、供应、销售及管理等各方面提供了法律依据，促进了产业进步与技术创新。然而，我国能源法律法规体系建设仍相对薄弱。随着“双碳”目标的持续推进，亟须建立完善的能源法律法规体系，为能源低碳转型发展提供依据和保障。“十四五”期间，国家将加强能源行业监管，全面推动能源治理制度建设，推进能源法律标准体系建设。与此同时，构建完善的能源监管体系，从宏观上强化能源行业监管，确保能源规划与政策落地，保障能源行业满足国家发展要求；从环节上强化能源市场、能源行业自然垄断环节监管，切实保障市场对能源优化配置的作用，推动竞争公平、交易规范、信息公开的能源市场建设，加强能源垄断环节公平开放、运行调度、社会责任等方面的监管；创新监管方式，确保监管效果，提升监管现代化水平。促进能源立法与发展改革相协调，努力实现能源治理体系和治理能力现代化，为推进能源生产和消费革命，构建清洁低碳、安全高效的能源体系提供法治保障。

第二节　中国能源安全治理重点

一、创新发展，做强能源产业链

（一）加快能源领域核心技术和装备攻关

把提升能源科技水平作为能源转型发展的突破口，加快能源科技自主创新步伐。创新发展煤炭智能开采技术、绿色开发技术、高效发电、清洁转化技术及相关的配套设备，推动我国煤炭生产、消费、绿色转型变革。加强理论与技术创新，提高我国油气增储上产能力，加强勘探开发核心技术和设备的升级，提升油气勘探的精度和效率，构建常规与非常规油气有效接续开发的新局面。坚持创新引领，推进能源绿色低碳科技革命。充分发挥科技创新在推进“碳达峰碳中和”工作中的关键支撑作用，继续推进核电技术研发示范，巩固可再生能源技术及装备优势，加快突破一批新型电力系统关键技术，加快新型储能、氢能、CCUS等低碳零碳负碳重大关键技术研究。

此外，积极推进能源系统数字化智能化升级，提升能源产业链现代化水平。积极开展煤矿、油气田、管网、电网、电厂等领域设备设施、工艺流程的智能化升级；推动分布式能源、微电网、多能互补等智慧能源与智慧城市、园区协同发展；加强北斗系统、5G等新技术和“互联网＋安全监管”智能技术在能源领域的推广应用；建设智能调度体系，实现源网荷互动、多能协同互补及用能需求智能调控。

（二）完善科技创新体系

完善科技创新体系，坚持创新在我国现代化建设全局中的核心地位，健全新型举国体制，强化国家战略科技力量，提升国家创新体系整体效能。完善煤炭、油气、新能源领域大型国有企业创新体系，打造原创技术策源地。要充分激发国有能源企业创新活力，促进产业链创新链深度融合，提升国有企业原创技术需求牵引、源头供给、资源配置、转化应用能力，打造原创技术策源地。实施龙头企业保链稳链工程，攻克技术瓶颈，维护产业链安全稳定。依托大型国有能源企业的创新引领作用，整合行业优质创新资源，布局创新中心，搭建创新平台，加快攻克能源发展所需的关键核心技术及装备，消除“卡脖子”隐忧。要充分发挥新型举国体制，把社会主义集中力量办大事的制度优势和超大规模的市场优势相结合，深化科技体制改革，理顺央地协同关系，加快关键核心技术的攻关和突破。深入实施人才强国战略，组织实施各级重大人才工程，突出“高精尖缺”导向，打造中国高层次创新型科技人才队伍，不断塑造创新发展新动能、新优势。

二、协调发展，建设现代能源体系

（一）加强能源输配网络建设

深入实施区域能源协调发展战略，统筹生态保护和高质量发展，加强区域能源供需衔接，优化能源开发利用布局，提高资源配置效率。加快西部清洁能源基地建设，提升中东部地区能源清洁低碳发展水平，提升本地能源自给能力；强化区域间资源优化配置，充分挖掘存量通道的输送潜力，提升城乡能源普遍服务水平，完善城乡供能基础设施，积极推动农村能源变革，支撑新型城镇化和乡村振兴战略实施。

统筹能源布局全国“一盘棋”，加强能源输配网络建设。推动电网、油气管网等能源基础设施互联互通、共建共享，清除市场壁垒，减少重复投资，提高资源利用效率。加快能源资源富集地区能源消费革命，提升西部地区高质量发展水平，加快能源消费地区能源供给革命，逐步摆脱敞口式能源调入模式。持续加强跨省跨区骨干能源输送通道建设，提升能源主要产地与主要消费区域间通达能力，促进区域优势互补、协调发展。提升铁路运输比例和煤炭运输效率；推进天然气主干管道与省级管网、液化天然气接收站、储气库间互联互通，加快建设“全国一张网”的天然气输运体系；稳步推进跨省跨区输电通道建设，完善区域电网主网架，加强省级区域内部电网建设，开展柔性直流输电示范工程建设，积极建设能源互联网，推动构建规模合理、分层分区、安全可靠的电力系统。

（二）构建多能互补的现代能源体系

推动源网荷储一体化发展，建设新型电力系统。统筹推进新能源发电与煤电保供角色转换，稳步推进集中式新能源发电基地建设，大力发展分布式可再生电源，不断提升电力系统的清洁低碳化程度；提升中国电网大范围和双向资源配置能力，增强交直流远距离输电区域互联、主网与微网互动能力，提升电力调度的全网协同和智能决策水平，提高电力系统的韧性；加紧探索利用分布式智能微电网等新模式和虚拟电厂等新技术，推动终端用户向“产销者”转变；加大力度发展抽水蓄能、电化学储能、储氢等储能技术，着力促进在源网荷各环节广泛高效应用，切实提升新能源消纳水平。

大力推动建设多能协同互补的智能调控体系。建设智慧能源平台和数据中心，强化共性技术的平台化服务及商业模式创新，促进各级各类平台融合发展，加强能源数据资源开放共享，发挥能源大数据在行业管理和社会治理中的服务支撑作用。实施智慧能源示范工程，开展智能调度、能效管理、负荷智能调控等智慧能源系统技术示范；推进“智慧风电”“智慧光伏”建设，推进电站数字化与无人化管理，开展新一代调度自动化系统示范；实施煤矿系统优化工程，因地制宜开展煤矿智能化示范工程建设；加强油气智能完井、智能地震解释、智能地质建模与油藏模拟等关键场景核心技术开发与应用示范。

三、绿色发展，推进绿色低碳转型

（一）大力发展可再生能源体系，加大化石能源的清洁替代

坚持生态优先、绿色发展，壮大清洁能源产业，实施可再生能源替代行动。大力推进可再生能源基地化开发，持续推进分布式新能源发展，加快发展风电、太阳能发电，因地制宜开发水电，有序推进生物质能多元化利用，积极推进地热能供热制冷示范。加快推进煤炭的清洁高效利用，严格合理控制煤炭消费增长，严格控制钢铁、化工、水泥等主

要用煤行业煤炭消费，大力推动煤电节能降碳改造。全面深入拓展电能替代，提升终端用能低碳化电气化水平，推动工业、农业生产加工等领域的电能替代，因地制宜推广新型电采暖设备，提高餐饮服务业、居民生活等终端用能领域电气化水平，积极推动新能源汽车的应用，稳步实现交通领域的燃油替代。

（二）大力推进能源产业节能降碳，减少碳足迹

完善能耗“双控”目标，强化节能降碳。加强产业布局和能耗“双控”政策衔接，推动地方落实用能预算管理制度，严格实施节能评估和审查制度，坚决遏制高耗能高排放低水平项目盲目发展，优先保障居民生活、现代服务业、高技术产业和先进制造业等用能需求；加快全国碳排放权交易市场建设，推动能耗“双控”向碳排放总量和强度“双控”转变。大力推进能源开发、生产、加工、储运环节碳减排。强化煤炭绿色开采和洗选加工，加大油气田甲烷采收利用力度，加快开发生产设备电气化改造；推进炼化产业转型升级，严控新增炼油产能，有序推动落后和低效产能退出，延伸产业链，增加高附加值产品比重，提升资源综合利用水平，加快绿色炼厂、智能炼厂建设；加强能源加工储运设施节能及余能回收利用，推广余热余压、LNG冷能等余能综合利用技术。实施重点行业领域节能降碳行动，加强工业领域节能和能效提升，推广节能低碳工艺技术装备；持续提高建筑节能标准，大力推进建筑设施节能改造，加快推进太阳能、地热能等可再生能源在建筑领域的应用；构建绿色低碳交通运输体系，优化调整运输结构，加强交通运输行业清洁能源供应保障。实施绿色低碳全民行动。在全社会倡导节约用能，增强全民节约意识、环保意识、生态意识，引导形成简约适度、绿色低碳的生活方式，坚决遏制不合理能源消费。

四、改革开放，用好国内外两种资源

（一）构建公平开放、有序竞争的能源市场体系

加快分离能源领域自然垄断业务和竞争性业务，构建公平开放、有序竞争的能源市场体系。支持鼓励更多社会资本进入电力领域，继续深化增量配电业务改革和售电领域改革；强化油气、煤炭等资源矿权退出与出让制度；不断完善油气管网运营机制，持续推进国家油气管网公司平稳运行，加快推动管道运输服务和销售业务的完全分离，实现油气管网设施公平开放。全面放开竞争性环节市场价格，形成由市场决定的价格机制。科学核定自然垄断环节价格，限定政府定价范围，完善电网、油气管网业务的输配成本和成本监审制度；进一步完善电力价格机制，全面放开成品油及天然气竞争性环节价格，逐步消除能源交叉补贴机制。全面、持续推动能源行业的高水平对外开放，从全局性和系统性角度打造能源国际合作新局面。开放重点由要素和资本等准入环节向整个生产经营环节拓展，进一步扩大外资参与中国能源行业投资建设，同时大力提升监管能力和水平，着力推动“破”与“立”并举，实现高水平的开放和有效监管。借鉴国际经验，进一步完善能源领域外商投资的争端解决机制；转变外资管理体系，建立对外商投资的国家安全审查等相关制度。

（二）高效利用国内外两种资源

坚持“引进来”与“走出去”同步发力，充分利用国内国际两个市场两种资源，积极促进内需和外需、进口和出口、引进外资和对外投资协调发展，畅通能源国际贸易、促进能源投资便利化，共同构建能源国际合作新格局，维护全球能源市场稳定和共同安全。一方面，立足国内巨大的能源供给及消费大市场，以国内经济大循环吸引全球资金、技

术及人才等要素，参与我国经济及能源发展建设，协同推进强大国内市场和能源强国建设；另一方面，坚定不移地践行“走出去”战略，充分利用海外资源合作，提高我国能源进口保障能力。重点要以“一带一路”能源合作为重点，推动能源合作高质量发展。继续稳步扩大“一带一路”能源合作“朋友圈”，加强与周边国家能源基础设施互联互通，增强开放条件下的能源安全保障能力。

五、共享发展，打造能源命运共同体

当前世界格局正在经历深刻变革，习近平总书记顺应时代发展，提出了人类命运共同体的发展理念，为促进人类共同发展和解决全球问题提供了“中国方案”。“能源命运共同体”是实现人类命运共同体理念的重要举措，同时也有利于促进国际能源合作，建立更加合理和公平的全球能源治理体系。“能源命运共同体”指的是，坚持各国家平等互利与互相尊重的基本原则，充分考虑能源消费国和生产国、发达国家和发展中国家等不同方面的利益关系，在对话协商的基础上，巩固并强化不同国家的能源合作关系，共享能源合作的成果，使得国际能源合作能够实现互利共赢。

（一）积极参与全球能源治理和气候治理

我国作为世界上第二大经济体、最大的能源消费国和能源生产国，应充分展现自己的大国风范，有效发挥大国影响，积极承担大国责任，合理提出“中国方案”。在当前全球能源治理体系调整重构和气候治理复杂多变的背景下，我国需深度参与全球能源治理和气候治理，助力构建能源命运共同体。为国际能源合作建立更加普惠包容、开放公正的平台，与世界各国一起建设共同繁荣的国际社会。

坚持能源大合作精神，依托“一带一路”、金砖国家、上合组织等平台基础，积极与世界各国以及国际能源机构开展合作，在能源治理领域内实现多层次全方位融合，构建更加系统和多元的全球能源治理体系。在气候治理方面，采取更加有力的政策和措施，提高国家自主贡献力度，践行“碳达峰碳中和”战略，同时秉持人类命运共同体理念，与其他国家团结合作、共同应对全球气候变化，积极推动能源绿色低碳转型，为建设清洁美丽世界作出积极贡献。

（二）着力推进“一带一路”国家能源互利共赢

秉持共商共建共享原则，坚持开放、绿色、廉洁理念，努力实现高标准、惠民生、可持续的目标，同各国在共建“一带一路”框架下加强能源合作，在实现自身发展的同时更多惠及其他国家和人民，为推动共同发展创造有利条件。以继续拓展与“一带一路”国家地区在能源领域的全方位合作为重要抓手，促进建立合作共赢的新型国际关系；同时，利用我国能源领域的优势，帮助资源国将资源优势转化为发展优势，促进当地技术进步、就业扩大、经济增长和民生改善，实现优势互补、共同发展；通过第三方市场合作，与一些国家和大型跨国公司开展清洁能源领域合作，推动形成开放透明、普惠共享、互利共赢的能源合作格局。

第三节　中国能源安全未来可期

一、党的领导为新时代能源安全提供坚实保障

中国共产党领导是中国特色社会主义最本质的特征，也是中国特色社会主义制度最大的优势。自1921年建党以来的历史已经证明并将继续证明，唯有中国共产党的坚强领导，中华民族和全中国人民才能够扭

转近代以后的历史命运，取得今天举世瞩目的辉煌成就。党从诞生之日起，就将实现共产主义社会作为自己的最高理想和最终目标，团结带领全国人民开展了艰苦卓绝的斗争，谱写了一篇气壮山河的伟大史诗。党是全国人民谋求民族独立、人民解放和国强民富的真正主心骨。

在党的正确领导下，中国人民自力更生、艰苦奋斗，新中国成立至20世纪70年代，已经建成较为完备的能源工业体系。改革开放以来，我国积极适应经济社会快速发展趋势，大力推动能源全方位、高质量、可持续发展，转变成为全世界能效利用上升最快的国家。2012年以来，党领导我国毫不动摇推进能源革命，能源供应和消费体系发生了历史巨变，结构不断优化，能效利用水平大幅提升，工业生产和人民生活用能条件持续改善，国家保障能源安全的能力显著增强，为打赢脱贫攻坚战、服务我国经济持续快速发展和全面建成小康社会贡献了能源力量，能源发展取得举世瞩目成就。

新时代新征程，党进一步指明了我国能源未来发展方向，开辟了具有中国特色的能源发展新路径，中国能源进入高质量发展阶段，即以深化供给侧结构性改革为主线，以推进高质量发展为主题，全面推进节约型能源消费方式变革，构建多元化能源供应体系，实施创新性能源科技革命带动产业升级，持续深化新时代能源体制机制改革，不断推进开放型能源国际合作。

在第七十五届联合国大会一般性辩论中，我国庄严宣布，中国将提高国家自主贡献力度，采取更加有力的政策和措施，二氧化碳排放力争于2030年前达到峰值，努力争取2060年前实现碳中和。新时代中国的能源发展，为中国经济社会持续健康发展提供有力支撑，也为维护世界能源安全、推动全球能源可持续发展、应对全球气候变化、促进世界经济增长作出积极贡献。

中国共产党的坚强领导必将谱写中国能源安全新辉煌。展望2050年，中国能源消费总量基本稳定，非化石能源占比超过50%，建成能源文明消费型社会；能效水平、能源科技、能源装备达到世界先进水平；成为全球能源治理重要参与者；建成现代新型能源体系，保障实现中国式现代化。

二、能源安全治理赋能国家实力必将极大满足人民对美好生活向往

党的十九大报告指出："全党要更加自觉地增强道路自信、理论自信、制度自信、文化自信，既不走封闭僵化的老路，也不走改旗易帜的邪路，保持政治定力，坚持实干兴邦，始终坚持和发展中国特色社会主义。""党要在新的历史方位上实现新时代党的历史使命，最根本的是要高举中国特色社会主义伟大旗帜。"只有这样，才能不断实现人民对美好生活的向往，不断推进全体人民共同富裕。

党中央确立了以人民为中心的发展思想，秉持各领域的安全治理一切为了人民理念，把改善民生、尊重民意、凝聚民力、汇集民智贯穿党治国理政工作重中之重。深刻指明了总体国家安全观的价值追求，强调要坚持以全体人民为中心，把人民群众的要求作为努力方向，在共建共治共享中高水平推进能源安全建设，使"人民群众的获得感、幸福感、安全感更加充实、更有保障、更可持续"，促进全体人民共同富裕取得更为明显的实质性进展。

能源安全作为国家安全的重要组成部分，在总体国家安全观指导下，通过做强能源产业链、建设现代能源体系、推进绿色低碳转型、用好国内外两种资源和打造能源命运共同体，根本宗旨是持续为国家实力赋能，核心目的是实现全体人民人人享有充足可支配的能源，打赢能源

脱贫攻坚战。

在“四个革命、一个合作”能源安全新战略引领下，推进能源革命、确保能源安全，有利于提升我国经济发展质量和效益，推动经济行稳致远，强力支撑我国全面建成社会主义现代化强国；有利于增强能源安全保障能力，有效应对“黑天鹅”“灰犀牛”事件以及各类风险，提升国家整体安全水平；有利于优化能源结构、提高能源效率，破解资源环境约束；有利于增加基本公共服务供给，使能源发展成果更多惠及全体人民，对于加快建设现代化国家具有深远战略意义。

展望未来，我国人人获得负担得起的、可靠和可持续的现代能源必将成为现实，全社会普及能源服务和人人实现能源脱贫，全体人民可以更加高效和更广泛地利用各种能源，特别是新能源和可再生能源。

三、推动构建人类能源命运共同体

党的十九大报告中提出：“中国提出了全球发展倡议、全球安全倡议，愿同国际社会一道努力落实。”党既全心全意为中国人民谋幸福、为中华民族谋复兴，也努力为整个人类谋进步、为全世界谋大同，提出并大力弘扬和平、发展、公平、正义、民主、自由的全人类共同价值。在加快推进中华民族伟大复兴历史进程的新时代，中国共产党人坚持把中国人民的利益同世界人民的利益统一起来，推动共建“一带一路”高质量发展，维护多元稳定的国际经济格局和经贸关系，建设和平、繁荣、开放、绿色、创新与文明之路，坚持将发展置于全球宏观政策框架的突出位置，在发展中保障和改善民生，聚焦国家之间和各国内部发展不平衡与不充分问题，促进各国人民相知相亲，共同应对各种全球性挑战，着力构建全球发展命运共同体。

在经济全球化、贸易自由化的背景下，全球面临的资源危机、环境恶化等共同问题不是单一国家就能够解决的。我国早在博鳌亚洲论坛2015年年会上提出:“当今世界，没有一个国家能实现脱离世界安全的自身安全，也没有建立在其他国家不安全基础上的安全。”“我国将秉持人类命运共同体理念，继续与各国一道，深化全球能源治理合作，推动全球能源可持续发展，维护全球能源安全，努力实现更加普惠、包容、均衡、平等的发展，建设更加清洁、美丽、繁荣、宜居的世界。”总之，中国人民愿同世界人民携手开创人类更加美好的能源命运共同体!

四、为中华民族伟大复兴贡献能源力量

实现中华民族伟大复兴是近代以来中华民族最伟大的梦想。实现中华民族伟大复兴，必须遵循时代背景与发展潮流、以人民为中心、勇于创新与改革开放，让党和人民事业始终充满一往无前的澎湃动力。党团结带领人民进行改革开放新的伟大革命，坚定破除制约国民经济发展的一切思想和体制屏障，开辟了中国特色社会主义道路，使中国大踏步赶上时代，创立了习近平新时代中国特色社会主义思想，中华民族实现了从站起来、富起来到强起来的伟大飞跃，实现中华民族伟大复兴的目标，当代中国比历史上任何时期都更有能力、更有信心和更加接近。

党的十八大以来，党中央提出并贯彻新发展理念，着力推进高质量发展，推动构建新发展格局，实施供给侧结构性改革，制定一系列具有全局性意义的区域重大战略，我国经济实力实现历史性跃升，实现了小康这个中华民族的千年梦想，打赢了人类历史上规模最大的脱贫攻坚战，历史性地解决了绝对贫困问题，为全球减贫事业作出了重大贡献。

党的十八届五中全会明确了创新、协调、绿色、开放、共享的新发展理念。习近平总书记反复强调全党要深刻认识到，创新是引领发展的第一动力，协调是持续健康发展的内在要求，绿色是永续发展的必要条

件和人民对美好生活追求的重要体现，开放是国家繁荣发展的必由之路，共享是中国特色社会主义的本质要求，坚持创新发展、协调发展、绿色发展、开放发展、共享发展是关系我国发展全局的一场深刻变革，全党全国要统一思想、协调行动、开拓前进。

能源是工业的粮食和国民经济的命脉，这种独特的属性赋予了能源系统神圣的使命。党的二十大报告为我国能源发展明确了方向，擘画了宏伟蓝图。能源系统将以满足经济社会发展和人民对美好生活向往为使命，加快推进我国现代能源体系建设，为实现中华民族伟大复兴贡献澎湃能源动力。

国家能源局领导在《人民日报》（2022年4月1日）上发表的署名文章中指出："2020—2025年，能源发展必须落实总体国家安全观，立足以煤为主的基本国情，坚持先立后破、通盘谋划，以保障安全为前提构建现代能源体系，协同推进低碳转型与供给保障，着力筑牢国家能源安全屏障。"未来若干年是为如期实现"双碳"目标打好坚实基础的关键时期，能源行业务必抓住中华民族伟大复兴战略全局为能源转型带来的重大机遇，坚定不移走绿色低碳的高质量发展道路，以行业自身深刻变革带动经济社会系统性变革，助力加快实现绿色低碳转型。

党的二十大期间，中国石油集团主要领导在党的二十大中央企业系统（在京）代表团举行分组会议时表示："将牢记'我为祖国献石油'的初心使命，持续深化改革、强化创新，大力推进绿色低碳转型，全力保障国内油气市场安全稳定供应，全力保障国家能源安全，为实现二十大报告擘画的宏伟蓝图贡献石油力量。"

国家能源局领导在2022年10月17日党的二十大新闻中心举办的记者招待会上表示，要加强煤炭清洁高效利用，积极推进煤电"三改联动"，扎实推动CCUS的技术示范应用。大力发展非化石能源，大力推进风电和太阳能发电的高质量发展，推动水电、核电重大工程建设，因地制宜发展生物质能、地热能等其他可再生能源。积极构建新型电力系统，着力推动电网主动适应大规模集中式新能源和量大面广的分布式能源的发展。大力推动终端用能转型升级，加强重点用能领域节能降碳，积极推进电能替代，力争到2025年电能占终端用能的比重达到30%。

在过去的10年，能源领域科技创新取得了伟大成就。深层天然气成藏理论及勘探开发配套技术、页岩等致密油气、海洋深水油气勘探开发“卡脖子”技术等取得巨大突破，可再生能源、氢能、储能、煤制油气等技术取得重大进展……我国在建设能源强国的征程上开辟出能源科技革命的道路。

科技革命是破解能源高质量发展和绿色低碳转型难题的金钥匙。党的二十大指明了科技创新的未来发展方向，能源行业要深入实施创新驱动发展战略，把科技的命脉牢牢掌握在自己手中，在科技自立自强上取得更大进展，为建设能源强国提供有力支撑。一方面要着力攻克能源产供储销体系中的“卡脖子”技术，确保内外部极端条件下能源供需不出大的问题；另一方面要抢占清洁低碳能源关键技术的制高点。

贯彻新发展理念是新时代我国发展壮大的必由之路。党的十九大对全面建成社会主义现代化强国作出了战略部署，总的战略安排是分两步走：从2020年到2035年基本实现社会主义现代化；从2035年到本世纪中叶把我国建成富强民主文明和谐美丽的社会主义现代化强国。新征程上，坚定不移完整、准确、全面贯彻新发展理念，加快构建新发展格局，推动高质量发展，就一定能不断提高我国发展的竞争力和持续力，走好更高质量、更有效率、更加公平、更可持续、更为安全的发展之路！习近平总书记指出，完整、准确、全面贯彻新发展理念，要统筹国内国际两个大局，统筹“五位一体”总体布局和“四个全面”战略布局，加强前瞻性思考、全局性谋划、战略性布局、整体性推进。

目标既定，党的二十大报告明确，高质量发展是全面建设社会主义现代化国家的首要任务，着力建设能源强国则是建设社会主义现代化强国的重要组成部分。在高质量发展的驱动下，在建设能源强国的征程上，党中央为能源革命注入的动能，前所未有。密切关注能源供需形势，全力以赴保障安全生产与供应，全力推进能源科技与体制革命，开启能源合作新时代，充分保障国家能源安全，把能源的饭碗端在自己手里，切实为经济社会发展提供坚强保障，才能把握未来发展主动权，牢牢守住新发展格局的安全底线。

道阻且长，行则将至；行而不辍，未来可期。身处世界百年未有之大变局，能源的火焰必将越来越旺，绽放更加灿烂的光芒，照亮中华民族走向伟大复兴的前进道路，照亮全面建设社会主义现代化强国的美好明天。

参考文献

[1] 国新办：中华人民共和国成立70周年能源发展成就[EB/OL]. https：//www.12371.cn/2019/12/06/ARTI1575563473559209.shtml? from=groupmessage.

[2] 国务院发展研究中心资源与环境政策研究所.中国能源革命进展报告：能源供给革命（2022）[M].北京：冶金工业出版社，2022.

[3] 中华人民共和国国务院新闻办公室.新时代的中国能源发展白皮书[M].北京：人民出版社，2020.

[4] 国务院发展研究中心资源与环境政策研究所.中国能源革命进展报告：能源技术革命（2021）[M]. 北京：冶金工业出版社，2021.

[5] 刘朝全，姜学峰，吴谋远.2021年国内外油气行业发展报告[M].北京：石油工业出版社，2022.

[6] 国务院发展研究中心资源与环境政策研究所. 中国能源革命进展报告（2020）[M]. 北京：石油工业出版社，2020.

[7] 周怡沛，周志斌，胡俊坤，等. 关于我国天然气战略储备研究[J]. 宏观经济研究，2015(6)：44-48.

[8] 关于印发《"十四五" 现代能源体系规划》的通知[A/OL]. https：//www.ndrc.gov.cn/xxgk/zcfb/ghwb/202203/t20220322_1320016.html?state=123&code=&state=123.

[9] 孙李平.从"四个革命、一个合作"的视角解读2022年政府工

作报告中的能源安全新战略[EB/OL] .http：//iigf.cufe.edu.cn/info/1012/4866.htm.

[10]吴琦.能源市场化改革的三个原则和四个机制[EB/OL]. http：//www.cnpc.com.cn/cnpc/rdgzbk/201710/efaa392bb6ed44b8b389a36293f0f9f0.shtml.

[11]自然资源部.自然资源部关于推进矿产资源管理改革若干事项的意见（试行）[A/OL]. http：//gi.mnr.gov.cn/202001/t20200109_2497042.html.

[12]董邦国，何春蕾，赵秋君. 欧美天然气市场改革的实践与启示[J]. 大连民族大学学报，2020，22(2)：111-115.

[13]姜鑫，乔佳，铁宇，等. 欧洲天然气市场化发展现状及对中国的借鉴[J].煤气与热力，2021，41(2)：B37-B46.

[14]陈红盛. 法国天然气储备调峰情况及启示[J]. 煤气与热力，2014，34(4)：B43-B45.

[15]李扬.美国天然气产业体系与政策新变化[J].中国石化，2019,(4)：67-72

[16]欧盟天然气市场化进程及启示[EB/OL].https：//gas.in-en.com/html/gas-2291157.shtml

[17]王宁.德国能源转型的经济分析及启示[D].长春：吉林大学，2019.

[18]国际能源署.2020德国能源政策评估[EB/OL]. https：//www.iea.org/reports/germany-2020.

[19]贺双荣. 巴西能源市场化改革启示及中巴能源合作[J]. 中国能源，2021，43(7)：63-72.

[20]关于加快推进天然气储备能力建设的实施意见[A/OL].

http：//www.gov.cn/zhengce/zhengceku/2020-04/26/content_5506189.htm.

[21] 段婧婧.完善中国能源价格市场化改革问题研究[J]. 价格月刊，2022(01)：27-33.

[22] 王琅.多地推进“天然气上下游价格联动”，天然气市场化改革深水潜流[EB/OL]. https：//baijiahao.baidu.com/s?id=1705848690290644228&wfr=spider&for=pc.

[23] 徐婧，孙泽生.国外三种天然气交割模式比较研究[J].国际石油经济，2015，23(10)：32-38.

[24] 周璇，董秀成，周淼，等.英国天然气市场运行机制及其对我国市场化改革的启示[J].天然气工业，2018，38(10)：135-141.

[25] 胡德胜. 美国能源法律与政策[M]. 郑州：郑州大学出版社，2010.

[26] 任洋.国外能源法立法研究及对我国的启示[J]. 甘肃农业，2014(16)：12-14.

[27] 德国能源立法和法律制度借鉴[EB/OL].https：//www.china5e.com/news/news-268892-1.html.

[28] 报告 | 中国能源革命十年展望（2021—2030）[EB/OL]. https：//news.bjx.com.cn/html/20210617/1158787.shtml.

[29] 舒印彪.践行能源安全新战略　为“六稳”“六保”注入新动能[J]. 红旗文稿，2020(13)：4-7.

[30] 高大统.“页岩气革命”：美国进一步接近“能源独立”目标[J].资源与人居环境，2017(11)：71-75.

[31] 自然资源部.中国矿产资源报告2022[A/OL]. https：//www.mnr.gov.cn/sj/sjfw/kc_19263/zgkczybg/202209/t20220921_

2759600.html.

[32]张茉楠.美国“能源独立”战略影响全球大格局[J].宏观经济管理，2012(6)：87-89.

[33]邵言.能源转型，坚持先立后破、以立为先[J].国际工程与劳务，2022(9)：78-79.

[34]郑漳华，倪宇凡，冯利民，等.欧洲能源发展趋势分析及其对能源碳中和的启示[J].电器与能效管理技术，2021(10)：1-6.

[35]邹才能，潘松圻，荆振华，等.页岩油气革命及影响[J].石油学报，2021，41(1)：1-12.

[36]章建华.加快构建现代能源体系[N].人民日报，2022-04-01(9).

[37]胡锦涛.坚定不移沿着中国特色社会主义道路前进 为全面建成小康社会而奋斗[N].人民日报，2012-11-18(1).

[38]习近平.决胜全面建成小康社会 夺取新时代中国特色社会主义伟大胜利[N].人民日报，2017-10-28(1).

[39]习近平.高举中国特色社会主义伟大旗帜 为全面建设社会主义现代化国家而团结奋斗[N].人民日报，2022-10-26(1).

[40]端稳能源饭碗 守住安全底线 为经济稳增长提供强劲动力[EB/OL]. https：//baijiahao.baidu.com/s?id=1740377373342948830&wfr=spider&for=pc.

[41]窦立荣，袁圣强，刘小兵.中国油公司海外油气勘探进展和发展对策[J].中国石油勘探，2022，27(2)：1-10.

[42]杨城.“5G+能源互联网技术”的融合发展及应用研究[J].信息与电脑（理论版），2022，34(2)：217-219.

[43]吕清刚，柴祯.“双碳”目标下的化石能源高效清洁利用[J].中

国科学院院刊，2022，37(4)：541-548.

[44]刘仁厚，杨洋，丁明磊，等."双碳"目标下我国绿色低碳技术体系构建及创新路径研究[J].广西社会科学，2022(4)：8-15.

[45]逯遥，毛知新，邱志斌.区块链技术在能源物联网领域的发展与应用综述[J].广东电力，2021，34(7)：1-12.

[46]朱彤.我国氢能产业发展的特点、问题与定位[J].中国发展观察，2021(Z3)：112-117.

[47]井然.以节能提效为引领　推动"十四五"低碳转型[J].中国电力企业管理，2020(13)：15-19.

[48]冯升波，王娟，杨再敏，等.完善创新体制机制　促进多能源品种协同互济发展[J].中国能源，2020，42(11)：4-8.

[49]冯志强，孔祥宇，褚王涛.中国油气供应安全面临新挑战——新形势下中国石油企业"走出去"发展战略思考[J].国际石油经济，2019，27(10)：8-15.

[50]王晨光."一带一路"视角下的中国油气安全建设[J].江南社会学院学报.2017，19(1)：1-6.

[51]李昌禹，杨昊，韩鑫.推进节能减排　坚持绿色发展[N].人民日报，2021-04-15.

[52]李婕茜.国家电网：加快构建新型电力系统　深入推进碳达峰碳中和[N].国家电网报，2021-03-24.

[53]李越强.改革开放：与时俱进的"硬道理"[N].中国石油报.2018-12-11.

[54]国家统计局.能源转型持续推进　节能降耗成效显著——党的十八大以来经济社会发展成就系列报告之十四[R/OL].http：//www.stats.gov.cn/xxgk/jd/sjjd2020/202210/t20221008_1888971.html.

[55] 中能传媒研究院. 中国能源大数据报告（2022）[R/OL].https：//www.xdyanbao.com/doc/582kmc83c9?bd_vid= 11588265402277255623.

[56] 中国信息通信研究院. 中国数字经济发展报告.[R/OL].https：//www.smartcity.team/reports/chinadigitaleconomy2022/.

[57] 达摩院. 绿色能源 AI：人工智能助力大规模绿色能源消纳，实现多能互补的电力体系 [EB/OL]. https：//damo.alibaba.com/techtrends/2022/ai-for-renewable-energy?lang=zh.

[58] 全国信息技术标准化技术委员会大数据标准工作组，中国电子技术标准化研究院. 企业数字化转型白皮书（2021 版）[R/OL].http：//www.cesi.cn/images/editor/20211104/20211104152310850.pdf.

[59] 许争，许天骄. 再电气化：能源转型的根本途径 [EB/OL].http：//www.chinasmartgrid.com.cn/news/20170809/624845.shtml.

后　记

不负能源情怀与使命担当

能源情怀

每个身处社会中的人都会有各种经历，所有的经历都会留下人生旅途的浓浓印记。经历就是人生的硎石，生命的锋芒在磨砺中闪光；经历就是人生的矿石，生命的活力在淬炼中释放。唯有坚守初心，砥砺前行，方能闪耀生命的光辉。

我的“能源情”始于少年时代。很小的时候，记得家里点灯用的叫“洋油”，生火做饭用的是稻草、秸秆和劈柴，后来改用像藕一样有很多孔眼但较笨重的蜂窝煤。长大一点才知道，西方发达国家一度宣称中国“贫油”“贫气”，没有良好的油气资源。从20世纪初开始，这句“预言”就像一个“魔咒”，始终高悬在中国人的头上，这一论断几乎封死了新中国走工业化道路强国富民的希望。

但是老一辈的中国石油人偏偏不信这个邪。李四光、黄汲清、谢家荣、孙健初、潘钟祥等一批地质学家坚持认为“中国陆相地层也能生油”，“中国贫油论”是无稽之谈。他们破冰前行，通过不断勘查、研究，相继发现了大庆、胜利、辽河等大油田，使我国甩掉了贫油国的“帽子”。此后，一代又一代的石油人前仆后继、接续奋进、不断创新、挑战极限，为中国油气勘探在传统“禁区”的一个又一个重大发现提供了理论依据，也为新层系、新领域的油气勘探提供了坚实的技术支撑。

我的家乡在江汉平原，那里也建成了一个不大的油田——江汉油田。邻里乡亲描述着油气勘探生产的情形，这让年幼的我感觉，干这一行非常伟大！我也逐渐了解了一些关于石油和天然气的知识，幼小的心灵里早早地种下了能源的种子。高考后填报志愿时我毫不犹豫地选择了石油院校，背上行囊只身去了偏僻的江汉石油学院（今长江大学）求学，决心追逐年少时的梦想。

我的“能源情怀”真正起步于20世纪90年代。从江汉石油学院毕业的我，满怀一腔热血融入支援西北边疆的滚滚洪流，辗转大半个中国来到了“现代石油工业的摇篮”——玉门油田。王之涣一首《凉州词》“羌笛何须怨杨柳，春风不度玉门关”的千古名句，让边塞雄伟壮阔又荒凉寂寞的景象深深印入我的脑海，心生一种壮烈豪情。

屹立祁连山下，背靠陡壁悬崖，俯临石油河岸，极目无垠戈壁。这里有两千多米的海拔，常年无雨的干旱气候；这里有漫漫长冬，冰封大地的荒凉，对于自打出生就生活在江汉平原鱼米之乡，那个革命老区普通军人之家的年轻人而言，这里确实带来了不小的冲击和震撼。

多年以后，往事依然历历在目。刚参加工作实习期间，正值盛夏，我和工人师傅一起上井测试生产数据，自告奋勇爬上作业平台操作仪器，突遇冰雹倾盆泻下，任凭风吹雨打也手握操作杆不放松，可到了晚上收工后还是泪湿枕席，石油铁人不畏艰难的爱国精神在玉门生根，也在我内心发芽。单身宿舍的平房建于山岗之上，每次往返坡下的小食堂和洗澡堂，也是一次对身体的历练。那年赶上鼠疫，在病毒的笼罩下与师傅们在戈壁滩上摸爬滚打一个多月，克服重重困难完成了岩心取样工作；与年长四十五岁的老师傅在野营房同吃同睡，处成了忘年之交，他的“三老四严”精神至今让我难以忘怀。从吃不惯面食转变到米、面、杂粮通吃，硬是改变了自童年养成的家乡口味；高海拔环境下，刚开始跑步运动十分钟都大口喘气不止，磨炼到篮球场上驰骋全场；从书生意气的大学生磨砺成为大西北铮铮铁汉……

在玉门关那沟沟坎坎、峁峁梁梁，一待就是十年，在西北边陲油田一线，克服了饮食关、生活关、劳动关、思想关……

处变不惊、知难而进是成长路径，是深深扎根大地之后的成熟与绽放。汉朝苏武出使西域留居匈奴十九年，持节不屈，其“使于四方，不辱君命”的拳拳爱国之心对后世产生深远影响。

一路走来，有艰辛，有泪水，有困惑，更有收获。孙健初等老一辈中国石油工业奠基人住窑洞、点马灯，风餐露宿的创业精神，王进喜“宁肯少活二十年，拼命也要拿下大油田”的铁人精神，西北人敬业朴实粗犷热忱的性格，无时无刻不在感染着我、引领着我，一步一步提振我的精气神，那份归属感、责任感和使命感牢牢地根植于心，进而知行合一，笃行致远。

只有荒凉的沙漠，没有荒凉的人生。经历是最宝贵的财富。成功的经历可提振信心，失败的经历可作前车之鉴，漫长的经历可磨炼意志，所有的经历都是人生受益的积淀。

十年磨一剑，十年挥洒青春。我把“青春”二字书写在辽阔的戈壁大漠、一线边远、高寒地区，无怨无悔。“下得去”不容易，“下得去”要靠勇气和决心；“待得住”更难，“待得住”要靠毅力和定力。十年，勤勤恳恳，毫不懈怠，一步一个脚印，这脚印可以用十八个字印下：“下得去、待得住、扛得起、经得住、事上练、石上磨。”离开基层时，我已成长为能源领域高级工程师。

功成不必在我，功成必定有我，不破楼兰终不还。扎根西北十年，牢牢守住了“奉献能源”的初心。回望那片故土，依旧是我无法言说的怀念与热爱！玉门油田几乎用尽了所有毫无保留地支援国家建设，大批地输出资源、技术、设备和人才，锻造了玉门风格。正是玉门油田，给了我根基，给了我历练，也给了我不断前行的动力。

进入21世纪，我迎来了人生第二次洗礼，走出了戈壁，来到了伟大祖国的首都。从西北边陲到祖国心脏，同样怀揣忐忑。仰仗较丰富的现场实践经验，我凝心静气直面视野、格局、学识、使命等质的飞跃和升华。

“爱国、创业、求实、奉献”，要践行我为祖国献石油，唯有不断地学习。通过积极努力，我报考了研究生并顺利毕业；抓住每一次出国调研的机会，学习发达国家能源管理的先进经验；为矿产资源法的修订和能源法的出台，系统研究了中国能源安全面临的挑战并积极建言献策；通过多次业内讲课交流，阅研大量资料，快速拓宽知识面；为大力提升勘探开发力度，创新研究提出矿权流转新体制新机制，为新时代能源管理贡献了自己的力量……

雄关漫道真如铁，而今迈步从头越。来到中国石油总部后，我主要从事重要战略性矿产资源矿权管理和战略研究工作，也真正理解了保障国家能源安全的重要性、紧迫性，为保障国家能源安全添砖加瓦是每一位能源领域工作者的神圣使命。进入新时代，我辈应更加努力奋进，积极践行“干字当头、实字托底、事不避难、力戒浮华”，为实现能源强国梦加油争气。

新中国成立70多年来，能源发展实现历史巨变，新时代中国能源发展取得了历史性成就。同时，我国已成为世界最大的一次能源消费国，但国内能源生产难以满足消费需求，能源发展的不平衡不充分难以满足人民对美好生活的向往，在全球地缘政治日趋复杂的背景下，我国能源安全面临严峻挑战。党中央站在统筹中华民族伟大复兴战略全局和世界百年未有之大变局的高度，统筹国内国际两个大局、发展安全两件大事，提出了“四个革命、一个合作”能源安全新战略，提出一系列新理念新观点新要求，极大鼓舞能源系统新时代新征程奋发图强，同时也打开了我的能源大局观，激励我增强“四个意识”、坚定“四个自信”、做到“两个维护”，对“国之大者”领悟到位，始终在思想上政治上行动上同党中央保持高度一致。

从业二十余载，身为能源人，心怀能源情！无论在地方基层摸爬滚打锻炼能源筋骨，还是进入集团总部精雕细刻丰满能源羽翼，能源报国情怀与日俱增，始终从政治上、大局上正确理解把握和主动落实好党中央关于能源安全新战略和加快建设能源强国、大力提升勘探开发力度、“端牢能源饭碗”等重大决策部署，积极开展应对各种风险战略研究，提高战略思维能力，从战略层面分析能源安全问题，为推动国家能源发展行稳致远殚精竭虑。

守护祖国能源安全不仅是一句美好祝愿，更是实实在在的能源强国建设战略体系。从初心与使命出发，以无限的热情，投身新时代能源安全领域治理研究，成为我多年不懈的追求。

国之大者

人类文明的进步史，就是一部能源开发利用的发展史。能源的未来或将决定人类社会的未来。170万年前，薪柴成为第一代主体能源，给人类带来光明，跨入文明时代；18世纪60年代，煤炭成为第二代主体能源，人类进入机械化工业化生产时代；20世纪60年代，油气成为第三代主体能源，人类进入电气化、信息化、智能化时代；现代，新能源被称为第四代主体能源，或成人类未来能源解决方案。

当下乃至今后一段时期，我国能源安全问题主要表现在供求总量失衡、供应结构与消费结构不匹配、能源储备不足等方面。随着我国经济规模不断增大，国际环境出现新变化，能源外部供应的风险增加，我国能源有效供给问题面临严峻挑战。以油气资源为例，随着经济发展和人民生活水平的提高，工业生产和居民消费对油气的需求不断增加，国内自身油气资源有限，需求缺口主要靠外部供给解决，原油、天然气进口总量呈现递增趋势，对外依存度居于高位。

立足国内，布局海外，我国油气进口来源已经初步实现多元化，涵盖世界多个国家和地区，进口来源地主要集中在中东地区，但该地区地缘政治不稳定，安全隐患较高；从油气运输通道来看，集中度也较高，受突发因素制约性很强。为化解优质能源有效供给不足问题，迫切需要找到可替代能源。但受到体制机制、技术开发、转化应用等诸多因素影响，当前我国替代能源、新型能源市场发展仍然不充分、成本高，规模效应尚未形成。

党的十八大以来，党中央立足对世界能源发展大势的敏锐洞察和对我国能源安全形势的深刻把握，创造性提出“四个革命、一个合作”的能源安全新战略，明确提出建设能源强国目标，为新时代我国能源行业高质量发展指明了前进方向、提供了根本遵循。

能源安全是资源安全的重要组成部分，涉及国家安全和对外战略等多个层面，关乎国际能源供应和能源地缘政治。必须创新预警和防控机制，保障能源和战略性矿产资源安全，提高集约节约安全利用水平，保障经济社会发展所需能源的持续、可靠和有效供给。能源安全治理必须具有前瞻性，不能只顾眼前增长而忽视长久发展，也不能只看短期安全而忽视长期安全，同时既要有急迫性，更应有历史耐心，着眼于长久安全。

当前，我们正处于一个伟大的时代，也处于一个快速变化和复杂性严峻性不确定性上升的时代。百年未有之大变局加速演进，大国博弈日趋激烈，经济全球化遭遇逆流，世界进入新的动荡变革期。我国开启了全面建设社会主义现代化国家新征程，正向着第二个百年奋斗目标进军，中华民族伟大复兴进入关键时期。能源行业电动革命、市场革命、数字革命、绿色革命方兴未艾，化石能源清洁化、清洁能源规模化、多能互补综合化、终端能源再电气化加速演进。面对宏观环境的深刻变化，必须完整准确全面贯彻新发展理念，服务和融入新发展格局。

党中央贯彻新发展理念，坚定不移走生态优先、绿色低碳发展道路，着力推动经济社会发展全面绿色转型，取得了显著成效。我国已进入新发展阶段，推进“双碳”工作是破解资源环境约束突出问题、实现可持续发展的迫切需要，是顺应技术进步趋势、推动经济结构转型升级的迫切需要，是满足人民群众日益增长的优美生态环境需求、促进人与自然和谐共生的迫切需要，是主动担当大国责任、推动构建人类命运共同体的迫切需要。新时代要坚决贯彻落实党中央推进碳达峰碳中和的战略决策，坚持全国统筹、节约优先、双轮驱动、内外畅通、防范风险的原则，加快新能源与传统能源融合发展，为国家构建清洁低碳、安全高效的现代能源体系贡献力量。

党的号令指引前进方向，坚持讲政治、顾大局，坚定不移加强党对能源工作的全面领导。坚持人民至上、民生优先，用心用情奉献更加美好的用能服务。坚持稳字当头、稳中求进，全力以赴保障国家能源安全。坚持先立后破、通篇谋划，持之以恒推进碳达峰碳中和。坚持创新驱动、自立自强，凝心聚力加快新旧动能转换。

我们伟大的党为人民而生、因人民而兴，百年来的一切奋斗牺牲和创新创造，归根结底都是紧紧围绕以人民为中心的发展思想。全面建成小康社会不是终点，而是新生活、新奋斗的起点，要紧紧围绕人民对美好生活的向往，用心用情为人民奉献更加美好的用能服务，努力为全体人民实现共同富裕提供能源保障。要深入推动能源革命，促进能源消费、供给、技术、体制革命，加强国际合作，加快建设能源强国，使人民群众的获得感、幸福感、安全感更加充实、更有保障、更可持续。

使命担当

中国特色社会主义进入新时代，我国社会主要矛盾已经转化为人民日益增长的美好生活需要和不平衡不充分的发展之间的矛盾。安全是发展的前提，发展是安全的保障。作为世界上最大的发展中国家，中国能源的现实基础表现出明显脆弱的特征。更严重的问题是，未来人口的增长和生活水平的提高对国家能源安全基础带来了更大的压力。若在能源安全问题上出现认识和发展政策上的失误，便会产生巨大的负面效应，将严重影响我国国家现代化的进程。可以说，国家能源安全的稳定性是21世纪中国可持续发展战略的首要任务之一。如何完善中国能源安全治理体系，实现更高水平的能源安全治理，既十分迫切，亦非常重要！其中蕴含的内容非常丰富。

党的十九届五中全会着眼统筹发展和安全，提出要“保障能源和战略性矿产资源安全”，描绘了“十四五”及更长时期全面建设社会主义现代化国家的宏伟蓝图，极大地激发了全党全国各族人民的奋斗热情。

“愿得此身长报国，何须生入玉门关。”能源报国的种子早已扎根于心，矢志不移地在笔者心中成长。

2021年伊始，笔者深受党中央不忘初心、牢记使命，领航掌舵、砥砺前行、开拓创新、奋发有为推进党和国家各项事业的鼓舞，萌生新时代中国能源安全研究创作激情，疫情期间全神贯注，刻苦钻研，点灯鏖战，并斗胆落笔本书的写作，祈望有所作为。在写作过程中，杨涛、夏可珍两位志同道合的能源和党建领域专家全程参与，倾注了巨大心血和宝贵智慧，与我共同完成了本书创作。

本书以“四个革命、一个合作”为指导思想，探索总体国家安全观下的国家能源安全战略擘画。通过深入剖析目前中国能源安全形势与挑战，运用国内外案例解析节约型能源消费体系、多元化能源供应体系、创新型能源科技体系、新时代能源体制革命、开放型能源国际合作，使广大党员干部和相关院校师生能够深入学习了解能源战略和能源安全治理本质内涵、核心要义与发展目标。

本书探索能源安全治理体系建设，展示能源安全、国家安全、国家战略，探索加强能源安全治理重点领域为国家实力赋能，同时唱响新时代能源安全新篇章，写作过程中重点遵循了以下四项原则。

——注重理论的科学性。根据新时代新征程促进经济社会高质量发展要求，阐述了深刻领会总体国家安全观指导下深入推动能源革命，加快建设能源强国，科学遵循新发展理念的重大意义；阐述中国能源安全治理的新任务、新内涵、新原则、新目标；阐述新时代能源安全治理面临的新背景、新形势、新挑战；解读能源安全治理体系建设的思路与新举措。

——注重能源重点领域安全治理的引领性。突出战略性和前瞻性，对节约型能源消费体系、多元化能源供应体系、创新型能源科技体系、新时代能源体制革命、开放型能源国际合作等方面做了系统性研究和实例分析，提出了新时代能源安全趋势与展望。

——注重国内外案例的可借鉴性。精选了世界上重点国家关于能源安全的做法与战略，分析了国内能源革命典型经验，这些案例涵盖了确保能源重点领域安全的有效做法，对高质量推进能源革命和绿色低碳转型具有极好借鉴性。

——注重能源安全治理体系的可操作性。对加强能源安全治理重点领域为国家实力赋能做了大胆探索。创新、协调、绿色、开放、共享的新发展理念，是管全局、管根本、管长远的导向，具有战略性、纲领性、引领性。提出创新发展，做强能源产业链；协调发展，建设现代能源体系；绿色发展，推进绿色低碳转型；开放发展，用好国内外两种资源；共享发展，打造能源命运共同体。对指导新时代引领能源发展赋能国家实力具有实践创造性价值。

能源安全治理理论与实践，是新时代重大课题之一，也是探究与革新不止的领域，具有政治性、战略性、前瞻性、长期性、引领性。本书的撰写，贯彻了新时代新阶段高质量发展新理念，正确认识和把握了我国能源发展重大理论和实践问题，为促进经济社会高质量发展提供坚强能源保障的内在要求，是站在巨人肩膀上看世界。

写作本书，得到了国家有关部委、政策研究机构、研究院所的支持，也得到了各级领导和各行业专家的大力帮助。特别是倾力写作期间，同行们、朋友们耗费大量精力，帮笔者整理案例、校对数据、核实文献，还提出了诸多建设性意见和建议，他们的鼎力相助令笔者没齿难忘。在此，笔者谨向中国工程院孙龙德、苏义脑、赵文智、郭旭升、谢玉洪、邓运华院士，中国科学院邹才能院士，以及张道伟、何海清、王玉华、窦立荣、赵喆、高山林、季洪泉、梁坤、倪新锋、周红英、马卫、李志欣等领导和朋友表示诚挚的感谢和崇高的敬意！

后　记

本书涉及的数据、观点和案例参考了理论界、学术界的研究成果和诸多报刊文献，因种种原因未能在书中一一标注，在此一并表示衷心的感谢！同时，受笔者水平所限，疏漏之处恳请读者批评指正。

能源安全，全世界人民万众一心的祈盼！加快构建人类能源命运共同体，在新时代新征程上谱写能源安全新篇章，我们同加入，齐奋发，共祝福！

刘军平

2022年12月于北京